大国小镇
——中国特色小镇规划与运营模式

李 季 著

中国建筑工业出版社

图书在版编目（CIP）数据

大国小镇——中国特色小镇规划与运营模式 / 李季著.
北京：中国建筑工业出版社，2018.8
　ISBN 978-7-112-22367-1

　Ⅰ.①大… Ⅱ.①李… Ⅲ.①小城镇—城市规划—中国
②小城镇—城市管理—中国 Ⅳ.① TU984.2 ② F299.23

　中国版本图书馆CIP数据核字（2018）第135381号

责任编辑：费海玲　张幼平
责任校对：王　瑞

大国小镇
——中国特色小镇规划与运营模式
李　季　著
＊
中国建筑工业出版社出版、发行（北京海淀三里河路9号）
各地新华书店、建筑书店经销
北京点击世代文化传媒有限公司制版
天津翔远印刷有限公司印刷
＊
开本：787×1092毫米　1/16　印张：15¾　字数：321千字
2018年10月第一版　2018年10月第一次印刷
定价：48.00元
ISBN 978-7-112-22367-1
　　　（32241）

截至 2016 年年底，全国共有乡级行政区划单位 39862 个，其中区公所 2 个，镇 20883 个，乡 9731 个，苏木 152 个，民族乡 988 个，民族苏木 1 个，街道 8105 个。世界所有国家无出中国之右。

镇者，人的聚集之地也。镇在古代是一种特殊的行政区划单位，相对于村庄来说，镇的居住人数相对较多，生活功能相对齐全，是一片地域的中心。一旦小镇形成，就要让这里的居民有安全保障，有一定的防御能力。政府组织地方武装力量和军队开始镇守驻屯，这就是叫"镇"的原因。

在历史的长河中，中国的小镇伴随着社会的逐步发展，形成了各自特有的地域文化。有的古镇因商贸发达而繁盛一时，如云南大理历史上曾沿着茶马古道形成了沙溪、喜洲、玉湖等商业重镇；有的古镇因作为文化艺术的发源地而闻名，如开封朱仙镇、天津杨柳青（木版年画）；有的古镇由于独特人文地理环境孕育出别样的物产和民情风俗，如水乡镇远传承千年的"龙舟戏"，丝织业发达造就的苏绣之乡镇湖；有的古镇以富有地方特色的美酒美食而名闻天下，如贵州茅台镇的茅台酒，安徽符离集烧鸡，河南道口烧鸡……一座座古镇构成了中华文化的不同侧面，荟萃而形成一部丰富多彩的人文百科全书。

自 1978 年改革开放以来，全国各地经济文化快速发展，地方乡镇企业、个体企业如雨后春笋般遍地生根，特别在珠三角、长三角地区，逐步形成了众多产品的专业生产基地，如纽扣专业生产基地，袜子生产基地，皮鞋生产基地，衣服生产基地，模具生产基地，玩具生产基地等，凡是人们生活需要的，都有规模化生产的聚集区，这就是中国特色专业镇的形成。专业镇的形成带动了市场的发展，催生了商品生产的聚集和流通，也带动了居住地农民的就业，增加了农民的收入。随着生产力的发展，专业镇的面貌发生了翻天覆地的变化，直接推动了中国城镇化率逐步提高。

随着中国跨越式发展，城镇化率大幅提高，大量农民进城务工，农村只剩下了老人和儿童，农村土地无人耕种，一方面是城市的繁荣昌盛，一方面是农村经济的凋敝衰落。怎么让农村和全国的经济协调发展，国家对此非常重视，从对我国经济发展的城镇化道路的探索，到特色小镇、田园综合体的提出，再到全面振兴农村的战略，无一不体现了中央对国家城乡二元结构差距的关注。

"特色小镇"的概念于2014年在杭州云栖小镇首次被提及。2016年7月20日，国家发改委、财政部、住建部三部委联合发布《关于开展特色小镇培育工作的通知》，决定在全国范围开展特色小镇培育工作，"计划到2020年，培育1000个左右各具特色、富有活力的休闲旅游、商贸物流、现代制造、教育科技、传统文化、美丽宜居等特色小镇，引领带动全国小城镇建设。"同年10月14日，住房城乡建设部公布了第一批127个中国特色小镇名单。2017年7月27日，住建部公布了第二批276个全国特色小镇。仅两年时间，国家级特色小镇就达406个，发展速度不可谓不快。如今"特色小镇"成为各地方政府竞相开发的热点，引发了众多专家、规划者、设计者、营销者为特色小镇"献计献策"、推波助澜。那么，什么是特色小镇？特色小镇究竟是怎样形成的？中国文化传统中的特色小镇是什么样的？特色小镇应从文化传统中继承什么？应从他国优秀文化中借鉴什么？

特色小镇的规划与建设需要我们这代人责无旁贷地承担起来。未来，特色小镇既承载着民众"美好生活"的需要，也是解决"三农"的重要途径，更是城镇化建设的一个新方向。为此，特色小镇要继承"匠人营国"的文化传统，要做好整体统筹，"延续历史文脉，要有更宏大的布局"。"不谋全局者，不足以谋一时；不谋万世者，不足以谋一域。"让我们以大匠的精细、巨匠的执着、哲匠的智慧，绘制乡村发展蓝图，重塑中国美丽乡村，为实现"产业兴旺、生态宜居、乡风文明、治理有效、生活富裕、城乡融合"的乡村全面振兴而努力。

圣人云："温故而知新，可以为师矣。"《大国小镇——中国特色小镇规划与运营模式》的出版，正是对热火朝天的"特色小镇"建设作理性的思考并为未来发展提供启示。所有过往，皆为序章。大国小镇，让我们见证！

目 录
CONTENTS

第七章　2014～2016年中国特色小镇建设典型案例分析 ·································· 173

第一章　特色小镇发展概述

1.1　特色小镇的定义及特点

1.1.1　特色小镇的定义

根据国家发展改革委员会发布的《关于加快美丽特色小（城）镇建设的指导意见》，特色小（城）镇包括特色小镇、小城镇两种形态。特色小镇主要指聚焦特色产业和新兴产业，集聚发展要素，不同于行政建制镇和产业园区的创新创业平台；特色小城镇是指以传统行政区划为单元，特色产业鲜明、具有一定人口和经济规模的建制镇[1]。

其中,特色小镇强调的是平台概念,其"非镇非区",是各种特色发展要素的聚集区。同时，特色小镇和小城镇之间又有非常密切的联系，两者相得益彰、互为支撑。特色小镇是小城镇中的重要发展主体，小城镇是特色小镇发展的主要载体[2]。

本书中的特色小镇即特色小（城）镇。

1.1.2　特色小镇的特点

特色小镇的特点简析　　　　　　　　　　　　　　　　　　　　　表 1-1

特性	分析
产业特性	涵盖范围广，核心锁定最具发展基础、发展优势和发展特色的产业，如浙江的信息经济、环保、健康、金融、高端装备等七大支柱产业和广东的轻纺、制造等产业
功能特性	通常为"产业、文化、旅游、社区"一体化的复合功能载体，部分小镇旅游功能相对弱化
形态特性	既可以是行政建制镇，如贵州旧州镇、湖南的百个特色旅游小镇，也可以是有明确边界的非镇非区非园空间，或是一个聚落空间、集聚区

1.2　特色小镇发展意义

1.2.1　特色小镇是县域经济发展的核心引擎

目前，我国城镇化发展中出现了诸多瓶颈，亟须寻找一个突破口。首先，大城市

---

[1]　国家发展改革委关于加快美丽特色小（城）镇建设的指导意见 [EB/OL].http://www.ndrc.gov.cn/zcfb/zcfbtz/201610/t20161031_824855.html, 2016-10-08.

[2]　林峰 . 特色小镇孵化器　特色小镇全产业链全程服务解决方案 [M]. 上海：中国旅游出版社，2017.32.

及城市群本身的摊大饼式扩张已经走到了尽头。但大城市与城市群周边，以卫星城、特色小镇方式发展的空间却很大，符合田园城市理想，符合休闲度假化生活方式。基于城际交通大幅提升的连接能力，卫星小（城）镇是中国最有成长潜力的模式[1]。

其次，中小城市、小城镇、乡村是我国城镇化及经济发展的低洼地，基于建设小康中国目标，基于社会主义共同富裕的追求，运用新模式带动这些相对落后区域的发展，形成了十八大以来全国政策、金融、资源向这一区域倾斜的大战略趋势。8亿农民的城镇化，将形成巨大的市场拉动结构，带动落后区域、西部区域、远离城市区域的均衡发展，这恰恰是新常态下，中国经济可选择的最佳途径。

初步估算，正处于城镇化过程中的6亿～8亿人口，将有15%～30%，即1亿～2亿农村人口，可以通过特色小镇实现就地城镇化的就业与居住，并带动2亿～3亿特色小镇居民收入实现大幅提升，这是一块消费率最高的消费增量蛋糕。

因此，特色小镇开发是新常态下中国开发经济走向深入发展的大战略。面对6亿～8亿正在走进城镇化的人群，面对3亿希望拥有度假生活的城市中产阶层，非中心城市化聚集，是市场必然的选择。以特色小镇开发来带动卫星小（城）镇，带动分散的广大乡镇人群的城镇化聚集，是中国未来社会经济发展中最重要的开发带动模式和引擎结构，是县域经济发展的核心引擎。

1.2.2 特色小镇是新常态下的经济引擎

目前，拉动中国经济增长的引擎在转变。中国当前经济发展中的三大引擎，与传统的投资、消费、出口的三驾马车有点区别。第一大引擎，是工业产业增长的推动；第二大引擎，是开发投资，从土地开发、基础设施与服务设施开发，到工业园区开发、房地产开发、新城开发，由此形成的土地财富，构成了中国经济持续发展最大的一个拉动力；第三大引擎，是居民消费，居民富裕起来后形成的强大消费能力，是推动中国经济发展的内在动力[2]。

而根据《关于开展特色小镇培育工作的通知》，提出，到2020年将建设1000个特色突出、充满活力的小镇。1000个国家级特色小镇的开发，实际上将启动2000个特色小镇的开发与跟进，因为1个成功的国家级特色小镇，背后有2～3个省、市、县级别的培养对象。省市县3倍放大，将进一步推大特色小镇建设开发规模。若按照平均3平方公里建设用地，300万平方米建筑规划，1个小镇开发需100亿元以上资金，3000个小镇，将形成30万亿元以上产城乡一体化开发投资。

此外，通过8亿农民城镇化所形成的收入增长，是带动消费支出最大的跃升，是未来5年中国经济持续增长的最大动力源泉。因此，特色小镇的开发，不仅能保证中

---

[1] 林峰.特色小镇孵化器 特色小镇全产业链全程服务解决方案[M].上海：中国旅游出版社，2017.2-5.
[2] 特色小镇应该是个"殖民地"[EB/OL].http：//www.sohu.com/a/205392796_505841，2017-11-20.

国广大乡镇区域经济社会稳定与可持续发展，还能在开发投资、实体产业、消费经济三大方面，对全国总体经济形成较高的贡献。

1.2.3 特色小镇是加快探索供给侧改革的重要举措

随着经济发展进入新常态，传统产业的供求关系发生根本性变化，传统产业集群依靠低成本取胜的竞争优势显著弱化，区域发展旧动能持续衰减，产业转型升级成为必然趋势。无论是新动能培育还是区域产业体系提升，都需要构建一个以创新驱动为支撑、新兴特色产业为主体的新型产业创新平台。

特色小镇建设，正是瞄准供给侧结构失衡主动下的先手棋，它为集聚要素、辐射带动区域产业体系转型升级、促进城乡协调提供了新的抓手。更重要的是，通过重构区域产业创新生态体系，提升区域创新能力，促进区域经济转型升级，进而成为新常态下推动供给侧结构性改革的重要举措。从这个意义上，发展特色小镇显然不是简单的城镇基础设施规划建设，更不是借此在小城镇扩大房地产投资，而是为区域发展构建一个创新极，以新理念、新机制、新载体推进产业集聚、产业创新和产业升级，推动区域加快创新驱动、培育发展新动能。

1.2.4 特色小镇是推进新型城市化的重要路径

《国家新型城镇化规划（2014 ～ 2020 年）》提出要发展有历史记忆、民族特点的美丽城镇；《关于深入推进新型城镇化建设的若干意见》将"加快培育中小城市和特色小城镇"作为重点建设内容之一……特色小镇是在国家新型城镇化战略背景下提出的，成为推进新型城镇化的一个重要抓手，通过发展特色小镇可以促进、带动农村地区经济发展，实现农民就地就业，从而推动新型城镇化的发展 [1]。

1.2.5 有利于保护传统文化和建筑

优秀的历史文化、民俗文化、古代建筑遗迹等是中华民族的宝贵财富，这些财富很多都位于农村地区，有的地方位置比较偏远、交通不便、经济落后，通过特色小镇的建设可以加强对这些地区文物古迹的保护、修复、开发和宣传，弘扬优秀文化，传播优秀思想。

---

[1] 特色小镇建设的八大意义 [EB/OL]. http：//www.myzaker.com/article/59893e141bc8e0d524000062/，2017-08-08.

第二章 中国特色小镇建设背景

2.1 宏观经济背景

2.1.1 国民经济总产值

2001 ~ 2011 年，中国 GDP 增长速度总体上保持在 10% 左右。2008 ~ 2009 年受金融危机影响，GDP 增速有所回落，但仍保持在 8.5% 以上；2010 年我国 GDP 增速回升至 10.3%，快于世界主要国家的平均增速；近几年，在世界经济复苏乏力、货币政策转向稳健、消费刺激政策逐步淡出等综合因素影响下，我国 GDP 增长速度逐年放缓。

2017 年我国全年国内生产总值 827122 亿元，按可比价格计算，比上年增长 6.9%。分季度看，前两个季度同比增长均为 6.9%，三四季度同比增长 6.8%。全年国民经济运行延续了稳中有进，稳中向好的发展态势，整体形势好于预期，决胜全面小康迈出坚实步伐。

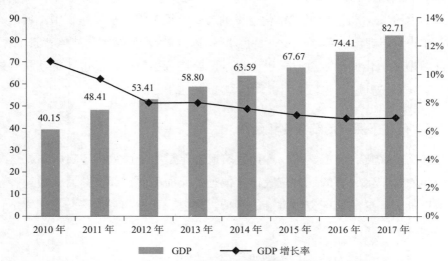

图 2-1 2010 ~ 2017 年中国国内生产总值及其增长率情况（单位：万亿元）①
①数据来自国家统计局

2.1.2 工业运行情况

2010 ~ 2016 年，中国工业增加值逐年增长，但增速逐渐下降。2016 年，中国工

4

业呈现出"缓中趋稳、有限复苏"的总体特征。工业行业结构继续呈现高端迈进态势，中部地区工业继续领跑，东北地区工业增长乏力，京津冀地区工业增速走势分化，工业投资增速回落，但投资结构优化，工业出口和 PPI 增速实现正增长，工业企业利润延续了增长态势。但是，我国经济运行中仍存在不少突出矛盾和问题，主要表现为实体经济与虚拟经济、国有投资与民间投资、国内投资与国外投资失衡，此外回款难问题凸显。

国家统计局数据显示，2017 年中国全部工业增加值 279997 亿元，比上年增长 6.4%，规模以上工业增加值增长 6.0%。

当前形势下，要实质性推进供给侧结构性改革，提高工业生产要素质量和创新工业生产要素资源配置机制，推动工业增长方式从劳动力和物质要素总量投入驱动主导转向知识和技能等创新要素驱动主导。处理好实体经济与虚拟经济的关系、振兴实体经济、遏制"脱实向虚"趋势是推进供给侧结构性改革的一项主要任务。

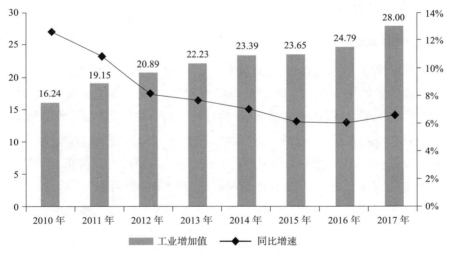

图 2-2 2010 ~ 2017 年中国工业增加值及其增长率情况（单位：万亿元）[①]

①数据来自国家统计局

2.1.3 固定资产投资

2010 ~ 2016 年，我国固定资产投资（不含农户）逐年增长，增速却逐渐下降，表明我国逐步改变了投资拉动的经济增长模式。2015 年，全国固定资产投资 551590 亿元，增速 12.0%，实际增速比上年回落 2.9 个百分点。

2016 年，全国固定资产投资（不含农户）596501 亿元，比上年名义增长 8.1%。

2017 年，全国固定资产投资（不含农户）631684 亿元，比上年增长 7.2%。

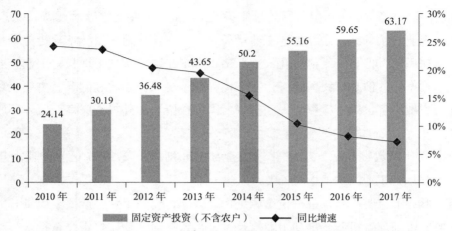

图 2-3　2010 ～ 2017 年中国固定资产投资（不含农户）及其增长率情况（单位：万亿元）①
①数据来自国家统计局

2.2　经济转型背景

2.2.1　经济发展现状

改革开放以后，中国逐渐走向繁荣复兴，持续三十多年保持高速增长。然而，在国内外因素的影响下，当前经济增长率降至 6% ～ 7%，步入了经济发展的"新常态"[1]。"新常态"下，中国面临新的问题和挑战，表现在内需与外需、投资与消费失衡；农业基础薄弱、工业大而不强、服务业发展滞后，部分行业产能过剩；城镇化、中西部地区发展滞后；资源消耗偏高、环境压力加大等。当前世界经济正处于结构大调整时期，无论发达国家还是新兴经济体都希望通过经济转型升级实现可持续发展，中国也不例外，中国原有的经济发展模式难以为继，各种问题与挑战倒逼中国经济转型和产业升级。

2.2.2　供给侧结构性改革助推经济转型

1. 需求侧"三驾马车"拉动经济的边际效应递减

改革开放以来，中国经济持续高速增长，主要是以需求侧"三驾马车"——消费、投资和出口拉动经济处于扩张状态为前提的，但问题也是显而易见的，主要是发展的可持续性问题。从 2010 年开始我国经济增长速度一直下滑至今，既有外部性因素，也有周期性因素。随着我国成为全球第二大经济体，需求拉动的边际效应递减趋势也日益明显。

---

[1]　干春晖．新常态下中国经济转型与产业升级 [J].南京财经大学学报（双月刊），2016，（2）：1.

2. 经济新常态下供给侧结构性改革呼之即出

2015 年以来，我国经济进入了一个新阶段。从我国人均 GDP 指标看，我国已步入中等收入国家，同时由于经济增长动力不足，"中等收入陷阱"风险不断累积。只有跨越"中等收入陷阱"，经济才能释放活力，为转型升级创造动力机制。同时，人口大国的人口红利减弱，国际经济格局深刻调整，我国经济进入"新常态"。

在新常态下，以需求侧拉动的经济增长方式已渐渐不能适应经济的新增长，同时供给侧结构性问题也越来越突出。因此，推进供给侧结构性改革，以改革的办法推进结构调整，矫正要素配置扭曲，解决一些突出的矛盾及问题，是助推中国经济转型升级的重要举措。

2.2.3　创新引领经济转型升级

当前，中国经济正处于新旧动能接续转换、经济转型升级的关键时期，创新作为发展的第一动力，是供给侧结构性改革的重要内容[1]。根据李克强总理的要求，未来要深入实施创新驱动发展战略，加快建设创新型国家，就要运用好创新理念，发展新经济，培育新动能，推进大众创业、万众创新。要进一步推进"互联网 +"行动，广泛运用物联网、大数据、云计算等新一代信息技术，促进不同领域融合发展，催生更多的新产业、新业态、新模式，推出更加符合市场需要的新产品和新服务，打造众创、众包、众扶、众筹的平台，汇聚各方面力量加速创新的进程，培育新的经济增长点。

2.3　城镇化进程背景

2.3.1　城镇化进程加快

近年来，我国城镇化水平逐渐提高，城镇化进程正在加快，各地经济发展水平不断提高。2016 年末，我国城市数量达到 657 个，全国建制镇数量达到 20883 个，比2012 年末增加 1002 个。2016 年末，全国城镇人口城镇化率已经达到 57.4%，比 2012年末提高 4.8 个百分点。2017 年末，我国城镇常住人口 81347 万人，比上年末增加2049 万人；城镇化率 58.52%。

城镇化进程的不断推进，势必带来城市基础设施、公共服务的完善，人们能够从医疗、卫生、交通等多个与生活息息相关的方面享受到城镇化带来的"红利"。另一方面，城镇化发展到一定阶段，大城市群将会逐渐形成，大城市将带动周边城市的发展，让更多人享受到城市化带来的各方面的"红利"。

---

[1] 李克强：中国经济正处于新旧动能接续转换、经济转型升级的关键时期 .[EB/OL]. http://china.huanqiu.com/
hot/2016-06/9088570.html，2016-06-27.

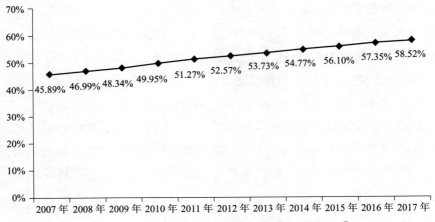

图 2-4   2007 ~ 2017 年中国城镇化率变化情况①

①数据来自国家统计局

2.3.2 城镇化建设存在的问题

1. "土地城镇化"快于人口城镇化，建设用地粗放低效

虽然随着近年来我国经济的迅速发展，城镇化率得到了大幅的提高，但是多年来"地"的城镇化快于"人"的城镇化，一些城市"摊大饼"式扩张，过分追求宽马路、大广场，新城新区、开发区和工业园区占地过大，建成区人口密度偏低。1996 ~ 2012 年，全国建设用地年均增加 724 万亩，其中城镇建设用地年均增加 357 万亩；2010 ~ 2012 年，全国建设用地年均增加 953 万亩，其中城镇建设用地年均增加 515 万亩。2016 年，全国新增建设用地面积 809.0 万亩，与 2015 年相比增加了 34.4 万亩，增幅 4.4%；新增城市、建制镇用地面积分别为 93.1 万亩、215.7 万亩，比 2015 年分别下降了 34.1% 和 7.3%。2017 年末新增建设用地面积 53.44 万公顷（801.6 万亩）。2000 ~ 2011 年，城镇建成区面积增长 76.4%，远高于城镇人口 50.5% 的增长速度；农村人口减少 1.33 亿人，农村居民点用地却增加了 3045 万亩。一些地方过度依赖土地出让收入和土地抵押融资推进城镇建设，加剧了土地粗放利用，浪费了大量耕地资源，威胁到国家粮食安全和生态安全，也加大了地方政府性债务等财政金融风险[1]。

2. 市民化进程滞后

目前，农民工已成为我国产业工人的主体，受城乡分割的户籍制度影响，农业转移人口的市民化进程严重滞后，城市户籍人口城镇化率与常住人口城镇化率之间存在极大差异。2016 年，全国城镇常住人口比例达 57.35%，但户籍人口城镇化率仅为 41.2%，两者相差 16.15 个百分点。2017 年全国城镇常住人口城镇化率 58.52%，户籍

---

[1] 中共中央   国务院印发《国家新型城镇化规划（2014—2020 年）》[EB/OL]. hhttp://www.gov.cn/gongbao/content/2014/content_2644805.htm，2014-3-16.

人口城镇化率42.35%，两者相差16.17个百分点。这种状况在东部经济发达地区更为突出。以长三角地区核心城市为例，2015年上海、苏州、无锡、常州、南京、杭州、宁波和嘉兴等8个城市的常住人口城镇化比率平均达74.6%，而户籍人口城镇化率平均只有47.2%，两者相差达27.4个百分点。

被统计为城镇人口的农民工及其随迁家属，未能在教育、就业、医疗、养老、保障性住房等方面享受城镇居民的基本公共服务，产城融合不紧密，产业集聚与人口集聚不同步，城镇化滞后于工业化。此外，城镇内部出现新的二元矛盾，农村留守儿童、妇女和老人问题日益凸显，给经济社会发展带来诸多风险隐患。

3. 产城不融合问题突出

目前，各城市内部产城不融合也是我国城镇化进程中不容忽视的问题。全国各地产业项目在新建时，力求向园区集中，推动产业集群发展，形成了不少新区或开发区只有产业，几乎没有城市功能配套。但是，在产城不融合情况下，带来产业工人高昂的通勤成本、城市交通拥堵、城市服务功能别扭以及商业环境缺失的问题；产城不融合也导致城市运行效率与城市资源利用效率低下，城市发展潜力不足，甚至导致城市产业衰败，城市人口流失。

城市间产业发展不协同也是造成产城不融合的重要原因。同一区域内经济结构相似的城市为争取企业落户，往往不顾自身技术、区位、发展基础等各类条件是否适合相关产业发展，形成了同一区域内城市间工业结构雷同、产品结构相似、同类产业竞争无序等现象，不仅造成了各类资源的浪费，也成为区域城市发展壮大、吸纳就业人口的瓶颈。

4. 城镇空间分布和规模结构不合理，与资源环境承载能力不匹配

东部一些城镇密集地区资源环境约束趋紧，中西部资源环境承载能力较强地区的城镇化潜力有待挖掘；城市群布局不尽合理，城市群内部分工协作不够、集群效率不高；部分特大城市主城区人口压力偏大，与综合承载能力之间的矛盾加剧；中小城市集聚产业和人口不足，潜力没有得到充分发挥；小城镇数量多、规模小、服务功能弱，这些都增加了经济社会和生态环境成本。

5. 城市管理服务水平不高，"城市病"问题日益突出

一些城市空间无序开发、人口过度集聚，重经济发展、轻环境保护，重城市建设、轻管理服务，交通拥堵问题严重，公共安全事件频发，城市污水和垃圾处理能力不足，大气、水、土壤等环境污染加剧，城市管理运行效率不高，公共服务供给能力不足，城中村和城乡接合部等外来人口集聚区人居环境较差。

2.3.3 推进新型城镇化建设

针对城镇化进程中出现的问题，中央提出实施以"人"为核心的新型城镇化战略。

《国家新型城镇化规划（2014 ~ 2020 年）》提出到 2020 年的发展目标：常住人口城镇化率达到 60% 左右，户籍人口城镇化率达到 45% 左右，户籍人口城镇化率与常住人口城镇化率差距缩小 2 个百分点左右，实现 1 亿左右农业转移人口和其他常住人口在城镇落户；《关于深入推进新型城镇化建设的若干意见》提出推进新型城镇化建设的八大重点：积极推进农业转移人口市民化，全面提升城市功能，加快培育中小城市和特色小城镇，辐射带动新农村建设，完善土地利用机制，创新投融资机制，完善城镇住房制度，加快推进新型城镇化综合试点等。

推进新型城镇化，是释放内需潜力的强大引擎和战略重点，是优化经济发展空间格局和积极发现、培育新增长点的重要内容和有效途径。探索新常态下的新型城镇化道路，对于适应经济新常态，大力实施"三大发展战略"、实现"两个跨越"，具有重大现实意义和深远历史意义。特色小镇作为新型城镇化建设的重点之一，对解决城镇化进程中出现的"产城不融合、空间分布不合理、市民化进程滞后"等问题具有重要作用。

2.4 创新创业发展背景

2.4.1 政府大力推动双创发展

长期以来，由于我国的创新创业质量不高，一些关键领域的核心技术依然需要向别国进口，受制于其他国家。同时，随着国际竞争的日趋激烈，特别是现阶段我国正处于调整产业结构、加速转型升级的关键时期，在内忧外患的双重压力下，我国的创新之路布满荆棘 [1]。因此，我国在现阶段需要投入更多的精力去推动创新创业规模的扩大和创新创业质量的提高。

党中央、国务院着眼于保持中高速增长和迈向中高端水平"双目标"，坚持稳政策稳预期和促改革调结构"双结合"，出台了一系列旨在打造大众创业、万众创新和增加公共产品、公共服务"双引擎"的有力政策措施和税收减免政策。近年来，《关于促进大众创业万众创新的十条政策》《国务院关于大力推进大众创业万众创新若干政策措施的意见》《关于发展众创空间推进大众创新创业的指导意见》《国务院关于强化实施创新驱动发展战略进一步推进大众创业万众创新深入发展的意见》等政策相继发布，带动创新创业愈加活跃、规模不断增加，效率显著提高。

2.4.2 双创是经济转型升级的重要引擎

"双创"是国家基于转型发展需要和国内创新潜力提出的重大战略，旨在优化创新

---

[1] 我国创新创业环境现状及对策研究 [EB/OL]. http：//www.fx361.com/page/2017/0518/1764679.shtml，2017-05-18.

创业环境，激发蕴藏在人民群众之中的无穷智慧和创造力，让那些有能力、想创业创新的人有施展才华的机会，实现靠创业自立，凭创新出彩 [1]。国家为推进"双创"已出台了很多政策，在很大程度上改善了创新创业环境，大众创新、草根创新正成为重要的创新创业主体，"互联网 +"正成为创新创业的重要推动力，新产品、新业态、新的组织形式、新的商业模式层出不穷，创新创业支持服务平台不断涌现，扶持创新创业的政策体系越来越完善。在未来一段时期，依靠创新创业发现和培育新的需求，形成新的经济增长点，是主动适应和引领经济新常态的重要着力点。

2.5 房地产市场背景

2.5.1 土地交易市场

国家统计局数据显示，我国土地购置面积由 2011 年最高点 44327 万平方米，下降至 2016 年的 22025 万平方米；土地成交价款由 2014 年最高点 10020 亿元，回落至 2016 年的 9129 亿元。土地购置面积下降约 50%，土地成交价款虽也在下降，但幅度小于购置面积的下降，单位土地成交价款有所提高。2017 年土地购置面积同比大幅增长，全国累计土地购置面积 25508 万平方米，同比增长 15.8%，土地成交价款 13643 亿元。单位土地购置费同比约增长 7%。

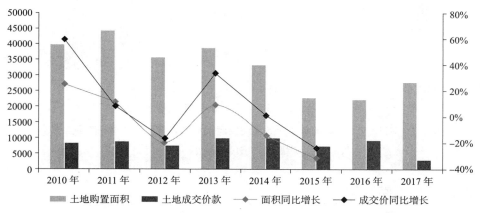

图 2-5 2010 ~ 2017 年中国房地产开发企业土地购置面积及金额变动情况
（单位：万平方米，亿元）①
①数据来自国家统计局

2.5.2 商品房销售规模

我国房地产流通服务行业是基于房地产行业的发展衍生而来。在我国房地产流通

[1] 张军扩，张永伟.让双创成为发展新动能 [N].经济日报，2016-02-25（01）.

服务业既是一个年轻的行业，又是一个蓬勃发展的行业，具有服务性、流动性和灵活性。随着房地产行业的不断发展，其紧密相关的房地产综合服务行业规模亦随之迅速扩张，行业呈现出分工日益细化和专业化的趋势。过去十年我国房地产市场经历了快速发展，商品房销售交易日趋活跃，使得房地产流通服务市场不断成熟。

2016年我国国内商品房销售面积157349万平方米，比2015年增长22.46%。其中，住宅销售面积增长22.4%，办公楼销售面积增长31.4%，商业营业用房销售面积增长16.8%。商品房销售额117627亿元，增长34.77%，增速回落2.7个百分点。其中，住宅销售额增长36.1%，办公楼销售额增长45.8%，商业营业用房销售额增长19.5%。

2017年，商品房销售面积169408万平方米，比上年增长7.7%。其中，住宅销售面积增长5.3%，办公楼销售面积增长24.3%，商业营业用房销售面积增长18.7%。商品房销售额133701亿元，增长13.7%，增速提高1个百分点。其中，住宅销售额增长11.3%，办公楼销售额增长17.5%，商业营业用房销售额增长25.3%。

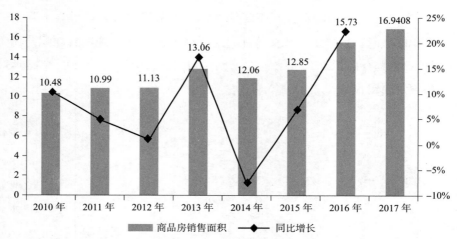

图2-6　2010～2017年中国商品房销售面积及增长情况（单位：亿平方米）①
①数据来自国家统计局

2.5.3　去库存工作现状

国家统计局监测的数据显示，自2016年第四季度"因城施策、因地制宜"的房地产调控政策实施以来，70个大中城市的15个热点城市的房价同比和环比涨幅都出现了回落。其中，2018年1月18日国家统计局公布的70个大中城市2017年12月房价指数数据显示，一线城市新建商品住宅价格环比持平，二手住宅价格环比下降0.1%。二、三线城市新建商品住宅价格环比分别上涨0.6%和0.5%，涨幅比上月均略微扩大0.1个百分点；二手住宅价格环比均上涨0.3%，涨幅均与上月持平。5月16日国家统计局发布了4月份70个大中城市商品住宅销售价格变动情况统计数据。数据显示，一线城市商品住宅销售价格同比降幅较上月扩大,二三线城市同比涨幅有所回落。4 月份,一线城市新建商品住宅和二手住宅销售价格环比分别为持平和下降 0.1%。二线城市新建商品住宅销售价格环比涨幅比上月扩大 0.1 个百分点,二手住宅销售价格环比涨幅与上月相同。三线城市新建商品住宅和二手住宅销售价格环比涨幅分别比上月扩大 0.2 个和 0.1 个百分点。2018 年 5 月 14 日由中国社科院城市发展与环境研究所发布的蓝皮书也同样显示,70 个大中城市房价 2017 年涨幅远低于 2016 年。三四线城市出现类似特点,环比涨幅也在回落。这体现了 2016 年以来房地产调控取得的成效[1]。

但是,县域经济的房地产库存依然严峻。中国社科院发布的《中国县域经济报告(2017)》显示,房地产库存高居不下,时刻威胁着县域经济的稳定健康发展,房地产去库存成为县域经济面临的紧迫任务之一。这主要表现在四个方面:第一,大城市周边和发达经济圈的县域经济具有较强的房地产去库存能力,风险在于无限制地增加供应;第二,欠发达地区的县域经济房地产去库存存在阶段性机会,但长期饮鸩止渴式的开发终将使房地产库存难以消化;第三,房地产价格的周期波动对房地产去库存具有重要影响,短期有利于去库存但长期将对去库存产生抑制作用;第四,县域经济房地产库存状况将继续分化,当前借机强力推地的县域经济有可能会面临新的高库存难题[2]。

而特色小镇的建设,将是县域经济房地产去库存的一个有效途径。这种特色规划有三大益处,一是可以成为当地居民明显提升生活质量的去处;二是可以结合目前提倡的农民工去库存大环境,为部分农民工提供住所;三是能够吸引周边城市改善人群前来置业投资。

---

[1] 统计局:房地产市场下一步能够保持持续健康发展 [EB/OL]. http://fushun.house.qq.com/a/20171116/012228.htm,2017-11-16.

[2] 社科院报告:房地产高库存"威胁"县域经济发展 [EB/OL]. http://www.ce.cn/xwzx/gnsz/gdxw/201711/23/t20171123_26975405.shtml,2017-11-23.

第三章 中国特色小镇建设分析

3.1 2014～2017年世界特色小镇建设经验

3.1.1 瑞士达沃斯小镇

1. 达沃斯小镇："疗养＋滑雪＋会议"

达沃斯位于瑞士东南部格里松斯地区，坐落在一条17公里长的山谷里，靠近奥地利边境，是阿尔卑斯山系最高的小镇。达沃斯小镇是阿尔卑斯地区空气最洁净的地方，19世纪初就是夏季避暑胜地、疗养胜地。达沃斯因而也被称为达沃斯旅游健康度假村。当时城里的医院鳞次栉比，现在很多医院已经改建成了酒店，但达沃斯在医学界的地位不减当年，每年仍有不少国际医学大会在这里举行。

此外，达沃斯还有一个闻名遐迩的特色——滑雪场，因此，达沃斯也是一个著名的滑雪天堂。1877年，欧洲最大的天然滑雪场在达沃斯落成，世界级的选手都在这里训练，成为国际冬季运动中心，一年四季都有着不间断的各项体育赛事，如世界滑雪锦标赛、速度滑冰等。

不过，这个小镇举世闻名，不是因为它是个疗养胜地和滑雪胜地，而是因为一年一度的世界经济论坛在这里举行。1987年，首届世界经济论坛在达沃斯召开，此后每年冬季各国政要、跨国公司领导及社会、文化各界代表纷纷齐聚达沃斯，让达沃斯这个名字响亮世界。年会的举办不仅让小镇成为全球瞩目的焦点，也给达沃斯带来可观的经济效益。据世界经济论坛统计，每年的年会可为达沃斯当地经济创造约4500万瑞士法郎（约合4945万美元）效益，给瑞士整体经济带来的效益约为7500万瑞士法郎（约合8241万美元）。近20年来，"世界经济论坛"越来越成为瑞士的"金字招牌"，它已成为研讨世界经济问题最重要的非官方聚会平台之一，其创始人克劳斯·施瓦布教授则不断为论坛提供创新指引，注入"新生动力"。

除此之外，世界经济论坛的举行还进一步放大了达沃斯原有的"滑雪胜地"效应，各种会议的举办吸引了大量的游客，给当地居民和经济创下收入。而当地居民把会议带来的收入继续投入酒店、餐饮等旅游服务方面的软、硬件改善中，又更进一步地推出各种旅游项目，在各个时点吸引游客。

2. 小镇经验借鉴

达沃斯成名之因，首先是其环境的独特性，使得它在医疗和旅游上都有不可替代和复制的特点。这就是"特色小镇"的"特色"，是其一切出发点和落脚点[1]。

其次，完整产业链的形成，是达沃斯小镇闻名于世的重要原因。达沃斯在原有的旅游资源中以滑雪、滑冰等活动不断发展壮大旅游业，增加旅游业的趣味性和知名度。正是这些度假胜地的综合优势，才吸引了各界名流，让电影节、世界经济论坛等重要节庆和会议将此地定位为永久会址，逐渐形成完整产业链条，带动小镇进一步发展。

最后，和平、包容的文化属性，是达沃斯深入人心的原因。据悉，在达沃斯会议期间，所有与会人员在参会时，没有排名，都是按进场先后顺序而座。这些行为规范体现出的专业性和平等度，让达沃斯更为独特和令人期待。

3.1.2 美国格林尼治小镇

1. 格林尼治小镇："对冲基金小镇"

格林尼治是美国康涅狄格州的一个小镇，面积只有 174 平方公里，毗邻纽约市，交通便利。几十年前，格林尼治开始发力吸引对冲基金的时候，当地税收比纽约低很多。例如，一千万美元的年收入，在格林尼治要比在纽约省 50 万美元；在房产物业税方面，小镇只有千分之十二，近在咫尺的纽约州要千分之三十，这些优惠的税收政策切切实实吸引了最早的一批对冲基金企业。更重要的是，格林尼治小镇离纽约州很近，坐火车 35 ～ 40 分钟，大概相当于深圳到广州的距离，能从金融业的集聚效应中受益。

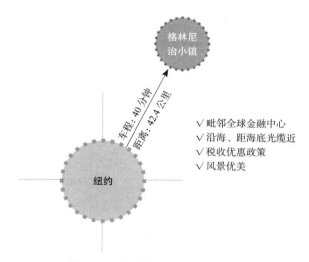

图 3-1 美国格林尼治小镇区位图

---

[1] 静霞 . 国外经典特色小镇的"特色启示"[J]. 房地产导刊，2016（6）: 50-51.

经过40多年的发展，如今美国格林尼治基金小镇已经初具规模，集中了超过500家对冲基金公司，其基金规模占全美三分之一，是全球最著名的对冲基金小镇。目前，380家对冲基金的总部设在小镇，在全球350多只管理着10亿美元以上资产的对冲基金中，近半数公司都把总部设在这里，仅Bridge Water这一家公司就控制着1500亿美元的资金规模，还包括管理65亿美元资产的多战略对冲基金FrontPoint、管理逾100亿美元资产的Lone Pine以及克利夫·阿斯内斯（Cliff Asness）掌控的190亿美元资产的定量型基金AQR等。因此，美国格林尼治基金小镇被称为对冲基金的传奇圣地，也确立了自己全球领先的对冲基金中心之一的地位。

总的来看，格林尼治基金小镇是由市场环境主导自发而形成的，由于该地聚集了大量富人，毗邻金融中心——纽约，为对冲基金提供了良好的发展和居住环境，因此对冲基金在此得以快速发展，并形成了如今具有金融集聚效应的基金小镇。

2. 小镇经验借鉴

格林尼治经过几十年的自然发展形成了目前的规模，可以说它是自发形成的，但是也有政府的因素在里面。

格林尼治基金小镇经验借鉴　　　　　　　　　　　　表3-1

经验	具体内容
税收优惠政策	康涅狄格州有利的个人所得税税率吸引了很多对冲基金在那里落户。从21世纪初开始，小镇就吸引了大批的经纪人、对冲基金配套人员等进驻，数量曾一度有4000家之多，其就业人数也较1990年翻了好几倍。与在纽约办公的对冲基金从业者相比，在格林尼治年收入千万美元的员工可以少支付50万美元个人所得税。并且纽约的房产税高达3%，格林尼治的房产税只有1.2%
交通便利	小镇所在地距离金融中心纽约仅60公里，大约45分钟车程，这里拥有对冲基金要求的所有配套条件，能够有效承接纽约金融核心产业外溢。小镇周边还有三个机场，交通十分便利
配套设施完善	在格林尼治，办公室和家之间的路程可能只要10分钟；住所附近随处都是跑步和遛狗的好去处；住房宽敞舒适，远离纽约的压抑和拥挤；有很多可以选择的好学校。小镇还非常国际化，6万多常住居民中有27%来自不同文化背景的国家，包括中国、新加坡等各地精英，走在街上会听到不同国家的语言。可以说，在格林尼治小镇，基金经理人的家人和公司成员，能过上安全舒适的生活

长期以来，得益于毗邻纽约金融市场、区域税收优惠、生态环境优良等先天优势，格林尼治小镇对于金融投资行业产生了较大的吸引力，逐步吸引基金企业和大量的华尔街精英来此发展。

3.1.3　美国纳帕谷小镇

1. 纳帕谷小镇："农业＋文旅"

纳帕谷位于美国加州旧金山以北80公里，是美国第一个跻身世界级的葡萄酒产地。它由8个小镇组成，是一块35英里长、5英里宽的狭长区域，风景优美，气候宜人。

从19世纪中期开始，以传统葡萄种植业和酿酒业为发展基础，如今已形成以"葡萄种植业和酿酒业"等特色引擎产业，并包含品酒、餐饮、养生、运动、婚礼、会议、购物及各类娱乐设施在内的"葡萄酒+"旅游吸引核，形成综合性乡村休闲文旅小镇集群，每年接待世界各地的游客达 500 万人次，旅游经济收益超过 6 亿美元，为当地直接创造了 2 万多个工作机会[1]。

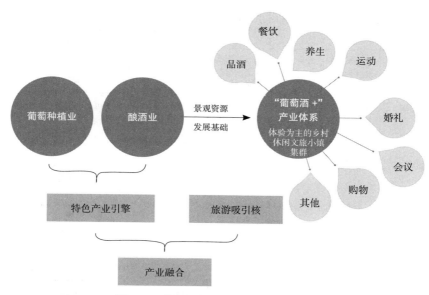

图 3-2　美国纳帕谷小镇特色产业简图

美国纳帕谷 8 个小镇各自定位　　表 3-2

镇名	资本禀赋	发展定位
American Canyon	旧金山进入纳帕谷的门户，镇内拥有起伏的群山，临河的湿地及丰富的野生物种	葡萄酒+体育运动（主要是徒步、自行车等户外运动）
Napa	纳帕谷最大的镇，拥有历史悠久的老镇区，商业基础好，是"品酒列车"的起点	葡萄酒+商业艺术（住宿、餐饮、艺术画廊、市场等），整个纳帕谷的配套服务核心
Lake Berryessa	纳帕谷唯一一个不靠近主路（Hwy 29）的小镇，临近纳帕郡最大的湖泊	葡萄酒+体育运动（主要是各类水上运动和露营、徒步等）
Yountville	美国米其林餐厅最集中的小镇，餐饮业发达	葡萄酒+商业艺术（餐饮为核心，兼具一部分艺术、商业、娱乐等功能），整个纳帕谷的餐饮中心
Oakville 和 Rutherford	著名的赤霞珠主产地和权威认证地，拥有悠久的酿酒历史	葡萄酒（专注葡萄酒产业本身，主要业态为酒庄和少数手工艺品商店）
St. Helena	历史街区保存较好，美国烹饪学院所在地	葡萄酒+商业艺术（主要在历史街区上，包括精品店、古董店、艺术画廊等）
Calistoga	纳帕谷最北端，拥有优美的古镇风光和特色温泉资源（泥浴）	葡萄酒+休闲养生（温泉、SPA、瑜伽及各类放松休闲活动）

[1]　美国纳帕谷（Napa Valley）：农业特色小镇的典范 [EB/OL]. http：//www.sohu.com/a/150010359_756148，2017-06-18.

2. 小镇经验借鉴

纳帕谷的发展基础对于农业特色小镇来说是比较典型的，其成功经验也成为类似的农业小镇发展的理想愿景，而它的发展路径正是"一号文件"中所强调的"发展乡村休闲旅游产业"[1]。

纳帕谷小镇经验借鉴 表 3-3

经验	具体内容
良好的气候条件	纳帕谷位于丘陵地带，拥有温润的地中海气候和多样化的土壤，当地独特的气候条件为小镇发展葡萄种植和酿酒业提供了良好的基础条件
对质量的保证	纳帕酒商有意控制葡萄产量以保证产品质量。规定产区内每英亩的葡萄产量不能超过 4 吨，纳帕 60% 的酒庄年产量低于 5000 箱（1 箱 12 瓶），远低于周边葡萄酒产区。如今，纳帕谷的葡萄酒产量仅占整个加州葡萄酒产量的 4%，产值却占到了三分之一
对品牌的保护	纳帕的品牌在当地企业的倡议下得到了国家立法的保护。为了防止纳帕谷的名字被那些不用纳帕葡萄酿造的酒商所滥用，2000 年，纳帕企业成功倡议美国国家立法规定，正式实施 AVA（美国葡萄酒产地制度），规定凡使用纳帕谷品牌的酒，具备的基本条件是所用葡萄必须产自纳帕谷。由于品牌的保护和彰显，纳帕红酒身价倍增
特色产业和旅游产业完美融合	随着葡萄酒品牌的打响，纳帕谷的旅游业开始兴起，葡萄酒产业链逐步延伸，从最初的酒庄参观和观光旅游开始，到 2000 年以后复合型城镇功能的逐渐完善配套，第一产业的葡萄酒种植和第二产业的酿酒构成"特色产业引擎"，各类第三产业构成"旅游吸引核"，二者共同成为纳帕谷吸引人口和消费的核心部分
政府的统一规划和差异化定位	由于纳帕各镇均以葡萄酒产业为一、二、三产业融合发展的基础，为避免同质化竞争，纳帕郡政府及旅游管理部门根据各镇的发展现状和各自的资源禀赋，因地制宜的对八个小镇提出了差异化的发展定位，根据与葡萄酒产业融合发展的产业类型，大致分为四类，即：葡萄酒本身、葡萄酒＋体育运动、葡萄酒＋商业艺术、葡萄酒＋休闲养生，整体形成"葡萄酒＋"的产业体系，共同构成以体验为主的乡村休闲文旅小镇集群
充分依托一、二产业资源进行产品体系和节事活动策划	纳帕谷的葡萄种植业和酿酒业，不仅是地方经济发展的支柱，也为当地旅游产品体系和节事活动提供了景观资源和发展基础。八个小镇针对各自特定的产业发展定位，与主导的葡萄酒产业协同发展
政企合作成立旅游业提升区（TID）助推地方旅游业发展	由于加州葡萄酒种植区众多，彼此竞争激烈，为提升纳帕谷小镇集群的整体竞争力，同时减轻政府财政压力，由纳帕郡会议与游客管理局牵头，纳帕郡政府、八个镇政府、纳帕郡商会及纳帕谷内的酒庄、旅馆、餐厅等企业共同设立了"纳帕旅游业提升区"，成立非营利组织"纳帕郡旅游公司"进行统一管理，通过 PPP 模式进行项目融资、招商引资及旅游宣传推广。旅游业提升区的成立充分调动了当地丰富的社会资本，减轻了政府的财政压力，并通过政府监督和统一管理使资金针对各镇产业发展特点有的放矢，有效避免了内部恶性竞争

3.1.4 法国普罗旺斯小镇

1. 普罗旺斯小镇："农业 + 文化"

法国普罗旺斯是世界知名的旅游胜地，位于法国南部，是由一系列知名的文化小镇形成的文化产业集群。农业是普罗旺斯发展文化产业的基础，主要包括薰衣草和葡萄酒产业。薰衣草和葡萄酒在生活中的作用就是使人放松，这两者结合起来可以让人感受到闲适的生活状况，这种状态是吸引人群的重要因素。

---

[1] 纳帕谷：塑造美国乡村休闲文旅小镇集群！[EB/OL].http://www.sohu.com/a/137352804_368060，2017-04-30.

以忘忧闲适为主题，加上中世纪的骑士爱情故事，使普罗旺斯成为充满浪漫情怀的地域，满足了人类最基本和最重要的生活追求。

2. 小镇经验借鉴

法国普罗旺斯的成功可以说是文化产业推动城镇化发展的经典。

<table>
<tr><td colspan="2">普罗旺斯小镇经验借鉴 表 3-4</td></tr>
<tr><td>经验</td><td>具体内容</td></tr>
<tr><td>农业和艺术融为一体</td><td>薰衣草和葡萄酒创作出的意境吸引世界各地艺术家集聚到该地区，从而把普罗旺斯的文化产业推向顶峰。例如，凡·高、莫奈、毕加索等大画家纷纷到此寻找灵感，尼采、赫胥黎、彼得梅尔等也到此一游，名人和精神领袖使得普罗旺斯成为普通人的梦想</td></tr>
<tr><td>发展新兴文化产业</td><td>以意境、文化巨人的魅力为基础，结合高科技手段，大力发展新兴文化产业，如影视、文化集会、展览等，形成文化产业集群，如每年戛纳电影节就是衍生的文化产业业态</td></tr>
</table>

3.2 2014 ~ 2016 年中国特色小镇建设支持政策

3.2.1 特色小镇宏观政策

1. "新型城镇化"提出发展具有特色优势魅力小镇

2014 年 3 月 17 日，国务院印发《国家新型城镇化规划（2014—2020 年）》在"重点发展小城镇"一节中提出要通过规划引导、市场运作，将具有特色资源、区位优势的小城镇，培育成为文化旅游、商贸物流、资源加工、交通枢纽等专业特色镇。

2014 年 7 月，《住房城乡建设部等部门关于公布全国重点镇名单的通知》提出大力支持 3675 个重点镇建设，提升发展质量，逐步完善一般小城镇的功能，将一批产业基础较好、基础设施水平较高的小城镇打造成特色小镇。

2016 年 2 月，《国务院关于深入推进新型城镇化建设的若干意见》第十三条"加快特色镇发展"一节中提出发展具有特色优势的休闲旅游、商贸物流、信息产业、先进制造、民俗文化传承、科技教育等魅力小镇，带动农业现代化和农民就近城镇化。政策强化了对特色镇基础设施建设的资金支持，支持特色小城镇提升基础设施和公共服务设施等功能。

2016 年 4 月，《国土资源部关于进一步做好新型城镇化建设土地服务保障工作的通知》倡导积极推进城镇低效用地再开发，实施差别化产业用地政策，科学稳慎推进低丘缓坡地开发。

2. "十三五"规划提出发展充满魅力的小城镇

2016 年 3 月，国务院发布的《中华人民共和国国民经济和社会发展第十三个五年规划纲要》中提出，"十三五"期间要加快发展中小城市和特色镇，因地制宜发展特色鲜明、产城融合、充满魅力的小城镇，这也成为新时期小城镇发展的新课题。

过去，中国一些城市的建设被批评为"千城一面"，不重视差异化的建设与发展，导致许多城市大同小异。如今，在特色小镇的建设中，从一开始就确立了不要"千镇一面"的思路。从特色出发，是当下中国特色小镇的建设思路。

3.《关于开展特色小城镇培育工作的通知》

2016年7月1日，住房城乡建设部、国家发展改革委、财政部联合下发《关于开展特色小镇培育工作的通知》，从产业形态、传统文化、美丽环境、设施服务、体制机制等方面对特色小镇的建设进行规范要求。

此次开展特色小镇培育工作是在借鉴浙江特色小镇经验和做法基础上的提升，更加注重发展特色产业、注重传承传统文化、注重保护生态环境、注重宜居环境建设、注重完善市政基础设施和公共服务设施。通过特色小镇培育工作，让更多的小镇真正成为就近城镇化的载体，能让更多的人留在小镇居住，能吸纳更多农村剩余劳动力在小镇就业，能让小镇居民享受到更好的公共服务和良好的居住环境。

4.《关于加快美丽特色小（城）镇建设的指导意见》

2016年10月8日，国家发改委发布《关于加快美丽特色小（城）镇建设的指导意见》，指出释放美丽特色小（城）镇的内生动力关键要靠体制机制创新；要全面放开小城镇落户限制，全面落实居住证制度，不断拓展公共服务范围。

为加快建设美丽特色新型小（城）镇，《指导意见》还明确，要坚持因地制宜，体现区域差异性，提倡形态多样性，彰显小（城）镇独特魅力，防止照搬照抄、"东施效颦"、一哄而上；坚持产业建镇，做精做强主导特色产业，打造具有持续竞争力和可持续发展特征的独特产业生态，防止千镇一面；坚持以人为本，打造宜居宜业环境，提高人民群众获得感和幸福感，防止形象工程；坚持市场主导，提高多元化主体共同推动美丽特色小（城）镇发展的积极性，防止大包大揽。

5.《关于实施"千企千镇工程"推进美丽特色小（城）镇建设的通知》

2016年12月，国家发改委、国家开发银行、光大银行、中国城镇化促进会等机构联合发布《关于实施"千企千镇工程"推进美丽特色小（城）镇建设的通知》，指出"千企千镇工程"是根据"政府引导、企业主体、市场化运作"的新型小（城）镇创建模式，搭建小（城）镇与企业主体有效对接平台，引导社会资本参与美丽特色小（城）镇建设。

《通知》指出，聚焦重点领域，围绕产业发展和城镇功能提升两个重点，深化镇企合作；建立信息服务平台，运用云计算、大数据等信息技术手段，建设"千企千镇服务网"。

3.2.2 特色小镇资金支持政策

1.国家发改委资金支持政策

关于特色小镇建设项目申请专项建设基金，实际上在三部委文件出台之前在国家发展改革委申请专项建设基金的第19项"新型城镇化"一项里面，有"特色镇建设"

这一子项，其他几个子项也与特色小镇建设相关。[1]

发改委申请专项建设基金中与特色小镇建设相关子项　　　　表 3-5

序号	子项
19.1	国家新型城镇化试点地区的中小城市
19.2	全国中小城市综合改革试点地区
19.3	少数民族特色小镇

此外，《关于开展特色小镇培育工作的通知》在支撑政策中提出过两条支持渠道：国家发展改革委等有关部分支持符合条件的特色小镇建设项目申请专项建设基金；中央财政对工作开展较好的特色小镇给予适当奖励。

《关于加快美丽特色小（城）镇建设的指导意见》则表示将加强统筹协调，加大项目、资金、政策等的支持力度；大力推进政府和社会资本合作，鼓励利用财政资金撬动社会资金，共同发起设立美丽特色小（城）镇建设基金；研究设立国家新型城镇化建设基金，倾斜支持美丽特色小（城）镇开发建设；鼓励开发银行、农业发展银行、农业银行和其他金融机构加大金融支持力度；鼓励有条件的小城镇通过发行债券等多种方式拓宽融资渠道。

2. 农业发展银行的政策性贷款

农业发展银行对于特色小镇响应最早，2015 年底就推出了特色小城镇建设专项信贷产品。中长期政策性贷款主要包括集聚城镇资源的基础设施建设和特色产业发展配套设施建设两个方面。

2016 年 10 月 10 日，《关于推进政策性金融支持小城镇建设的通知》（建村 [2016]220 号）进一步明确了农业发展银行对于特色小镇的融资支持办法。《通知》提出，建立贷款项目库，申请政策性金融支持的小城镇时，编制小城镇近期建设规划和建设项目实施方案且经政府批准后，可向银行提出建设项目和资金需求。中国农业发展银行将进一步争取国家优惠政策，提供中长期、低成本的信贷资金。

3. 国家开发银行的开发性金融支持

2017 年 3 月，住建部、国家开发银行联合发布《关于推进开发性金融支持小城镇建设的通知》，提出要探索创新小城镇建设运营及投融资模式，做好融资规划，加强信贷支持，创新融资模式；支持促进小城镇产业发展的配套设施建设。

此外，《关于实施"千企千镇工程"推进美丽特色小（城）镇建设的通知》也提出，"千企千镇工程"的典型地区和企业，可优先享受有关部门关于特色小（城）镇建设的各项支持政策，优先纳入有关部门开展的新型城镇化领域试点示范。国家开发银行、中

---

[1] 中央和地方特色小镇资金支持政策汇总 [EB/OL]. http: //mt.sohu.com/d20161126/119949515_488901.shtml，2016-11-26.

国光大银行将通过多元化金融产品及模式对典型地区和企业给予融资支持，鼓励引导其他金融机构积极参与。政府有关部门和行业协会等社会组织将加强服务和指导，帮助解决"千企千镇工程"实施中的重点难点问题。

4. 中国建设银行的商业性金融支持

2017 年 4 月，住建部、中国建设银行联合推出《关于推进商业金融支持小城镇建设的通知》，支持特色小镇、重点镇和一般镇建设，优先支持《住房城乡建设部关于公布第一批中国特色小镇名单的通知》确定的 127 个特色小镇和各省（区、市）人民政府认定的特色小镇。

支持内容包括持改善小城镇功能、提升发展质量的基础设施建设；支持促进小城镇特色发展的工程建设；支持小城镇运营管理融资，包括基础设施改扩建、运营维护融资；运营管理企业的经营周转融资；优质企业生产投资、经营周转、并购重组等融资。

《通知》还表示，发挥中国建设银行综合金融服务优势，加大对小城镇建设的信贷支持力度；帮助小城镇所在县（市）人民政府、参与建设的企业做好融资规划，提供小城镇专项贷款产品；探索开展特许经营权、景区门票收费权、知识产权、碳排放权质押等新型贷款抵质押方式。

3.2.3　特色小镇建设规划

特色小镇建设规划目标　　　　　　　　　　　　　　表 3-6

政策	规划目标
《关于开展特色小镇培育工作的通知》	到 2020 年，培育 1000 个左右各具特色、富有活力的休闲旅游、商贸物流、现代制造、教育科技、传统文化、美丽宜居等特色小镇，引领带动全国小城镇建设，不断提高建设水平和发展质量
《关于加快美丽特色小（城）镇建设的指导意见》	统筹地域、功能、特色三大重点，以镇区常住人口 5 万以上的特大镇、镇区常住人口 3 万以上的专业特色镇为重点，兼顾多类型多形态的特色小镇，因地制宜建设美丽特色小（城）镇

3.2.4　特色小镇评定标准

1. 特色小镇认定标准特点

《国家特色小镇认定标准》特点　　　　　　　　　　表 3-7

特点	内容
以评"特色"为主，评"优秀"为辅 [1]	《国家特色小镇认定标准》制定，是在"优秀"的基础之上，挖掘其"特色"因素。因此，该标准制定将评价指标分为"特色性指标"和"一般性指标"。特色性指标反映小城镇的特色，给予较高的权重；一般性指标反映小城镇基本水平，给予较低的权重。做到以评"特色"为主，评"优秀"为辅

---

[1]　国家特色小镇认定标准如何评分？ [EB/OL]. http：//www.sohu.com/a/162717937_99889537，2017-08-06.

续表

特点	内容
以定性为主，定量为辅	小城镇的特色可简单概括为产业特色、风貌特色、文化特色、体制活力等，这些特色选项的呈现以定性描述居多。但是，完全的定性描述会导致标准判的弹性过大，降低标准的科学与严谨性。而少量且必要的定量指标客观严谨，虽然使评审增加了一定的复杂性，但能够保证标准的科学与严密。所以，该标准的制定以定性为主，定量为辅。在选择定量指标时首先尽量精简定量指标的数量，同时尽量使定量指标简单化，增强可评性

2. 特色小镇分项指标解读

根据《开展特色小镇培育工作的通知》，此次特色小镇认定对象原则上是建制镇，特色小镇要有特色鲜明的产业形态、和谐宜居的美丽环境、彰显特色的传统文化、便捷完善的设施服务和灵活的体制机制。在此基础上，构建五大核心特色指标。

特色小镇分项指标 　　表 3-8

一级指标	二级指标	分值
产业特色	产业是否符合国家的产业政策导向	25 分
	产业知名度影响力有多强	
	产业是否有规模优势	
环境宜居	城镇风貌	25 分
	镇区环境	
文化传承	文化传承	10 分
	文化传播	
设施便捷	道路交通	20 分
	市政设施	
	公共服务设施	
创新发展	发展的理念模式是否有创新	20 分
	规划管理是否有创新	
	支持政策是否有创新	

3.2.5 特色小镇地区性政策

截至 2017 年 1 月，全国共发布特色小镇相关政策 104 个，在发布了特色小镇相关政策的 21 个省（市、区）中，浙江省最多，发布了 18 个政策[1]。

---

[1] 特色小镇网络营销推广方案 [EB/OL]. http://www.wenku365.com/p-5358956.html，2017-12-08.

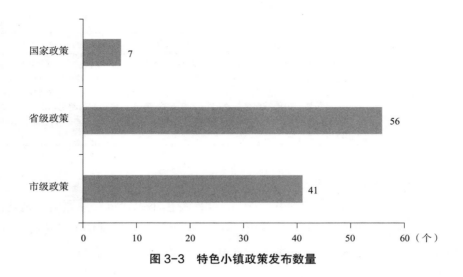

图 3-3　特色小镇政策发布数量

省（市、区）	政策
浙江	《关于加快特色小镇规划建设的指导意见》
	《关于规划建设以高新技术为主导特色小镇的实施意见》
江苏	《关于培育创建江苏特色小镇的指导意见》
四川	《四川省"十三五"特色小城镇发展规划》
江西	《江西省特色小镇建设工作方案》
河北	《关于建设特色小镇的指导意见》
安徽	《安徽省人民政府关于加快推进特色小镇建设的意见》
广西	《广西壮族自治区人民政府办公厅关于培育广西特色小镇的实施意见》
陕西	《陕西省发展和改革委员会关于加快发展特色小镇的实施意见》
	《进一步推进全省重点示范镇文化旅游名镇（街区）建设的通知》
北京	《北京市"十三五"时期城乡一体化发展规划》
天津	《天津市特色小镇规划建设工作推动方案》
山东	《山东省人民政府关于开展"百镇建设示范行动"加快推进小城镇建设和发展的意见》
甘肃	《关于推进特色小镇建设的指导意见》
福建	《关于开展特色小镇规划建设的指导意见》
贵州	《贵州省100个示范小城镇全面小康统计监测工作实施办法》

各地区特色小镇政策汇总　　　　　　　　　　　　　　表 3-9

　　在建设特色小镇的文件中，国务院要求各地深化改革，加强政策创新。其中，强镇扩权作为简政放权的典型路径，被多省市在政策文件中提高。强镇扩权是指扩大中心镇经济社会管理权限，包括下放事权、扩大财权、改革人事权、保障用地等，是我国过去县域经济发展所伴生的一个比较特殊的政策产物，反过来也对促进县域经济发展有较大作用，在激励当地政府、更加因地因时制宜等方面均有不错的效果 [1]。

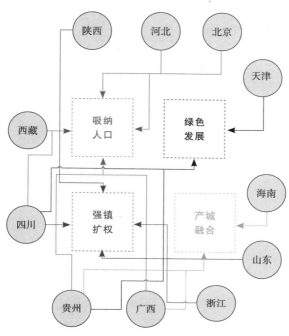

图 3-4　各省市政策要点图解

3.3　2014 ~ 2016 年中国特色小镇建设概况

3.3.1　特色小镇发展历程

改革开放以来，我国特色小镇经历了四个发展阶段：第一阶段即探索阶段；第二阶段是酝酿阶段，2014 年浙江省省长李强首提"特色小镇"；第三阶段为成型阶段，习近平在《浙江特色小镇调研报告》上作了重要批示；第四阶段为全面推广阶段，这个阶段特点为国家发布引导政策，随后地方政策密集出台，全国各地特色小镇建设如火如荼。

3.3.2　特色小镇建设概况

近两年来，我国特色小镇迅速崛起，从中央各部委到地方政府，从传统产业到新兴产业，从实体企业到金融机构（银行、基金公司、信托公司、证券公司、保险公司等），从投资者到中介机构……几乎个个言必称"特色小镇"。

---

[1]　特色小镇深度报告——春风桃李花开日 [EB/OL]. http://doc.mbalib.com/view/b24422e6fa6c4e10f34d89f4fabe74
68.html，2017-08-11.

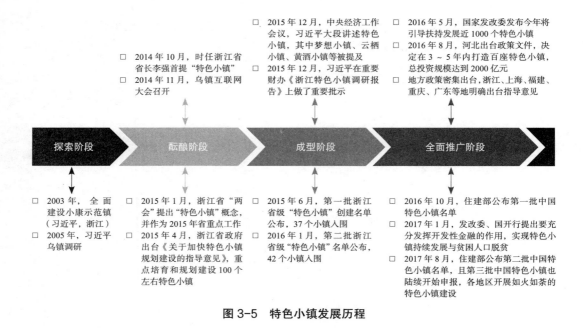

图 3-5　特色小镇发展历程

　　目前，我国特色小镇建设效果初显。根据住建部的数据，第一批 127 个特色小镇建设带动产业和农村发展效果明显。一是带动产业和农村发展。新增企业就业人口 10 万人，平均每个小镇新增工作岗位近 800 个；农民人均纯收入比全国平均水平高 1/3。二是基础设施进一步完善。90% 以上小镇的自来水普及率高于 90%，80% 小镇的生活垃圾处理率高于 90%，基本达到县城平均水平。三是公共服务能力不断提升。平均每个小镇配有 6 个银行或信用社网点、5 个大型连锁超市或商业中心、9 个快递网点以及 15 个文化活动场所或中心。四是传统文化得到了保护和传承。85% 的小镇拥有省级以上非物质文化遗产，80% 以上的小镇定期举办民俗活动，70% 以上的小镇保留了独具特色的民间技艺。五是体制机制创新取得进展。90% 以上的小镇建立了规划建设管理机构和"一站式"综合行政服务机构，80% 以上的小镇设立了综合执法机构。

　　总体来看，特色小镇建设正成为当下我国的经济新热点，迅速崛起。热潮之下，特色小镇已经不再是一个普通的经济学概念或者行政学概念，而是一个实实在在的集产业、文化、旅游和社区功能于一体的经济发展引擎[1]。

3.4　2014 ~ 2016 年中国特色小镇建设现状

3.4.1　特色小镇数量规模

　　从国家级特色小镇来看，根据住建部公布的数据，目前全国特色小镇一共 403 个，

[1]　陈青松，任兵，王政 . 特色小镇与 PPP——特点问题商业模式典型案例 [M]. 北京：中国市场出版社，2017：20-21.

其中第一批 127 个，第二批 276 个。从人口规模来看，人口数量超 100 万的特色小镇有 32 个，人口数量超 20 万的特色小镇有 6 个 [1]。

3.4.2 特色小镇市场规模

根据"三部委"规划，到 2020 年培育 1000 个特色小镇；另外，根据全国 31 个省市特色小镇产业规划，到 2020 年将合计建设 2000 个左右特色小镇，远远超过三部委的规划。根据已经初步建成、企业已进驻运营的部分小镇统计来看，平均一个特色小镇投资额约 50 ～ 60 亿元，按照这个规模测算，未来特色小镇将产生约 15 万亿元的投资额，可为经济增长提供强大推力。

3.4.3 特色小镇区域分布

从各区域的特色小镇数量来看，华东地区的数量是最多的，有 117 个，其中浙江省数量最多，为 23 个。浙江省从 2014 年开始全面启动特色小镇培育工作，目前已经取得了瞩目的成绩。小镇数量并列第二的是江苏和山东，拥有 22 个特色小镇。

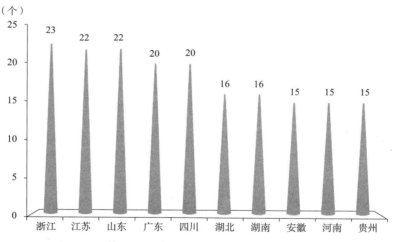

图 3-6 第一批、第二批特色小镇数量 TOP10 省市

3.4.4 特色小镇类型分布

根据住建部发布的第一、二批中国特色小镇名单，结合住建部推荐工作的通知，特色小镇的类型主要有工业发展型、历史文化型、旅游发展型、民族聚居型、农业服务型和商贸流通型，经过整理分析，旅游发展型的特色小镇数量最多，为 155 个，占总数的 38.5%；其次为历史文化型特色小镇，数量为 97 个，占比为 24.1%。

---

[1] 2017 中国特色小镇人口数量排行榜 TOP100[EB/OL]. http://baijiahao.baidu.com/s?id=1574704275579550&wfr=spider&for=pc，2017-08-03.

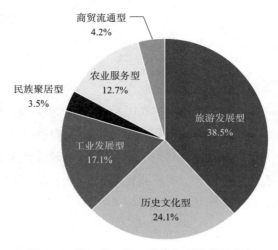

图 3-7　第一批、第二批特色小镇类型分布

3.4.5　特色小镇投资规模

目前，特色小镇投资规模从数亿元到百亿元不等，平均投资规模在 50 ～ 60 亿元之间。

部分有代表性的特色小镇投资情况　　　　　　　　　　　　　　表 3-10

特色小镇名称	总投资（亿元）
上城玉皇山南基金小镇	72
天台山和合小镇	56.1
沃尔沃小镇	153.5
江苏药镇	51.5
平阳宠物小镇	52.2
龙泉青瓷小镇	30
酷玩小镇	110
碧桂园科技小镇（5 个）	1000
阿里巴巴云栖小镇	12
余杭艺尚小镇	45
妙笔小镇	50
智能模具小镇	21.6
远洋渔业小镇	52.58
西湖龙坞茶镇	51
余杭梦想小镇	50
富阳硅谷小镇	70
临安云制造小镇	85
梅山海洋金融小镇	50

续表

特色小镇名称	总投资（亿元）
瓯海时尚制造小镇	80
苍南台商小镇	60
南浔善琏湖笔小镇	52
海宁皮革时尚小镇	60
桐乡毛衫时尚小镇	55
嘉善巧克力甜蜜小镇	55
靖江生祠苑艺小镇	50
中山古镇镇	62.7
长乐东湖 VR 小镇	80
泗河源头幸福健康特色小镇	93
南康家居小镇	39.04
盱眙县秦汉文化特色小镇	30.42
黄集街道"乡村乡愁"特色小镇	19
美溪白桦特色小镇	50
都京丝绸特色小镇	50
永乐光辉特色小镇	20

3.4.6　特色小镇建设成果

目前，第一批 127 个特色小镇建设取得明显成效，新增企业就业人口 10 万人，平均每个小镇新增工作岗位近 800 个，农民人均纯收入比全国平均水平高 1/3，有效带动了产业和农村发展。在基础设施方面，90% 以上小镇的自来水普及率高于 90%，80% 小镇的生活垃圾处理率高于 90%，基本达到县城平均水平；公共服务方面，平均每个小镇配有 6 个银行或信用社网点、5 个大型连锁超市或商业中心、9 个快递网点以及 15 个文化活动场所或中心；传统文化保护和传承方面，85% 的小镇拥有省级以上非物质文化遗产，80% 以上的小镇定期举办民俗活动，70% 以上的小镇保留了独具特色的民间技艺 [1]。

3.4.7　特色小镇环保工作

特色小镇建设要服务于产业发展目标，建设一个适合创新要素生长和集聚的环境和空间，重点是补齐环保"短板"，保证特色小镇绿色健康发展。特色小镇建设必须与环保同行，实现特色产业和环境保护双赢。

特色小镇主要聚焦特色产业和新兴产业，集聚发展要素，是不同于行政建制镇和

---

[1]　首批特色小镇建设成效明显 新增企业就业人口 10 万人 [EB/OL]. http：//chaozhou.house.qq.com/a/20170325/007193.htm，2017-03-25.

产业园区的创新创业开放式平台。特色小镇具有明确的产业定位、文化内涵、旅游和社区功能，其核心是特色产业，要突出"一镇一业"。

对比已建或在建特色小镇的经验可以发现，特色小镇建设是在城市环境基础上，进一步强化产业特色，以鲜明主题提升产业和资源集聚度。虽然特色小镇建设要服务于产业发展目标，建设一个适合创新要素生长和集聚的环境和空间，让产业走向创新驱动，但重点是补齐环保"短板"，保证特色小镇绿色健康发展。因此，特色小镇建设必须与环保同行，实现特色产业和环境保护双赢。

第一，国家有关部门和地方政府应依据有关法规内容要求，制定和完善特色小镇建设的相关环保规定和办法。其内容应包括空气质量达标率、生活污水收集率和处理率、生活垃圾收集率和处置率、绿化率、特色风貌保护等要求。特色小镇管理者要对环境质量持续改善负责，并与其政绩考核挂钩。要有相关机构对特色小镇环保事务进行监督管理，同时，要有环保教育宣传的规定要求。地方政府依据《城乡规划法》有关规定要求，适时对特色小镇规划进行修编，制定可行的控制性详细规划。其内容应包括特色小镇空间布局、规模控制、功能分区，确定重大基础设施（生活污水处理厂、生活垃圾处置场等）的建设位置，明确禁止、限制和适宜建设的地域范围，保护生态环境、资源环境、文化遗产等。新区建设必须控制在规划红线范围内，按规划设计路线进行建设；老城改建应突出特色小镇风貌，保护文化遗产，进行道路、通信、危房改造。

第二，围绕小镇的特色产业，进行生态环境建设，突出环保基础设施建设。比如，以休闲旅游为特色产业发展的小镇，要选择适宜当地生态环境的原生植被进行植树种草，增强规划区范围内的生物多样性，扩大绿化面积，增加植被蓄积量。同时，整合各种建设资金，建设生活污水处理厂、生活垃圾处置场等环保基础设施，对特色小镇产生的污染物进行有效处理，持续改善环境质量，保护小镇生态环境。再如，以现代制造业为特色发展的小镇，要合理布置工厂、物流区、居民区、学校、医院等，设置安全、卫生、消防防护距离，确保人们的安全、卫生和环境安全。同时，工厂负责人要把清洁生产理念贯穿整个生产过程，最大程度促进循环经济发展，减小生产末端污染物的产生量，并对末端污染物进行有效处理。确保现代制造业绿色有序发展，推动特色小镇持续健康成长。

第三，当地环保部门要采取不同形式，对特色小镇不同阶层的人群进行环境教育。要组织开展培训活动，对特色小镇党委政府及其各组成部门、办事机构的负责人和办事员进行环境教育，让其了解有关环境政策法规、标准规范等，加强生态环境监管工作。要利用现代信息技术，如微信公众号、APP 客户端等，对特色小镇居民进行环境宣传，其内容应有环保常识、特色小镇环境质量状况和环保工作动态、公众环境维权和举报知识等。特色小镇作为推进新型城镇化进程和加强供给侧结构性调整的有效策略，已经在浙江取得明显的成效并在全国范围内逐步推广。特色小镇的概念本身就孕育生态环保内涵，高质量、内涵式的发展理念将成为治疗"大城市病"、改善农村环境质量、推进产业结构的优化升级、统筹城乡间生态要素流动的有效尝试。未来一段时间，特色小镇将充分发挥其对环境保护的积极作用，大力提高我国生态文明的建设水平[1]。

3.5 2014 ~ 2016 年特色小镇建设参与主体

3.5.1 政府支持

"政府引导，企业主体，市场化运作"是杭州探索出的一种成熟的特色小镇开发运营模式，这种模式，不仅仅依靠政府的力量，而是合理地引入社会企业帮助当地政府运营园区，与政府部门形成互补，从而释放小镇的活力。

在该模式中，政府主要做四方面的工作：一是编制规划；二是基础设施的配套推进；三是土地的保障；四是生态环境保护。另外一个重要的工作是营造良好的政策环境，吸引各方力量来建设特色小镇。

3.5.2 资本参与

特色小镇建设需要大量的资金投入。在我国经济发展进入新常态、政府财政压力大的背景下，吸引资金实力强大的社会资本和投资商投入特色小镇建设成为现实选择。比如，社会资本和投资商可以在产业挖掘和培育、基础设施和公共服务实施等方面发挥作用。

3.5.3 企业主体

企业的主要工作是做产业发展、人才引进、市场营销和项目推进，彼此分工非常明确。

3.6 2014 ~ 2016 年房地产企业参与特色小镇建设动态

3.6.1 房地产企业转型方向

房地产开发商此前的发展模式是大举拿地盖房、卖房赚快钱，但在国家加大对房地产调控、大城市低价高企、房地产企业利润大幅下滑等背景下，转型成为房地产开发商的必经之路。部分房地产企业开始向养老、金融、物业等方向拓展。随着国家大力推动特色小镇建设，房地产企业纷纷将目光瞄准这一全新的领域。事实上，在如火如荼的特色小镇建设大潮中，房地产企业正成为其中的主角：2016 年以来，在短短半

[1] 特色小镇建设须与环保同行 [EB/OL]. http：//guancha.gmw.cn/2017-05-24/content_24582874.htm，2017-05-24.

31

年不到的时间里已有多家房企发布了自己的特色小镇战略。华夏幸福、碧桂园、华侨城、绿城、时代地产等多家房企纷纷试水特色小镇建设。

对于房企而言，借助较低成本获得大量土地开发权，并在后续运营中持续获得稳定的现金回报，是特色小镇最大的亮点，而房企转型特色小镇越靠近地产转型越容易成功。目前来看，房企转型特色小镇有四种转型模式。

<table>
<tr><td colspan="4">房企转型"特色小镇"的模式对比　　　　　　　　　　　　　　　　表 3-11</td></tr>
<tr><td>转型模式</td><td>特点</td><td>典型企业</td><td>难点</td></tr>
<tr><td>科技型服务
小镇</td><td>为科技产业服务，解决产业面临的成本高、空间挤、环境差、房价高、人群溢出问题</td><td>碧桂园、时代
地产</td><td>产业资源导入与招商</td></tr>
<tr><td>农业小镇</td><td>永久产权、农业配套、稳定的土地</td><td>绿城</td><td>农业技术导入与运营管理</td></tr>
<tr><td>文旅小镇</td><td>在文化旅游产业有优势，同时小镇具备旅游功能</td><td>华侨城</td><td>文化旅游产业招商运营</td></tr>
<tr><td>产业新城</td><td>城市有产业外溢需求，大量人口导入</td><td>华夏幸福</td><td>土地一级开发与产业园区招商运营</td></tr>
</table>

1. 科技型服务小镇

随着基础设施的完善以及新兴产业的兴起，城市工商业集中于核心大城市的必要性在逐步降低，新兴产业如科技、金融、航空、生物医药等对于城市配套要求较低，可在一二线城市周边布局，分散中心城区压力。房企拥有大资本、大规模，为科技产业服务，解决科技产业所面临的成本高、空间挤、环境差问题，提供产业人口住得起的房子，留住产业人口[1]。

<table>
<tr><td colspan="2">碧桂园科技小镇案例解析　　　　　　　　　　　　　　　　表 3-12</td></tr>
<tr><td>指标</td><td>内容</td></tr>
<tr><td>项目介绍</td><td>碧桂园有在郊区做大盘开发的经验，能够很好地运用到产业地产中，同时科技小镇一定是"重资产"打造，更多的是做平台搭建，提供产业配套服务，同时是与拥有科技产业资源或运营机构合作，更好更快地让科技人才集聚、企业入驻，通过龙头企业带动关联企业入驻，实现小镇的产城融合发展</td></tr>
<tr><td>选址</td><td>一线城市周边和强二线城市的 30 ~ 80 千米区域，最好不超过 60 千米</td></tr>
<tr><td>占地规模</td><td>2 ~ 5 平方公里</td></tr>
</table>

2. 农业小镇

以农业为基础，配套有医疗、教育、娱乐等设施进行的地产开发，房企要么有农业技术资源，要么与拥有农业技术的科技院所合作开发，通过地产开发获得的利润，来进行农业整体规划改造，让周边农民成为现代农业工人。

---

[1] 特色小镇，地产商转型参与的机会 [EB/OL]. http：//www.vccoo.com/v/6c72r1?source=rss，2017-06-22.

绿城农业小镇案例解析 表 3-13

指标	内容
项目介绍	绿城专注于农业 15 年之久，于 2012 年与浙江省农业科学院共同推动成立蓝城农业公司，旗下有 8 家子公司，分别负责营销、检测、种子和研发、生产基地等，从生产到销售的农业链条已初具雏形。绿城农业小镇在中心 1 平方公里进行地产开发建设，利用自身农业技术带动周边 2 平方公里农业改造，建成富有地方特色的大型农业基地，并将周边农民转化为现代农业工人，同时配套完善的医疗、教育、娱乐系统
选址	距离上海、杭州等城市市中心 30 ~ 50 公里
占地规模	占地 3 平方公里（其中农业即相关产业占 2 平方公里，建筑规划占 1 平方公里）

3. 文旅小镇

以文化旅游产业为依托，结合生态旅游产品、居住、健康产业于一体的地产开发，房企具备文化旅游产业基础优势，同时小镇本身也是城市旅游目的地，通过与政府合作进行 PPP 模式的地产开发。

华侨城文旅小镇案例解析 表 3-14

指标	内容
项目介绍	华侨城将发挥文化旅游产业的传统优势，针对有优质的自然资源或文化旅游资源的城市旅游目的型的小镇进行有选择的城镇化开发，以主题乐园为开发引擎，通过 PPP 模式进行地产开发。目前华侨城集团分别与成都金牛区政府、大邑县政府、双流区政府以及成都文旅集团签署合作协议，拟投资超千亿元打造天回（占地 10 平方公里）、安仁（占地 15 平方公里）、黄龙溪（占地 16.7 平方公里）三大名镇
选址	城市旅游目的地型的郊区小镇
占地规模	占地 10 平方公里左右

4. 产业新城

以传统产业园区开发为主体，通过传统产业聚集带来产业人口聚集，从而进行土地一级二级联动开发。房企要具备产业园区开发运营基础，在城市有产业外溢趋势的周边，通过 PPP 模式进行"地产＋园区"的开发，既可获得地产收益又可获得园区开发运营收益。

华夏幸福产业新城案例解析 表 3-15

指标	内容
项目介绍	华夏幸福作为全球产业新城运营商，自 2002 年以来一直扎根实体经济领域，以产业新城为载体打造多样化的发展平台，构建从园区建设、招商引资到城市运营三大业务体系。华夏幸福打造以产业新城为主体，抓住一线城市工业外溢趋势，通过 PPP 模式在一线城市周边建立工业园区，同时进行土地一二级联动开发
选址	一线城市周边，同时一线城市有产业外溢趋势

3.6.2 华夏幸福特色小镇战略

2016年11月，华夏幸福首次向外界宣布其特色小镇战略，将与公司的产业新城业务协同发展，旨在成为公司推动区域经济发展的两个重要引擎之一。未来三年，华夏幸福将在环北京区域、长江经济带以及珠三角区域等大城市、核心城市的内部以及周边布局上百个特色小镇，每一个特色小镇都将坚持产业精准发力。

过去数年在产业新城领域的深耕让华夏幸福在特色小镇方面具备更为雄厚的经验积累。作为公司战略的重要组成部分，华夏幸福的特色小镇也将依托于区域特色产业基础之上。按照华夏幸福的规划，其在打造产业特色小镇的过程中，将围绕一个主导产业构建产业生态圈。力求产业纵深发展，不贪多求全，围绕科技、财智、健康三大主题，聚焦主导产业，从产业链、人才、技术、资金等方面形成产业生态系统，力争"实现一年产业有看头，两年创新有势头，三年小镇成龙头"。

目前，华夏幸福打造的大厂影视小镇、香河机器人小镇、嘉善人才创业小镇已初具规模；南京濮水空港会展小镇成为国内首个PPP模式的特色小镇；霸州足球小镇、昌黎葡萄小镇等处于规划及建设阶段。

华夏幸福布局的典型特色小镇基本情况 表 3-16

项目	开发模式	占地面积	投资额	小镇定位
大厂影视	PPP	6平方公里	签约100亿元	中国影视第一镇
香河机器人	/	/	/	机器人产业为核心的小镇标杆
嘉善人才创业	PPP	1期6.4万平方米	75亿元	以商务办公、研发创新为主导，服务于嘉善区域的总部基地和生产性商务中心的上海人才创业园
南京空港会展	PPP	2平方公里	80亿元	构建"展城融合"的新会展模式

3.6.3 时代地产未来小镇战略

2016年12月，时代地产集团宣布启动"时代未来小镇"战略：未来5年内时代地产将从珠三角起步，投资30个"未来小镇"项目，总投资金额约9000亿元。

时代地产并非首次进入产业地产领域，此前时代地产已经在广州成功运营了白云国际单位创意园、时代TIT创意园、天河·时代E-Park、番禺·时代E-Park等五大特色产业园项目，在城市更新、产业运营方面也已经有多年探索并积累了丰富的运营经验，此次未来小镇，是时代地产基于"城市运营4.0价值城市"理念下的全新战略升级和铺排。

时代未来小镇位于一线城市或强二线城市周边，占地1~3平方公里，距离中心城区驾车通常在1小时之内，拥有一个或多个产业链条完整的特色产业，并围绕产业链及产业人群需求提供研发、教育、医疗、商业、文化、娱乐、休闲、居住等配套，是集产、城、人、文于一体，智能化、生态型、活力四射、极具未来感的特色产业小镇。目前，时代地产集团已签约佛山南海全球创客小镇、广州白云空港小镇两大项目，正在全力推进项目的落地实施。全球创客小镇已于 2016 年启动，预计经过 6 ~ 8 年完成开发建设。

3.6.4 碧桂园布局科技小镇

按照碧桂园的战略规划，将借由科技小镇全面进军产业地产。根据规划，碧桂园将在 5 年内投资 1000 亿元，建设智慧生态科技小镇，选址为一线城市周边和强二线城市的 30 ~ 80 公里重要区域。

目前，碧桂园已实现科技小镇在全国范围内的初步布局，已完成惠东稔山科技生态城项目、惠州潼湖创新小镇项目、惠州潼湖科学城项目、东莞黄江硅谷小镇、河北三河市科技小镇 5 个科技小镇的布局，其中惠州 3 个小镇项目已动工。2017 年，碧桂园还将新增 15 个科技小镇项目，从而全面完成全年 20 个科技小镇的布局。

碧桂园布局的典型特色小镇基本情况　　　　表 3-17

项目	占地面积	投资额	小镇定位
惠州潼湖科学城	6 平方公里	5 年内投资千亿元，其中潼湖创新小镇投资额超 300 亿元	产融结合，承接一线城市产业的外溢需求，吸引科技人才聚集，振兴实体经济
惠州潼湖创新小镇	2.3 平方公里		
惠东稔山科技生态城	20.8 平方公里		
东莞黄江硅谷小镇	5.05 平方公里		

3.6.5 绿城打造农业小镇

2016 年，绿城成立绿城理想小镇公司，专业开发理想小镇项目。未来 5 ~ 10 年，绿城将在上海、杭州、北京周边打造 5 ~ 10 个理想"农业小镇"。其中小镇距离上海、杭州等城市 30 ~ 50 公里，一个小镇需要 3 平方公里土地，其中 2 平方公里为农业，1 平方公里用于开发建设，形成 3 万人规模的小镇。目前，绿城已布局龙坞茶镇、西安全运村、全运湖和淄河岸线三个项目。

绿城布局的典型特色小镇基本情况　　　　表 3-18

项目	开发模式	占地面积	投资额	小镇定位
海南蓝湾小镇	房企自主	4800 亩	/	滨海理想生活小镇
杭州湾花田小镇	PPP	23 平方公里	200 亿元	集现代农业、休闲旅游、养生养老等功能为一体的复合型美丽小镇
杭州龙坞茶镇	PPP	初步规划用地面积 217.26 公顷，建筑面积 78.59 万平方米	51 亿元	茶产业特色小镇

第四章　中国特色小镇产业分类

4.1　旅游小镇

4.1.1　旅游小镇建设的意义

1.旅游小镇——城镇化建设的主要推手[1]

小城镇规模较小，其提供的就业岗位、产生的人气集聚及经济辐射能力都无法跟大城市相比，但其发展较大城市来说相对灵活，可以走特色化发展之路，以特色形成别人无法超越的竞争优势。而"旅游"恰恰是一个讲究特色的产业，这与小城镇的发展之路天然契合。因此，以旅游产业为主导的旅游小镇建设，是我国推进城镇化建设的重要方向和路径，是产业发展与城镇建设的产城一体化系统整合。

休闲旅游小镇的建设发展，不仅是要发展休闲产业带动的泛旅游产业，更重要的是要创造产品，真正做出城市吸引核的结构，形成城市发展的核心机理和逻辑。这个核心机理首先是提升人气，进一步推进休闲产业的聚集，最终创造出就业岗位，形成一定规模的人口集聚，推进土地开发、交通建设、基础设施完善，进而为休闲旅游者及城镇居民提供配套银行、医疗、教育等社会公共服务，结合商业化服务，形成新型旅游小镇。

2.旅游小镇——美丽中国建设的重要路径

"望得见山，看得见水，记得住乡愁"，这是对"什么是美丽乡村"的最美期待。党的十八大首次提出了"努力建设美丽中国"这一富有诗意的理念。努力建设"美丽中国"，意味着人民生活要美丽、环境要美丽。旅游业是生态文明与经济发展的最佳结合点。新出台的《国家新型城镇化规划》提出，要限制大城市人口规模，加快发展中小城市。发展旅游业是小镇实现跨越式发展的一条重要途径。新型城镇化是生态宜居、和谐发展的城镇化，休闲旅游小镇的建设转变了城镇化的发展方式，将集约、智能、绿色、低碳的理念融入其中。旅游经济是绿色集约化发展的经济模式，休闲旅游小镇的建设可以借鉴生态城市建设的经验。

休闲环境氛围是休闲旅游小镇发展的第一要义，也是吸引游客驻足的必要条件，其打造必须实现环境净化、绿化、美化，这需要完整的生态基础设施的支持，包括城市河流、湖泊、池塘、沼泽等的净化与活化，城市自然植被、园林植被、城市林业、

---

[1]　旅游小镇开发模式报告一：旅游小镇概述 [EB/OL].http://news.sina.com.cn/zhiku/zkcg/2016-08-22/doc-ifxvcsrm
2184121.shtml，2016-08-22.

城市农业及道路的绿化与美化，城市地表、建筑物、构筑物表面及道路等的特色化建设，以及山形、水系、风水、生态廊道等生态要素的有机整合，休闲旅游小镇建设将是实现绿色生态城镇建设的新路径。

3. 旅游小镇——优化区域旅游产品供给结构

新常态时期，我国经济社会发展大多面临动力不足、结构失衡和效率失速等风险。鉴于此，很多省份将旅游业作为新型城镇化的驱动型产业以及宏观经济需求管理和供给侧结构性改革的重点领域，要求积极抓好旅游城镇产品创新和体制机制改革，这对于推进观光游向休闲度假游转变、实施好"旅游＋"战略具有重大的意义。

然而，当前许多村镇基础设施落后、产业基础薄弱、生活质量不高、休闲氛围缺失、开发管理不善。如何探索出一条"旅游催生城镇，城镇成就旅游"的旅游城镇化道路是个难点。首先，应是立足本地的资源禀赋的旅游产品化。旅游城镇是旅游者文化体验和享乐体验的一类主要空间载体，是休闲度假时代的主要产品类型，应当找准本地文脉进行特色资源产品化，吸引旅游消费与享乐，推动旅游城镇化进程。其次，应是保护地方文脉与地脉的生活化改造。所谓生活化改造，是旅游小镇居民生活质量和人居环境的提升，并注重对商业化的适度控制，保留原有生态系统的完整性和原真性。最后，应是符合市场需求的体验化改造。国家旅游局近日发布的信息显示，旅游业已经发展到了全民旅游和个人游、自驾游为主的全新阶段。移动互联网时代和体验经济时代下，游客的个性化体验需求得到全面释放，推进旅游小镇的开发和建设，必将有利于优化区域旅游产品供给结构的转型和改革。

4. 旅游小镇——带动城乡社会经济协调发展

新型城镇化是城乡统筹、城乡一体化的城镇化，而旅游是带动区域社会经济综合发展的高效良性产业群，旅游不仅仅是一种产业经济，还具有社会综合协调能力。旅游经济的本质，是以"游客搬运"为前提，形成游客在异地的规模消费，从而实现"消费搬运"的效应，这一搬运，是旅游跨越区域、跨越城乡二元经济结构，带动目的地发展的最好手段。

在旅游消费的拉动下，休闲旅游小镇将形成综合性、多样化的消费经济链，本地居民的就业岗位得到增加，收入增加，城乡差距缩小，城市环境美化，服务设施配套完善，城镇品牌提升，将实现新型城镇化城乡社会经济的协调发展。

5. 旅游小镇——传承地方文化特色

住房和城乡建设部原副部长仇保兴谈新型城镇化时指出，"推进新型城镇化，不能盲目克隆国外建筑，而是要传承自身的文脉，重塑自身的特色。没有自己的文脉，形不成自己的特色，自身优势就发挥不出来，就会千城一面"。休闲旅游小镇的建设，强调的是独特的城市肌理，注重对当地传统文化的挖掘与保护、继承与发展，只有体现地方性与唯一性，才能打造出休闲旅游小镇的独特吸引核，形成富有吸引力的城市风貌与城市品牌形象。建设休闲旅游小镇，将为新型城镇化发展提供保护文化多样性的一种新思路。

4.1.2 旅游小镇建设特点

1. 具有丰富的旅游资源，聚集大量的旅游要素

旅游小镇的建设一般都是依托丰富的旅游资源。旅游资源主要是指对游客具有吸引力，能够开发成为旅游产品的事物，不论是有形还是无形的，不论是自然的还是文化的或者是社会事物。旅游小镇的旅游资源比周边地区具有显著的优势，资源特色鲜明、禀赋较好。旅游资源的开发必然带来大量旅游要素的集聚，主要包括基础设施和公共服务设施的建设，包含旅游的六大要素。

2. 旅游产业为主导产业，小镇产业链完整

旅游小镇内具有完整的产业链，能够为游客提供体验娱乐服务，吃、住、行等日常生活出行服务，金融服务等。旅游产业是小镇产业发展的主导核心，对小镇产业结构和经济发展起到导向性和凝聚力的作用，在整个产业结构系统中所占的比重高、产业关联度高、产业增长效率高，对小镇的经济发展具有很强的拉动作用。

3. 旅游小镇发展，政府主导作用突出

旅游小镇的发展过程中，政府起到重要作用，这一点在我国尤为突出。我国政治体制和文化传统的影响，使得政府主导在我国旅游小镇的发展演变中扮演着重要的角色。

4. 地域区位影响旅游小镇分布规律

旅游小镇的分布呈现规律性，分布主要受到地域区位的影响。这其中包括了与大城市的距离、小镇与交通主干道的距离、是否地处重要旅游线路等方面，都会对旅游小镇的分布产生影响。

4.1.3 旅游小镇建设现状

目前，无论是国家公布的特色小镇建设，还是浙江省等地方特色小镇建设，旅游小镇是数量最多、地方积极性最高的特色小镇类型，以旅游为特色的小镇也成为发展最迅猛的小镇类型。由于特色小镇的核心要素是有特色产业支撑，对于中西部地区来说，由于缺乏其他产业发展支撑，旅游资源和旅游产业便成了不二之选和发展捷径。事实上，在特色小镇申报上，有旅游、历史文化遗产等禀赋优势的小镇都更容易申报成功，因此特色小镇的成熟案例中也以旅游发展型居多。例如，浙江省首批 37 个特色小镇中"旅游产业类"特色小镇共有 17 个，占比达 46%。据统计，浙江 17 个"旅游产业类"特色小镇中，有 4 个已经建有 5A 级景区，其余 13 个正努力按照 5A 级景区标准加快建设。

4.1.4 旅游小镇数量规模

从住房和城乡建设部公布的第一二批特色小镇类型来看，旅游发展型特色小镇成为入选数量最多的小镇类型，在 155 个左右，占总数的 38.46%。从各省市来看，旅游小镇数量也占多数；从地域来看，华东和西南等旅游资源丰富的地区旅游小镇数量明显高过其他区域。例如，山东省旅游小镇占全省 60 个特色小镇的 1/4，且山东计划到 2020 年打造 100 个旅游小镇。

4.1.5 旅游小镇投资规模

统计发现，"十三五"阶段全国拟建造的特色小镇约 3000 个，总投资近 15 万亿元，从特色小镇类型来看，当前泛旅游产业小镇占比接近 70%，按照这个比例计算，旅游小镇投资规模将达 10 万亿元。目前，仅浙江省 17 个旅游产业定位的特色小镇预计总投资 994.55 亿元，其中 2015 年已实际完成投资 170.2 亿元，落地项目 110 个；预计 2016 年实际完成投资 209 亿元，同比增长 22.8%。

4.1.6 旅游小镇建设要点

1. 因地制宜，打造小镇吸引力核心

有旅游吸引核才会吸引游客，产生消费聚集，进而带动其他产业发展。没有吸引核，难以引导城镇化。对于休闲小城镇来说，可以形成休闲聚集中心，进而带动城镇化。旅游吸引核的设计，对小城镇建设来说至关重要，自然景观、文化遗存、休闲度假要素、滨海滨湖、温泉等，均可作为旅游吸引核。

2. 消费驱动，促进休闲产业多元聚集

随着游客旅游需求的不断增多，旅游小城镇的功能布局也由单一化走向综合化，往往具有观光、休闲、度假、游乐、夜间娱乐、居住、集散、养生、运动等多种功能。当然，不同资源类型主导下的小城镇，功能也不尽相同。旅游小镇的产业架构体系中，应以产业关联度高、需求收入弹性高的休闲产业为主导产业，通过休闲产业的多样化开发，形成多样的产业关联式发展结构，进而广泛带动其他产业发展。同时还应结合具体的区域产业发展实际及城镇发展需求，兼顾发展农业、教育业、交通运输业、制造业、邮电通信业、物资供销和仓储业等其他产业。

3. 城市化延伸，完善社区居住功能

旅游小镇与旅游景区及传统城镇的最大区别在于其服务对象的复杂性，因此，在构建旅游小镇时应充分考虑居民及游客的需求，构建生活化的服务系统。服务系统里面既包括教育、文体、卫生、商业等公共生活服务设施及交通、邮电、供水供电等市政公用工程设施等，也应包括食、住、行、游、购、娱、体、疗、学、悟等旅游要素，同时还需包括旅游区必备的专项旅游交通体系、游客中心（含导游服务）、旅游标示系统、生态停车场、游客公共休息设施等，且旅游服务设施在综合配套服务里的比重要高于一般城镇[1]。

4.1.7 旅游小镇发展模式

通过对浙江、湖南、贵州等地的旅游小镇进行的统计研究，根据旅游产业在旅游小镇中的产业地位，确定旅游小镇发展三大模式：“旅游聚焦”模式、“旅游+”产业模式、“产业+”旅游模式[2]。

旅游小镇发展类型简析   表 4-1

	“旅游聚焦”模式	“旅游”+产业模式	“产业”+旅游模式
产业特征	旅游业是小镇的核心产业，是小镇经济发展的核心主动力	旅游业是小镇的主导产业，在其带动促进作用下，健康产业、旅游地产、文创产业等其他相关产业蓬勃发展	旅游业是小镇的特色引领产业，依托小镇内的核心产业，如食品工业、制造业、文创产业、艺术产业等发展并受其影响较大，旅游业既是核心产业的衍生产业也是其品牌推广宣传的载体与窗口
功能特点	国内传统古镇、第一批旅游小镇大多属于此类，观光、休闲、旅游接待服务功能发展较早，也是目前此模式下小镇的主体功能，随着小镇建设升级，体验、商业、养生、度假等功能逐渐丰富	国内新近发展的小镇大多属于此类，其初级的观光功能相对弱化，休闲、体验、商业、养生、度假、文创、商务等功能绽放亮点并成为核心吸引点	与核心产业相关的“体验、文创、科普、购物、休闲、演艺”功能为主体，兼有观光、商务等功能
开发模式	主体模式—政府与企业合作成立旅游开发公司共同开发，“政府直接开发管理”模式与“企业自主开发运营”模式相对较少，后者如乌镇	企业自主开发运营模式占绝对主体	企业自主开发运营模式占绝对主体
盈利模式	“门票+旅游经营性收入”为主，门票多在百元以上	旅游收入+产业收入，其中旅游收入大多以“门票+旅游经营性收入”为主，总体占比依旧较高	产业收益占主体，旅游收入相对弱化，旅游收入以“大门票/小门票+旅游经营性收入”为特点

4.1.8 旅游小镇建设案例

1. 古北水镇

（1）小镇概况

古北水镇是京郊罕见的山水城结合的自然古村落，是典型的北方旅游度假小镇。

古北水镇位于北京市密云县古北口镇，背靠中国最美、最险的司马台长城，坐拥鸳鸯湖水库，是京郊罕见的山水城结合的自然古村落。与河北交界，距离北京市 1.5 小时，距离承德市约 45 分钟车程。

古北水镇拥有 43 万平方米明清及民国风格的山地四合院建筑，含 2 个五星级酒店，6 个小型精品酒店，400 余间民宿、餐饮及商铺，10 多个文化展示体验区及完善的配

---

[1] 国内旅游小镇的开发模式分析 [EB/OL]. http://blog.msn.soufun.com/24127123/19080077/articledetail.htm，2017-07-31.

[2] 如何玩转特色小镇（旅游小镇专题研究）[EB/OL]. http://www.sohu.com/a/127704510_465527，2017-03-02.

套服务设施。

（2）小镇特色及定位

1）项目特色

古北水镇具有悠久的历史，是在原有守卫长城军民混建而居的古堡基础上发展起来，其现存的"司马台古堡"是北京市重点文物保护单位，"长城＋古镇"是罕见的雄伟自然、文化景观混合在一起的历史人文风景区。

2）项目定位

古北水镇项目定位为"观光＋休闲＋度假＋会议"功能于一体的复合型景区。

（3）小镇规划布局

古北水镇由景区主体＋司马台长城组合构成。

1）开发历程

古北水镇开发历程 表 4-2

2010 年	2010 年	2011 年	2012 年	2013 年	2014 年
6 月，与密云县政府签署正式战略合作协议	07.16，成立项目公司、项目筹备	一期土地获取、开建；11 月，二期土地获取	项目建设期	10 月，一期试营业	元旦，一期开业

2）功能分区

景区沿主路呈东北—西南向条带状分布；古镇与保护区严格分离，古北水镇包含景区主体和司马台长城两大板块；其中，景区主体主要包括以下四大板块：民国街区、水街历史风情区、卧龙堡民俗文化区、汤河古寨区。

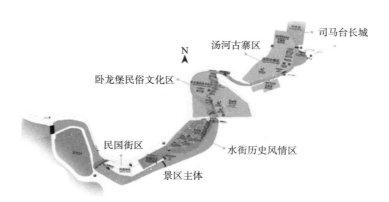

图 4-1　古北水镇功能布局图

（4）小镇发展模式

1）开发运营

古北水镇在开发模式、投资运营团队等多方面深度复制乌镇模式。

◆ 开发模式

借鉴乌镇，以"整体产权开发、复合多元运营、度假商务并重、资产全面增值"为核心，"观光与休闲度假并重，门票与经营复合"，实现"高品质文化型综合旅游目的地建设与运营"。

◆ 开发主体

以旅游公司为主，集政府、企业和基金公司于一体的开发主体。中青旅公司的旅游资源、IDG（创业基金）的资金实力和政府的政策实力整合在一起，此三驾马车共同推动古镇开发。

◆ 经营主体

中青旅通过增资控股古北水镇旅游公司。

◆ 开发措施

确定设立司马台长城保护专属区和旅游专属区，保护区与旅游区严格隔离。

◆ 股权结构

中青旅主导，先后引入乌镇旅游、IDG、北京和谐成长投资和京能集团等战略投资。中青旅直接控股 25.8%，并通过乌镇间接持有 15.48% 的股权，实际权益比例 36%（25.81%+15.48%×66%）。

古北水镇股权结构   表 4-3

股东	注册资本出资（万元）	所占百分比
中青旅控股股份有限公司	33600	25.81%
乌镇旅游股份有限公司	20160	15.48%
IDG	32000	25.58%
北京和谐成长投资中心（有限合伙）	18400	14.13%
北京能源投资（集团）有限公司	26040	20.00%

2）商业模式

古北水镇采取观光与度假并重、门票与景区内二次消费复合经营的商业模式。

◆ 商业业态主要分两种：一种是散状分布的特色小吃、书店、服装等店铺，此类店铺多集中在民宿周边，通过购物加深游游客对水镇风情的情感体验；另一种是老北京特色商业街商铺，此为古北水镇最大的特色。开发公司负责所有经营权的审批，整体管控，并吸纳原住民作为公司工作人员，解决其收入，客栈及店铺是主要就业领域。

◆ 酒店类型主要分两种：一种是民宿，通过对其的整体改造，形成准 4 星标准的度假酒店，以客栈命名，由开发公司统一经营管理，工作人员为原住居民，公司给予他们餐饮的经营权，并严格控制经营规模，工作人员需要对客房进行打扫和清洁服务，以此盘活民宅，提高就业率，发挥原住民的服务意识；另一种为标准的 4、5 星酒店，提供高端的商务配套，满足商务客的需求，成为商务会议、公司年会的不二场所。

3）盈利构成

当前项目主要收入来源：门票＋旅游经营收入。

项目一期主要包括水街、1个五星级酒店，1～2个会所，部分民宿，司马台长城（包括上长城的索道），以及一些民俗馆等。二期预计以旅游度假公寓住宅为主。因此，当前项目的主要收入来自门票＋旅游经营收入。

古北水镇资产经营情况

表 4-4

区域类型	投资内容	营业渠道及资产	产权归属
保护专属区	对古长城及各遗存地点大环境整治	索道	公司
	主体适度修复	/	当地政府
	建设游览路线设施	/	/
旅游专属区	景点（民俗特色展示）	古长城保护费	古长城保护基金
		统一门票	公司
	酒店、特色民宿	客房收入	公司
	商业业态（含自营或出租）	销售收入	公司
	各类配套娱乐设施（自营或出租）	销售收入、租金	公司
	大环境营造（区内道路、水域、绿化）	/	公司
	公共配套设施（游客中心、厕所、区内电力、给水与排水、有线电视、供热等）	/	公司
区域内外	旅游地产项目（待确定）	房产销售收入	公司

（5）小镇建设优劣势分析

古北水镇项目开发基础好，乌镇的设计经验和整体运营开发成为其品质保证，但同时在客源结构等方面尚有待改进。

古北水镇建设优劣势分析

表 4-5

优劣势	要点	分析
优势（S）	资源优势	古北口镇紧邻京承高速，古北口景区素有小承德之称，司马台、雾灵山等为燕郊观光型景区，本身已经具备近郊旅游基本的观光及度假元素
	市场广阔	北京短途休闲旅游潜在市场规模约为 5000 万人次／年，而其周边缺乏优秀休闲旅游目的地，休闲市场广阔
	政策支持	2012 年，获得密云县财政局 4100 万元基础建设补贴，参与古北项目融资的京能集团也是北京市政府的全资子公司
	渠道完备	可利用中青旅本身的旅行社资源来引导团队游客，中青旅是国内规模最大的商务会议旅游服务商，会议旅游客源广
劣势（W）	客源结构优化不足	目前客流仅集中在周末，工作日流量尚不足，游客群体有待扩大
	文化底蕴相对匮乏	地理位置较为偏僻，文化发展相对落后，发掘历史资源相对有限

2. 彝人古镇

（1）小镇概况简介

彝人古镇位于云南楚雄市经济技术开发区，占地 3161 亩，建筑面积 150 万平方米，总投资 32 亿元，是集彝族文化、建筑文化、旅游文化于一体的大型文化旅游地产项目。自 2006 年开街以来，旅游人数和收入直线增长。2008 年游客量 250 万人次，收入 1.6 亿元；2010 年达到 710 万人次。

（2）小镇特色及定位

1）总体定位

彝人古镇定位为大众消费型民俗旅游商业街区，昆明的后花园、"滇西旅游黄金线"上的第一站。

2）项目特色

彝人古镇以古建筑为平台、彝族文化为"灵魂"，是集商业、居住和文化旅游于一体的大型文化旅游地产项目。

3）市场定位

中端团体休闲度假、旅游观光游客。

（3）小镇规划布局

小镇采取整体设计、分期实施，以路网和水系形成"中间商业、两侧住宅"的商住分区格局。

1）布局特点

项目利用威楚大街和两条水系形成"中间商业、两侧住宅"的商住分区格局。

2）分期特点——以特色旅游商业激活片区活力，通过住宅实现价值最大化。

项目前期是以开发旅游商业为主，辅以别墅、院落等住宅物业；中期主要发展住宅物业，其中 4 期以商业为主，实现商住联动；后期主要开发相关配套，进一步提升土地价值。

彝人古镇分期开发情况　　　　　　　　　　表 4-6

分期	规模体量	物业类型	具体产品	商业业态
1～2 期	占地 243 亩，总建 15.9 万平方米	以商业为主，部分别墅	28 个苑、1 间四星级酒店、5 间小型客栈	珠宝玉石街、烧烤小吃街、酒吧街
3～7 期	3 期占地 200 多亩	除商铺外包括大量多层及别墅住宅	彝人部落、清明河、彝人东区等	三期：古风客栈群，特色小吃街，大型餐饮区、演艺一条街等 四期：韩国城，特色酒吧及休闲娱乐吧
8～9 期	—	区域整体配套	医院、幼儿园	—

（4）小镇发展模式

1）开发模式

彝族文化与商业有机融合形成特色吸引，地产物业建设随之上马旅游商业驱动片区开发，住宅占比近70%。

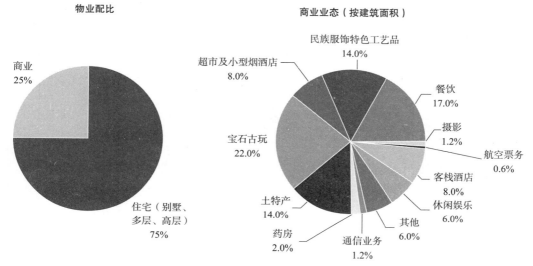

图 4-2　彝人古镇商业业态情况

彝人古镇主推情景化、商业化、活动化体验。

彝人古镇体验内容　　　　　　　　　　　　表 4-7

体验类型	具体内容
建筑景观	建筑立面、街巷景观、文化小品等
特色餐饮	彝家腊肉、粉蒸羊肉、彝家羊汤锅、彝家豆花、彝家豆腐
特色购物	彝族漆器、彝族特色工艺品
休闲娱乐	彝族特色酒吧＋彝族表演
文化体验	彝族街头对歌、牌坊迎客
手工体验	彝族服饰制作、饰品制作
竞技竞赛	太阳女选拔大赛、民俗体育竞技表演
乡间文艺	彝乡恋歌、彝族歌舞、婚俗表演、百人对山歌
节庆活动	火把节、祭火大典、千人彝乡宴

2）运营管理

彝人古镇项目通过统一运营管理、对商户金融扶持，激活商业活力，使项目在价格和消化速度上领跑楚雄房地产市场。

彝人古镇统一运营管理分析 表 4-8

措施	分析
成立招商部	主要职责是服务商家，为商家解决困难，帮助商家赢利
成立商户自主管理商会	为做好项目运营，规范市场行为，维护商户权益，彝人古镇组织商户成立了商户自主管理商会，分设餐饮、酒吧、客栈、旅游商品、缅甸珠宝协会等
建立专项"助业资金"	为确保古镇商户的人气和客源，彝人古镇建立了专项"助业资金"，为商户提供贷款担保

3）赢利模式

彝人古镇项目"旅游＋地产"收入，双轮驱动古镇赢利。

◆ 门票与二次消费

彝人古镇旅游收费情况 表 4-9

收费	情况
彝人部落 B 区成人票	120 元
彝人部落 A 区成人票	160 元
彝人部落 VIP 区成人票	200 元
二次消费	休闲、餐饮、购物等活动构成古镇二次消费收入

◆ 商铺与住宅

彝人古镇地产收入主要分为租赁与销售两种情况。

彝人古镇地产收入情况 表 4-10

方式	概述
租赁	主商业街——二层连租 25 元 / 平方米，大部分免租 2 年； 辅街——二三层连租 15 元 / 平方米； 转租：纯门面 60 元 / 平方米，一二层转租 45 元 / 平方米； 主街部分实现全部运营，辅街约 20% 开店，总经营面积达 8 万平方米，租金上涨 80%
销售	2008 年——二期，两层、三层连售 3300 元 / 平方米 2009 年三四期，两层、三层连售 4200 元 / 平方米 转售：7000 ~ 9000 元 / 平方米（连售）销售领跑楚雄房地产市场，二手房市场涨幅 2 ~ 3 倍

（5）小镇建设优劣势分析

彝人古镇建设优劣势分析 表 4-11

优劣势	分析
优势（S）	1. 彝人古镇项目目前已经成型，具备规模优势，区域内没有竞争。 2. 从 2006 年项目运营至今，已经形成了品牌，成为云南省内重要的旅游产业平台。 3. 项目所在区域经过发展，配套完善，交通便利
劣势（W）	1. 由于政策调控的原因，彝人古镇规模扩展和提升无法进行，项目发展有局限 2. 目前开发商对于业态的改善和提升没有明确方向和战略，短期项目将面临业态老化吸引力下降的问题。 3. 区域旅游服务业目前处于低端水平，降低了项目后期住宅产品的投资空间

3. 歌斐颂巧克力小镇

（1）小镇概况简介

歌斐颂巧克力小镇位于浙江东北部的嘉善县，从小镇出发 5 分钟到达嘉善南站，高铁到上海仅需 23 分钟，从杭州出发也仅需 34 分钟，2014 年对外营业。2015 年 5 月成功入选浙江省首批服务业特色小镇。目前，小镇旅游市场已辐射到长三角地区乃至东北、广东等地。

（2）小镇特色及定位

小镇以巧克力文化为核心，以巧克力生产为依托，以文化创意为手段，充分挖掘巧克力文化内涵，拓展巧克力文化体验、养生游乐、休闲度假等功能，打造集巧克力生产、研发、展示、体验、文化、游乐和休闲度假于一体的二三产业相融合的经济综合体。

（3）小镇规划布局

歌斐颂巧克力小镇凭借"生产中心＋体验中心＋浪漫板块"的规划布局构造甜蜜浪漫园区。

歌斐颂巧克力小镇规划布局情况 表 4-12

分区 / 项目	内容
歌斐颂巧克力制造中心	—
瑞士小镇体验区	歌斐颂巧克力市政厅
游客接待中心	—
瑞士小镇特色街区	商铺
浪漫婚庆区	歌斐颂婚庆庄园、玫瑰庄园
儿童游乐体验区	游乐设施
巧克力文化创意度假区	巧克力文化创意园、巧克力国际影视城、巧克力养生度假区
休闲农业观光区	可可文化园、蓝莓观光园

（4）小镇发展模式

◆ 赢利模式

歌斐颂巧克力小镇以巧克力产业 / 销售收入为收入主体，同时以旅游收入作为特色收入补充。

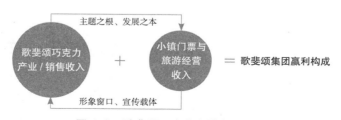

图 4-3 歌斐颂巧克力小镇赢利模式

◆ 歌斐颂巧克力小镇门票价格及人均消费

歌斐颂巧克力小镇旅游收费情况　　　　　　　　　　　　表 4-13

收费	情况
门票	35 元
成人票	70 元
门票＋巧克力 DIY 制作成人票	120 元
门票＋DIY 制作亲子票 1 大 1 小	155 元
总体消费水平	购物消费＋私人定制巧克力收费＋餐饮消费＋游乐消费≈250 元 / 人（成人）

（5）小镇建设优劣势分析

歌斐颂巧克力小镇建设优劣势分析　　　　　　　　　　　表 4-14

优劣势	分析
优势（S）	1. 歌斐颂巧克力小镇位于嘉善，能够辐射浙江和上海两地的游客。 2. 具有特色产业支撑，主要收入来源为巧克力生产 / 销售收入，同时也积极开发旅游和婚庆业务，扩宽收入渠道
劣势（W）	1. 客户群体主要面向拥有低龄儿童家庭和情侣，尚待进一步拓宽。 2. 区域内有其他同类型竞争业态

4.旅游小镇三大案例对比分析
（1）产业特征对比

旅游小镇三大案例产业特征对比　　　　　　　　　　　　表 4-15

案例	对比
古北水镇	旅游业是小镇的核心产业
彝人古镇	旅游业是小镇的主导产业
歌斐颂巧克力小镇	旅游业是小镇的特色引领产业，依托小镇内的核心产业发展并受其影响较大

（2）功能特点对比

旅游小镇三大案例功能特点对比　　　　　　　　　　　　表 4-16

案例	对比
古北水镇	观光、休闲、旅游接待服务、体验、商业、养生、度假为主
彝人古镇	观光功能弱化，休闲、体验、商业、养生、度假、文创、商务等功能是亮点
歌斐颂巧克力小镇	与核心产业相关的体验、文创、科普、购物、休闲、演艺等功能为主

（3）发展模式对比

旅游小镇三大案例发展模式对比

表 4-17

案例	对比
古北水镇	1. 主体模式：政府与企业合作成立旅游开发公司共同开发； 2. 赢利模式："门票 + 旅游经营性收入"为主
彝人古镇	1. 主体模式：企业自主开发运营； 2. 赢利模式：旅游收入 + 产业收入，其中旅游收入大多以"门票 + 旅游经营性收入"为主，占比较高
歌斐颂巧克力小镇	1. 主体模式：企业自主开发运营； 2. 赢利模式：产业收益占主体，旅游收入相对弱化

（4）发展空间对比

旅游小镇三大案例发展空间对比

表 4-18

案例	对比
古北水镇	旅游资源（含可用于旅游开发的自然、人文资源）富集或旅游区位优势明显之地
彝人古镇	旅游基础条件较好或市场消费能力较强的区域
歌斐颂巧克力小镇	品牌产业、工艺技艺、艺术文化等资源优势明显且具有较强的旅游转化、延展能力之地

4.2 基金小镇

4.2.1 基金小镇建设的意义

基金业作为轻资产、轻人力、财富高度密集，并对产业发展起到引领和支撑作用的产业，既能带来直接高额的税收，又能反哺当地的实体经济，还能创造海量的就业机会，对发展当地经济、促进当地就业具有重要意义。

1. 为当地带来直接的税收增益

以浙江嘉兴南湖"基金小镇"为例，自南湖基金小镇建设以来，其税收实现大幅增长。2012 年，南湖基金小镇实现税收 740 万元；2013 年增长三倍多，为 3242.48 万元；2014 年达 1.53 亿元，占南湖区总税收的 3% 左右。2015 年，南湖基金小镇实现税收 3.2 亿元，较上年同期增长 109.15%；2016 年，南湖基金小镇实现税收超 4 亿元。

又如，杭州玉皇山南基金小镇自挂牌之后，2015 年税收突破 4 亿元（2014 年税收 2.4 亿元），2016 年上半年，税收收入达到 6.49 亿元，超过 2015 年全年税收收入。此外，按照计划，2019 年之前玉皇山南基金小镇集聚的资产将达到 1 万亿人民币，为杭州直接和间接创造 10 万个就业机会。可见，基金小镇对当地的税收增益效果较为明显。

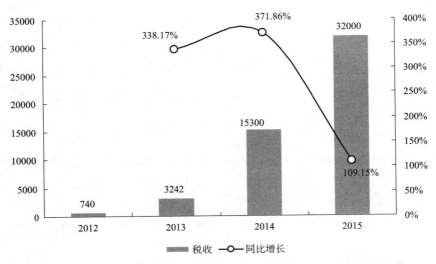

图4-4 2012~2015年南湖基金小镇实现税收情况（单位：万元）①

①根据网络资料整理

2. 为当地的经济转型和产业升级提供支持

对当地政府来说，相比单个的基金公司，基金小镇因为有多家基金公司聚集的规模优势，可以更好地促进当地产业链经济的发展。比如在一条产业链上、中、下游的各个环节中，单个基金公司通常只关注某个行业的某些环节，无法对整条产业链的完整发展起到促进作用；而形成基金小镇后，多家基金公司可以产生协同作用，分别关注一条产业链上的不同环节，从而带动整体产业链在当地的协同发展。

但是，目前很多基金公司在基金小镇注册，平时并不在此办公。简单而言，基金小镇更多的是"注册经济"。除了在税收层面可以提高收入，真正的人员入驻都在北上广深以及杭州成都等城市。如果基金小镇看重的是税收收入，部分小镇无疑是成功的。但如果政府也希望在生态圈和消费层面有所突破，国内很多基金小镇并没有发挥该作用。

4.2.2 基金小镇建设特点

1. 基金小镇建设受到各地认可

目前，基金小镇正逐渐引起各地政府、协会、企业家等多方关注。2016年年底，中国证券投资基金业协会秘书长指出，基金小镇建设成为私募基金行业发展的一个亮点，它们成为私募基金的聚集区域。

2017年2月，中国证券投资基金业协会正式发布通知，提出将开展专项活动，支持服务各地基金小镇（基金园）发展。而在地方政府方面，湖南省将"发起设立基金小镇"写入2017年政府工作报告，全国多个省市地区已经在运营建设各具特色的基金小镇。2017年3月全国"两会"期间，全国人大代表、新希望集团董事长刘永好认为要加强一、二、三产业的联动，提出"基金小镇就是一、二、三产业的联动"。基金小镇这一新兴的资本运作模式，正在被各界人士和机构所认可，期望通过基金小镇实现资本对接实体产业。

2. 基金小镇主要集中在北上广、浙江江苏等沿海发达省市和国家战略重点区域

基金小镇在不同的区域发挥着金融集聚和服务实体经济的作用。基金小镇的分布数量、规模与区域战略布局、经济发展水平、产业发展潜力、创新创业氛围、金融资源集聚程度有着重要关系，一方面，基金小镇要依托这些地方优势去建立和发展，另一方面基金小镇更要立足当地产业，为其提供高端金融服务。据不完全统计，浙江省目前已经建成和在建的基金小镇数量约占全国一半，浙江省基金小镇建设形成了一定的先发优势，这也是符合浙江省全国首推特色小镇建设的发展契机。但随着其他省市对基金小镇认可度和需求度的提升，围绕2017年"两会"中提及的国家"三大战略"和"四大板块"，未来基金小镇的分布将会有一定程度的平衡 [1]。

3. 基金小镇呈现"精、小、美"特征

整体而言，中国基金小镇致力于呈现"精、小、美"特征，展示多元化的建筑风格。通过整理发现，一座典型的基金小镇通常的规划面积在3平方公里左右，其中核心规划区域中主要布局金融及相关产业配套设施，面积1平方公里左右为宜，其他规划面积中配置小镇需要的各类附属功能设施。

国内基金小镇一般形态 表 4-19

平均规划面积	3平方公里
核心区规划面积	约1平方公里
建筑密度	大部分的基金小镇推崇较低或适中的建筑密度，并对建筑高度有一定要求
建筑形态	低密度基金小镇中，建筑形态以独栋为主，除此之外还有办公楼群等其他多元化建筑
建筑风格	建筑风格多样，以现代化为主，其余风格有中式风格、欧式风格、民国风格等
整体格局	优美、生态、宜居

从建筑密度来看，低密度建筑形态在基金小镇中广受推崇。截至2017年10月，采用低密度格局的基金小镇占据半壁江山，这也符合基金产业对办公建筑私密、生态、高品质的要求。但也有约35%的基金小镇采用高密度或中高密度建筑形式，主要原因是这些基金小镇较多是基于现存建筑群改造而来，为避免重复建设浪费，同时又能实现基金与周边产业布局的紧密融合。

---

[1] 中国基金小镇研究报告 [EB/OL]. http://www.sohu.com/a/164590731_481483, 2017-08-14.

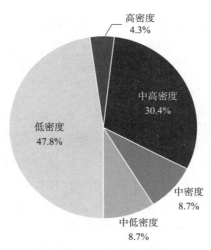

图 4-5　2017 年中国基金小镇建筑密度统计情况

4.2.3　基金小镇建设现状

1. 基金小镇的产生和发展原因

西方国家基金小镇产生的根本原因是区域之间税收政策差异而造成的税收优惠机会，而中国基金小镇的形成和发展有着更多元化的原因。

如国家政策导向，以 2016 年住房和城乡建设部、发改委和财政部联合发布《关于开展特色小镇培育工作的通知》为标志，国家各部委陆续发布了一系列政策，在全国范围内大力推进特色小镇建立。各省市也纷纷出台政策指导特色小（城）镇创建，为基金小镇的建立和发展提供了良好的政策环境。

如地区间政策差异和税收优惠机遇，全国各主要省市地区均出台了针对私募基金（尤其是私募股权投资基金）的优惠政策，对基金及其管理机构注册和入驻设置有差异化的税收优惠奖励和入驻奖励等，同时不同地区对基金注册要求不尽相同，这样就导致了基金更倾向于向市场开放程度高、注册便捷、服务高效的地区集聚。

如股权投资市场发展、民间资本集聚情况等。其中在股权投资市场方面，经过 20 多年的发展，中国私募股权投资产业获得了长足的发展。截至 2017 年 10 月，基金业协会公布的最新数据显示，国内私募创业投资、股权投资机构超过 1.2 万家，已登记的私募基金管理人员工总人数超过 23 万人，其中私募创业投资、股权投资基金管理人的员工登记数量约为 13 万人；根据清科私募通数据，截至 2017 年 11 月，活跃在中国大陆的早期投资、创业投资和私募股权投资机构管理资本量总计超 8.5 万亿元，按照规模来算中国已经成为全球第二大股权投资市场。我国股权投资市场近年来万亿级的募资规模和大量基金募集数量，为基金小镇实现快速发展提供了坚实的产业基础。

此外，核心城市金融产业外溢效应、城际交通的便利化、现代通信技术的发展、城乡发展的均等化以及基金从业者对良好生态环境和卓越生活品质的追求，促使以私募基金为主的部分金融产业主动由传统金融中心城市向城市周边地区转移，进而在基金小镇形成了基金集聚。

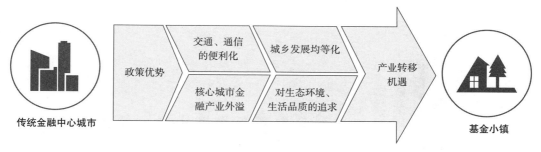

图 4-6 基金小镇发展原因

2. 发展现状

自 2012 年嘉兴南湖基金小镇规划成立至今，中国基金小镇已走过第一个五年发展历程。在这五年中，基金小镇这一基金集聚创新发展的模式经过不断探索，已经被各地政府和投资机构认可，并逐步上升成为区域发展的重要战略部署；在这五年中，第一批代表性的基金小镇已经逐步从对西方同类小镇的简单模仿，转向基于中国社会经济环境而发展，并正在形成基金集聚、金融创新、生态宜居、绿色发展的道路。

2017 年，中国已有部分基金小镇发展成效明显，各省市基金小镇规划建设工作依然保持着积极探索、稳中求进的态势。

4.2.4 基金小镇数量规模

1. 基金小镇数量分布

近两年，全国各省市的基金小镇、金融小镇如雨后春笋般破土而出，面向公众推出具有地域特色的小镇定位，积极营造良好的生态和金融环境，吸引基金和金融机构入驻。据公开资料的不完全统计，截至 2017 年 10 月，全国共有已公开的基金小镇 45 个，广泛布局在北上广深以及东南沿海和中部地区。其中，浙江省基金小镇在数量上遥遥领先，云集了近 4 成的基金小镇，广东、山东和江苏三省在基金小镇数量上处于第二梯队，其他省市基本各有一个基金小镇，基金小镇的分布与经济基础和金融活跃程度相匹配。

2. 基金小镇成立时间分布

我国基金小镇成立发展时间较短，以 2012 年嘉兴南湖基金小镇的规划建设为起点，在 2015 年进入中国基金小镇建设发展的高峰期，当年共规划建设了 7 座基金小镇，其中部分基金小镇如今已经呈现出良好的建设成果。从 2016 年全国 1000 个特色小镇培育工作开始，近两年在基金小镇规划建设数量上保持着快速上升的趋势，基金小镇的区域分布也逐渐由东南沿海地区向全国范围扩展。

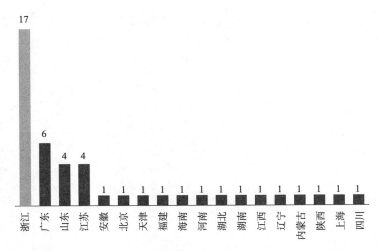

图 4-7　2017 年各省市基金小镇数量分布（单位：个）

主要基金小镇基本情况（一）　　　　　　　　　　表 4-20

序号	小镇名称	小镇位置	规划面积（平方公里）	
			总规划面积	核心区或一期
1	北京基金小镇	位于北京市房山区，与长沟泉水国家湿地公园规划湿地为邻居	18	1.03
2	上海金融小镇	外于上海南部，杭州湾北岸，北至 G1501 公路、东南至 S3 公路	12.5	——
3	前海深港基金小镇	位于广东深圳前海深港合作区核心区	0.095	——
4	万博基金小镇	位于广东广州番禺区万博商务区	1.5	——
5	玉泉山南基金小镇	位于浙江杭州上城区，紧靠杭州市中心，距离西湖 3 公里、杭州新 CBD 钱江新城 6 公里、距萧山国际机场半小时车程	3.2	——
6	西溪谷互联网金融小镇	位于浙江杭州西溪谷的核心部分，享受到西溪谷对接高校、商圈、景区、湿地的独特地理优势，与多家创新园区和大量大中小科技企业毗邻	3.1	——
7	运河财富小镇	位于浙江杭州拱墅区，东到上塘路，南至胜利河，西接湖墅湖、小河路，北至湖州街，背靠着京杭大运河	3.3	1
8	湘湖金融小镇	位于浙江杭州萧山区，坐落在湘湖北侧的山谷，风景优美，具有人文环境优势	3.31	0.47
9	华融黄公望金融小镇	位于浙江杭州富阳东洲新区，距杭州主城 40 分钟车程，距萧山国际机场 40 分钟车程，地理位置优越，交通便捷	6.2	0.52
10	义乌丝路金融小镇	位于浙江义乌国际商贸城周边核心区域	1.67	0.75
11	嘉兴南湖基金小镇	位于浙江嘉兴市东南区域内，长水路以南、三环南路以北、三环东路以西、庆丰路以东地块	2.04	——
12	鄞州四明金融小镇	位于浙江宁波市南部新城区块、鄞州中心城区	3.2	——
13	慈城基金小镇	距离浙江宁波市中心 18 公里，高速公路、快速路和轻轨交叉叠加	3.2	——

续表

序号	小镇名称	小镇位置	规划面积（平方公里）	
			总规划面积	核心区或一期
14	宁波梅山海洋金融小镇	小镇位于浙江宁波梅山湾中部、梅山大桥两岸区域，所在梅山区域具有岸线和空间优势，拥有山、海、湖、港、湾、湿地等特色资源，航运和交通便捷，整体规划开发性较强	3.5	—
15	南鹿基金岛小镇	位于浙江温州平阳县的南麓岛，环境优美，景色宜人	3.05	—
16	万国财富小镇	位于浙江温州鹿城区七都岛西南部，与温州（滨江）金融集聚区隔岸对望	3.1	1
17	金柯桥基金小镇	位于浙江绍兴柯桥区，柯北上方山以南的中国轻纺城创意园	—	
18	徐州凤凰湾基金小镇	位于江苏徐州经济技术开发区	0.048	
19	苏州金融小镇	位于江苏苏州高新区生态科技城内，濒临太湖，由锦峰、玉屏、凤凰等五山合围而成，依山临湖，生态优美	3	
20	太湖新城苏州湾金融小镇	位于江苏苏州吴江区太湖新城核心 CBD	0.085	
21	天府国际基金小镇	位于四川成都天府新区	0.67	
22	灞柳基金小镇	位于陕西西安世博园内	2	0.02
23	咸宁贺胜金融小镇	位于咸宁市贺胜桥东站站前商务区，交通便捷，距离咸宁市区和武汉武昌均半小时左右车程，具有承接大武汉产业转移优势	0.36	0.06
24	共青城市私募基金创新园区	位于江西共青城市	—	
25	亚太金融小镇	位于海南三亚海棠湾青龙山脚下，面朝大海，环境优势明显	3	0.03

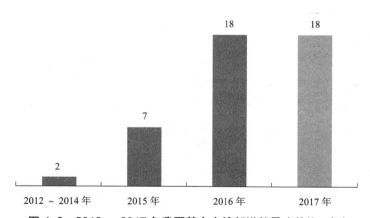

图 4-8　2012～2017 年我国基金小镇新增数量（单位：个）

3. 基金小镇建设进度

基金小镇的建设进度方面，由于我国基金小镇规划建设的时间较短，所以大部分基金小镇仍处于建设过程当中，占全部小镇数量的 40.0%。全部建成或部分建成的基金小镇分别占总数的 6.7% 和 26.7%，这类小镇大多是利用现存建筑进行改造升级而成，所以在基金小镇载体建设进度方面获得了一定的优势。此外，还有 13.3% 的基金小镇尚未开工，另有 13.3% 的基金小镇未披露规划建设信息。

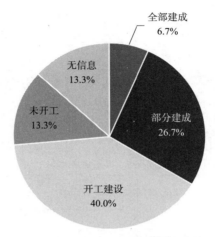

图 4-9　截至 2017 年我国基金小镇建设进展情况

4.2.5　基金小镇建设要点

1. 差异化定位

综合所在地区的内部能力和外部环境因素，各基金小镇需要形成差异化定位，以避免同质化竞争。一般而言，影响一座基金小镇战略定位的因素可以包括内部能力和资源、外部机遇和风险、地理区位因素和政策环境因素等。中国基金小镇定位的差异化、特色化、专业化、服务化、生态化发展是趋势，产业依托和载体建设是前提。在特色小镇全国推广、建设发展阶段，基金小镇作为一类主要集聚金融资源的小镇，受到越来越多的关注，成为各地吸引投资、产业转型升级、助力经济发展的重要探索。但伴随基金小镇数量的增多，差异化的建设已经成为社会各界共识。基金小镇差异化建设前提是因地制宜，统筹考虑当地建设基础现状，致力于满足当前和未来市场需求，以实现长效发展。

2. 合理选址

基金小镇的地理选址应侧重区位优势、交通便捷、环境优美和文化底蕴等多重因素。基金小镇虽然对规划面积没有多大要求，但是对于地理选址方面还是会有所侧重，传统钢筋水泥 CBD、人流车流密集老城区等，将不再适合基金小镇的建设规划，景色宜人、环境优美、交通便利、区位优势明显等将是重点。

单从小镇地理选址层面分析，基金小镇大多具有独特的区位优势。例如嘉兴南湖基金小镇、湖北省咸宁市贺胜金融小镇等,位于城市群协同发展的地理中心或交通枢纽,可以覆盖辐射区域较广,有利于盘活周边城市的存量产业要素,但是又不占用大城市土地和资源;而北京基金小镇则是位于可以承接产业转移和金融辐射的城市远郊区县,具有大面积的可利用土地和生态环境;也可以是天然具有独特产业、独特区位的经济港或自贸区等,例如梅山海洋金融小镇、深圳前海深港基金小镇等。

科学的道路规划、发达的交通设施、适中的出行时间等赋予基金小镇便捷的交通,这对于基金小镇选址来讲是重要的影响因素。基金小镇的主导产业是金融业,而金融恰恰又是对时间成本、机会成本有着较高要求的行业,在享受金融集聚和优美环境的同时,出行体验也至关重要。例如,规划发展极具前瞻性的嘉兴南湖基金小镇,正处于上海与杭州半小时交通圈内,紧邻沪杭高铁嘉兴南站,嘉兴至上海仅需27分钟。

优美的生态环境是基金小镇最直接的外观体现,也是吸引基金、机构、金融人士等入驻的要素,形成了小镇区别传统产业园区的显著特点。基金小镇建设大多依山环水,不仅风景如画,也取聚财之意。同时,良好的生态环境也为小镇申报建设国家级、省市级景区提供条件,助力打造生态小镇,配套发展旅游休闲产业。例如,鄞州四明金融小镇在规划之初,就提出了要建设3A级景区的目标和实施建议,充分利用其鄞州公园(一期+二期)打造成为四明金融小镇和鄞州区的3A级景区,成为鄞州中心区的亮丽风景线,同时也成为四明金融小镇集聚人气、提升品位的重要配套服务载体。无独有偶,近日杭州玉皇山南基金小镇创建国家4A景区旅游总体规划已经新鲜出炉,并计划打造全国首个"金融+旅游"4A小镇。

4.2.6 基金小镇发展模式

目前来看,国内基金小镇的建设与国外各类小镇形成具有很大不同,国外各类小镇大多需要经过几十年时间的自发形成,例如,美国的格林尼治基金小镇就是经过二十多年的自然发展形成,基于其独特的优势和税收优惠,成为国际上知名的对冲基金聚集区。而中国基金小镇的建设模式基本都有一个主体去建设和运营,这个主体可以是政府、国有企业,也可以是大型金融机构、房地产商等,并配有专门运营团队,形成了中国建设基金小镇的一种独有模式。

1. 基金小镇发展模式分类

在开发模式上,中国基金小镇主要分为三大类规划建设模式,分别是政府主导型、企业主导型和政企联合开发型。虽然中国基金小镇的建设主体逐步呈现多元化趋势,但政府主导开发建设的基金小镇占比仍然最多。所有基金小镇中,由政府主导开发的有28个,占总数的6成左右,是主流的建设模式。

政府主导模式能充分发挥政府在政策制定、公共资源汇集等方面的效率优势,但同时也存在政府大包大揽的现象。由于企业缺乏在公共政策制定、优惠举措以及土地利用方面的能力，所以企业主导型的基金小镇数量最少。代表性的企业主导模式建设的基金小镇有深圳前海深港基金小镇、太湖新城苏州湾金融小镇等。

政府企业联合开发模式则期望通过政府和企业实现优势互补，既能利用政府在公共资源方面的优势，也能利用企业在市场方面的专业化优势，通过这种模式规划设立的基金小镇数量正逐渐增多。如宁波梅山海洋金融小镇、杭州富阳华融黄公望金融小镇等。

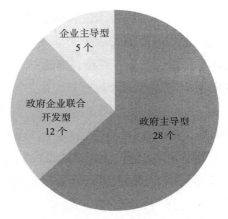

图 4-10　国内基金小镇开发模式分布

2. 基金小镇开发模式

一是政府主导模式，通过成立专门金融领导工作小组，组建基金小镇管理委员会，成立小镇开发建设公司（或与国有开发公司合作），成立基金小镇政务服务中心，配套成立政府引导基金或母基金等形式，开展基金小镇的宏观规划、土地开发、招商引资、经营管理等，例如浙江嘉兴南湖基金小镇和湖北咸宁贺胜金融小镇等。

二是企业联合开发模式，通过成立基金小镇投资管理有限公司或基金小镇开发建设有限公司等主体，依托、整合多方资源，联合开展基金小镇的规划建设，强调市场化运营与管理，接受政府监督，同时积极争取政府政策支持，例如深圳前海金控与深圳地铁集团通过签署战略合作协议，联手打造前海深港基金小镇。

三是政府与企业共同开发模式，例如杭州富阳华融黄公望金融小镇和北京基金小镇等，政府与企业或资本方签署基金小镇战略合作协议，实施共同开发。

4.2.7　基金小镇建设案例

1. 杭州玉皇山南基金小镇

（1）小镇市场主体分析

基金小镇的市场主体为杭州市上城区政府。

（2）小镇资源环境分析

区位资源：基金小镇毗邻上海金融中心，与南京、宁波等金融发达地区的交通距离较近。

政策优势：基金小镇由政府创建，可以享受到政策红利，政策优惠较大。

环境资源：紧靠旅游胜地杭州西湖，人文环境较好，对人才有较高的吸引力。

（3）小镇布局规划分析

小镇较好地利用了本身具有的区位优势以及环境资源优势，在此基础上吸引众多私募基金机构和金融企业入驻，从而支持区域内产业的发展。

（4）小镇特色及定位分析

小镇的市场定位为金融产业。入驻机构主要有两大类：一是私募基金机构，二是金融企业。

（5）小镇运作模式分析

小镇运作模式为通过基金小镇吸引众多私募机构以及具有雄厚资本实力的金融企业进入，为区域内具有投资潜力的项目进行资本的筹集，加强金融资本与产业资本交流的有效性，从而实现以金融业带动产业发展的目标。

（6）小镇投资项目分析

小镇内入驻资本公司赛伯乐与凯泰资本合作投资互联网游戏项目，经营三个月后，该游戏公司升值3倍以上。

截至2016年一季度，基金小镇有800多亿资金投入实体经济，受益企业600余家，涉及上市企业60余家。

（7）小镇发展效益分析

截至2016年10月，玉皇山南基金小镇已集聚各类基金公司和配套机构720余家，专业人才1600多名，管理资产规模突破3600亿元，累计投向580余个项目，不仅在发挥金融资本撬动产业转型升级、推动实体经济发展中起到了积极作用，而且综合效益快速显现，仅仅2016年上半年，小镇实现税收收入6.5亿元，同比增长232%。

截至 2016 年 10 月杭州上城区玉皇山南基金小镇经营指标分析　　　　表 4-21

经营指标	截至 2016 年 10 月
税收收入（亿元）	6.5
管理资产规模（亿元）	3600
专业人才（人）	1600
入住机构数量（家）	720

2. 深圳前海深港基金小镇

（1）小镇市场主体分析

前海深港基金小镇是由深圳前海金融控股有限公司与深圳市地铁集团有限公司共同打造的，双方还将成立前海深港基金小镇发展有限公司，并依托该公司，就前海时代项目其他商办物业、国内其他基金小镇业务展开全方位合作，并将金融地产项目成功的合作经验向全区、全国范围进行推广，形成产业优势互补。

前海金控为深圳市南山区前海管理局的全资金融控股平台。作为前海的核心国资金控平台，前海金控三年来发展迅速，目前直接或参与管理的资金规模已达千亿元人民币，并持有十余项各类金融牌照。前海金控目前已与数十家大型金融机构和行业领军企业开展广泛合作，同时探索推动了前海企业境外发债、首单公募 REITS、跨境人民币银团贷款等一批金融创新举措落地，牵头设立了由社会资本主导的中资再保险公司前海再保险股份有限公司，为前海金融创新和产业集聚发挥了重要作用。深圳市地铁集团有限公司是深圳市国资委直属国有独资大型企业。

该项目由深圳地铁集团负责开发，并由前海管理局全资国有平台前海金控公司与深圳地铁集团成立运营联合经营，双方均持有 50% 股权。

（2）小镇资源环境分析

财富聚集效应在近年来日益突出，截至 2015 年底，包括环渤海经济圈、长三角经济圈、珠三角经济圈以及川渝经济圈的全国四大经济中心区域聚集了全国 GDP 十大城市中的九个，占全国 GDP 的 25.2%。集群效应已成趋势，而前海坐落于珠三角中的深圳，又具备政策优势。

前海背靠香港和深圳两大财富管理中心和科技创新中心，也是境内外金融人才最密集的区域；拥有自贸区、前海深港合作区和保税港区三区叠加的政策优势，有利于发展成熟发达的交易市场，成为财富聚集高地。

截至 2016 年 9 月底，在前海蛇口自贸区成立的含"基金管理"的企业有 4968 家（其中在前海注册的有 4958 家，在蛇口片区成立的有 18 家），含"资产管理"的注册企业达到 5977 家，含"财富管理"的注册企业有 620 家。已经注册的这些企业中，已在中基协进行私募基金管理人备案的有 2376 家，每平方公里的基金备案公司达到 150 家，前海是全国基金备案密度最高的区域。

2016 年前三季度前海金融企业实现增加值 378.29 亿元，占前海片区的 57.3%，完成税收 74.37 亿元，占前海企业税收近六成。

（3）小镇布局规划分析

前海深港基金小镇位于前海深港合作区核心片区。项目占地面积 9.5 万平方米，建筑面积近 8.5 万平方米，由 29 栋低密度、高品质的企业别墅组成。其中独栋办公 3 栋、叠加办公 9 栋、双拼办公 8 栋、平层办公 2 栋，1 栋基金路演大厅、2 栋投资人俱乐部、

2 栋高端餐饮设施、1 个员工餐厅。

基金小镇倡导"小空间大战略"、"一镇一主业",力求营造业态鲜明、模式创新、环境一流、服务到位的基金生态圈。基金小镇配有政务服务中心、中介服务群、基金路演大厅、投资人俱乐部,将传统垂直密集聚居的金融街模式升级为水平复合分布、空间开阔、功能齐备的金融生态园模式。

前海深港基金小镇主要规划和业态分布为风险投资聚集区、对冲基金聚集区、大型资管聚集区和商业服务配套区等四个金融服务区,于 2017 年下半年投入试运营。

（4）小镇市场定位分析

深港基金小镇旨在为前海合作区内注册数量庞大的财富管理类企业提供一流标准的生态聚集区,为深圳金融和科技创新提供服务和支撑,加快推动金融资本支持实体经济发展。

目前,前海已经有多个包括前海金控母基金、前海产业引导基金、成都前海产业投资基金、前海现代服务业综合试点资金在内的基金落户区内,发挥母基金集群的引导能力,使前海成为国内顶级与国际一流的基金产业集聚区、国内跨境财富管理的先导聚集区也将是前海基金小镇的重要使命。

从业务上,深港基金小镇将把握前海优势,聚焦发展与前海特征匹配的创投基金、对冲基金、大型资产管理业务。

（5）小镇运作模式分析

该项目以全球著名的美国格林尼治、沙丘路基金小镇为标杆,聚焦发展与前海特征匹配的创投基金、对冲基金、大型资产管理业务,并配套完善的基金产业链服务机构,形成业态鲜明、模式创新、环境一流、服务精准的深港基金生态圈。

（6）小镇发展效益分析

前海深港基金小镇的建立,将充分发挥前海作为国家"一带一路"战略支点的作用,通过国内外资产管理机构的集聚发展,积极推动打造前海财富管理中心。同时,小镇能够依托深港两地的资源优势,实现以金融支撑全面创新改革的目标。基金小镇将通过境内外资本的高度聚集和相关政策的先行先试,推动前海产业发展,进一步提升深圳的核心竞争力,使其成为珠三角"湾区经济"发展的核心引擎。基金小镇的创立将执行前海作为我国金融业对外开放试验示范窗口的使命,进一步为推动人民币国际化等金融领域的创新实践积累经验。

3. 中国·天府国际基金小镇

（1）小镇市场主体分析

中国·天府国际基金小镇市场主体为成都万华投资集团。成都万华投资集团成立于 1995 年,2000 年,公司通过对城市住宅项目、商业项目开发的经验累积,打造了大型高端复合地产项目——麓山国际社区,并开发建设了麓湖生态城,该项目融合经济与创意产业区、休闲旅游产业区、高端住宅区三大板块于一体。中国·天府国际基金小镇即建设于成都城南的麓镇，依托于麓山国际社区。

（2）小镇资源环境分析

中国·天府国际基金小镇位于天府新区新型金融产业聚集带，占地 1000 余亩，已建成面积 14 万平方米，现可容纳超过 200 家公司办公，配套的相关设施占地近千亩。中国·天府国际基金小镇位于麓镇，而麓镇位于国家级经济发展中心天府新区，拥有低密高端社区和高资产家庭以及丰富的商务配套资源，将给中国·天府国际基金小镇发展带来独特的优势。

中国·天府国际基金小镇以城市发展形态、业态、文态、生态"四态合一"的总体思路建设，目前已形成了包括中高端商务、文化教育、休闲娱乐、医疗服务、餐饮服务、健康健身等相应配套设施齐全的基金小镇。

（3）小镇布局规划分析

中国·天府国际基金小镇由规划机构阿特金斯制定发展规划。共分为三期工程，目前正在进行的一期工程，可入驻区域占地 200 余亩，已建成 14 万平方米建筑群落，现可容纳超过 200 家资本机构。

中国·天府国际基金小镇目前拥有投资服务中心、路演中心、基金机构办公样板区。2016 年内建设了投资人俱乐部、配套酒店、美术馆、麓村（艺术家村）等设施。二期项目包括创业孵化器、加速器、公寓式酒店等规划。

（4）小镇特色及定位分析

成都作为西南的金融中心，在人才、财富和创业公司数量上在国内占有一定优势，依托于成都建设国际知名度和影响力的西部创新第一城的目标，中国·天府国际基金小镇市场定位于股权投资基金产业的政策洼地，宜居宜业，能够提供系统性的政策支持并为实体经济服务的基金小镇。

（5）小镇运作模式分析

1）中国·天府国际基金小镇金融机构体系

中国·天府国际基金小镇以汇集 VC、PE、天使投资、对冲基金、公募基金等基金机构为重点，同时吸引集聚银行、证券、保险、信托、租赁、保理等新型金融等创新型金融机构为配套，建立服务创新发展的金融机构体系。

2）中国·天府国际基金小镇优惠政策

为进一步吸引资本及人才，小镇运营管理公司及天府新区政府对入驻机构及高管人才出台多项优惠政策，涉及产业资金支持、股权投资奖励专项活动补贴、金融人才引进培养奖补等多个方面，万华集团为入驻机构提供最高 3 年免租期等优惠、物业费补贴、入驻小镇的机构高管享受最高 200 万元的购房补贴。

此外，天府新区最近出台的促进办法明确了六大方面的政策扶持。

天府国际基金小镇政策扶持 表 4-22

序号	政策
1	给予入驻企业一次性落户奖励，并提供办公载体配套支持，着力打造股权投资基金聚集发展高地
2	给予股权投资机构产业发展资金扶持、股权投资奖励，着力形成中国西部资产管理高地
3	给予高管个人年度奖励，鼓励培养引进金融高端人才，着力汇聚金融高端人才
4	给予举办各类金融论坛、专题研讨、行业交流等活动专项资金补贴，着力营造股权投资行业蓬勃发展的氛围
5	专注于提供一流政务服务，设立政务服务分中心，着力提供便捷、简化、高效的一站式、管家式的政务服务
6	精心打造优越配套设施

3）天府国际基金小镇运作模式

天府国际基金小镇运作模式主要以企业为主导、政府政策为引导的方式进行。在小镇吸引了 VC、PE、天使投资、对冲基金、公募基金以及银行等配套金融机构后，小镇主要起到一个信息平台的作用，入驻的基金公司借助政府在观念上的扶持，在小镇进行整合资源、洽谈合作、孵化项目等，最后形成资金规模效应，带动周边创业氛围和区域经济发展。

4. 小镇投资项目分析

截至 2016 年 10 月，中国·天府国际基金小镇已入驻的机构包括深圳前海金控、纪源投资、天奇阿米巴、中法航空高科技制造基金等在内的机构合计 53 家，管理基金 10 只，基金规模合计 91 亿元。其中，深圳前海金控、纪源资本、天奇阿米巴、华西金控集团、四川信托、华西证券等 20 家机构已确定入驻。截至 2016 年底，有百余家基金入驻天府国际基金小镇。

目前有意向入驻的金融机构有 50 多家，管理规模约 1000 亿，有意向入驻的服务机构与研究机构 19 家，包括世达、中伦、国浩等律师事务所以及中国科技金融研究中心、中国新媒金融传播研究院等。

5. 小镇发展效益分析

截至 2016 年 10 月，中国·天府国际基金小镇已入驻机构合计 53 家，管理基金 10 只，基金规模合计 91 亿元。

预计到 2017 年，将引入 150 家资本机构，管理社会资金规模达到 2000 亿元；到 2022 年，将引入 450 家左右资本管理机构，管理社会资金规模达到 6000 亿元；到 2030 年，三期工程全部建成后，天府国际基金小镇将容纳超过 1200 家资本机构，管理社会资金规模超过万亿元。

6. 基金小镇三大案例对比分析

（1）产业特征对比

基金小镇三大案例产业特征对比   表 4-23

案例	对比
玉皇山南基金小镇	以私募证券基金、私募商品（期货）基金、对冲基金、量化投资基金、私募股权基金等五大类私募基金为主
深港基金小镇	创投基金、对冲基金、大型资产管理业务为主
中国·天府国际基金小镇	VC、PE、天使投资、对冲基金、公募基金为主

（2）功能特点对比

基金小镇三大案例功能特点对比   表 4-24

案例	对比
玉皇山南基金小镇	金融服务、项目投资功能为主
深港基金小镇	为深圳金融和科技创新提供服务和支撑
中国·天府国际基金小镇	金融服务为主，文化教育、休闲娱乐、医疗服务、餐饮服务、健康健身为辅

（3）发展模式对比

基金小镇三大案例发展模式对比   表 4-25

案例	对比
玉皇山南基金小镇	通过基金小镇吸引众多私募机构以及金融企业进入
深港基金小镇	聚焦发展与前海特征匹配的创投基金、对冲基金、大型资产管理业务，并配套完善的基金产业链服务机构
中国·天府国际基金小镇	以企业为主导，政府政策为引导的方式进行

（4）发展空间对比

基金小镇三大案例发展空间对比   表 4-26

案例	对比
玉皇山南基金小镇	毗邻上海金融中心，与南京、宁波等金融发达地区的交通距离较近
深港基金小镇	前海背靠香港和深圳两大财富管理中心和科技创新中心，也是境内外金融人才最密集的区域；拥有自贸区、前海深港合作区、和保税港区三区叠加的政策优势
中国·天府国际基金小镇	中国·天府国际基金小镇位于麓镇，而麓镇位于国家级经济发展中心天府新区，拥有低密高端社区和高资产家庭以及丰富的商务配套资源

4.3 特色农业小镇

4.3.1 农业小镇建设的意义

小镇相对独立于市区，具有明确的农业产业定位、农业文化内涵，有别于行政区划单元和产业园区。农业特色互联网小镇（以下简称小镇）建设是深入推进新型城镇化的重要抓手，有利于推动经济转型升级和发展动能转换，有利于促进大中小城市和小城镇协调发展，有利于充分发挥城镇化对新农村建设的辐射带动作用。

1. 小镇建设是落实新发展理念的重要举措

小镇是经济社会发展中孕育出的新事物，贯穿着创新、协调、绿色、开放、共享新发展理念在基层的探索和实践。加快小镇建设，有利于破解资源瓶颈、聚集高端要素、促进创业创新，能够增加有效投资，促进消费升级，带动城乡统筹发展和生态环境改善，提高村镇生活质量，形成新的经济增长点。

2. 小镇建设是全面深化改革的有益探索

小镇是改革创新的产物，也是承接、推进改革创新的平台。加快小镇建设，可以充分发挥市场在资源配置中的决定性作用，激发企业和创业者的创新热情和潜力，也能推动政府转变职能，营造良好发展环境，形成政府引导、企业主体、市场化运作、多元化投资的开发建设格局。

3. 小镇建设是推进产业转型升级的有效路径

小镇突出新兴产业培育和传统特色产业再造，是推进供给侧结构性改革、培育发展新动能的生力军。加快小镇建设，既能增加有效供给，又能创造新的需求；既能带动工农业发展，又能带动旅游业等现代服务业发展；既能推动产业加快聚集，又能补齐新兴产业发展短板，打造引领产业转型升级的示范区。

4. 小镇建设是统筹城乡发展的重要抓手

加快小镇建设，能够推动产业之间、产城之间、城乡之间融合发展，有利于落实新型城镇化和统筹城乡协调发展的功能定位，破解城乡二元结构，提速农民就地城镇化进程，形成独具魅力的城乡统筹发展新样板。

4.3.2 农业小镇建设特点

第一，地域基于农村。农业特色小镇在地域上应基于农村，或辐射范围涵盖农村，这样才能将来自城市的资金、技术、信息、市场等要素直接有效地作用于农村发展，同时再经转换，反作用于城市。第二，组织面向农村。培育农业特色小镇涉及定位农业产业类型、制定发展模式、规划发展前景、控制发展环境等环节，因此组织职能应直接面向农村，以确保培育工作的精准执行。第三，功能服务农村。农业特色小镇是具有明确农业产业定位、农业文化内涵、乡村旅游资源和一定社区功能的平台，这一平台的核心任务在于发展农村经济，促进农民增收，为农业、农村和农民服务。第四，农业产业聚集的平台。农业产业集群化发展是加快农业产业化进程和提升涉农产业竞争力的有效途径。农业特色小镇是农业产业化、现代化的先导区，因此在培育过程中，更应注重平台功能，使其具备吸引农业相关产业集聚、实现融合发展的环境或条件。第五，农产品加工和交易的平台。特色农产品是农业特色小镇的显著优势，因此在发展农产品的加工、销售、转化升值等方面，农业特色小镇应发挥积极作用，为促进农业提质增效和农民就业增收创造条件。第六，经济文化资源连接城乡的平台。特色小镇由于受到城市与农村的双向辐射，发展具有明显的双向衔接特点，因此作为经济文化资源连接城乡的平台，正是特色小镇担负的重要使命。

4.3.3　农业小镇建设现状

近年来，随着市民下乡的热潮，大都市周边的乡村休闲、民宿游十分火热，乡村采摘园、农家乐、民宿等乡村休闲热度不减。国家旅游局、农业部等多部门也多次出台政策推动并鼓励其发展壮大。可以想见，农业类特色小镇成为特色小镇建设中的一条捷径。

2016 年 12 月，国务院下发的《关于进一步促进农产品加工业发展的意见》中指出，将加快建设农产品加工特色小镇，实现产城融合发展。根据该意见，农业特色小镇建设被提上日程，契合一系列国家战略。2017 年，农业部发布的《关于组织开展农业特色互联网小镇建设试点工作的通知》提出，三年内在全国建设运营 100 个农业特色互联网小镇。这标志着，从 2015 年开始在海南开展的互联网农业小镇建设经验得到国家农业部的认可和肯定，并在全国全面试点推广。

目前，特色农业小镇的建设和发展正在全国发酵。农业类特色小镇由于其农业休闲业、高附加值农产品加工业发展的显著优势，将有望成为这一轮特色小镇建设中的热点。2016 年北京设立总规模 100 亿元的小城镇发展基金，引导全市 42 个重点小城镇打造成旅游休闲特色镇、科技和设施农业示范镇等五类特色小镇。其中，靠近北京城市副中心的通州区西集镇便提出了以"慢生活、微旅游"为理念，打造轻养生业态、生态度假业态和观光游学业态，建设运河乡土文学博物馆、农耕文化博物馆、农业游学体验馆等内容的农业田园休闲小镇。

4.3.4　农业小镇数量规模

1. 特色小镇数量

2015 年，海南省农业厅率先在全国开展了互联网农业小镇的创建工作，首批创建的 10 个互联网农业小镇引起了人们的广泛关注和认可。目前，各省农业类特色小镇已经蔚然成风。

2017 年，江苏省农委启动"12311"创意休闲农业省级特色品牌培育计划，计划用 3 到 5 年时间培育 100 个农业特色小镇、200 个休闲农业示范村、300 个主题创意农园，构建一个全国领先的创意休闲农业互联网平台。随后，江苏省正式确定了 105 个江苏省农业特色小镇名录。在 105 个农业特色小镇名录中，涵盖了农业历史经典产业、非物质农业文化遗产保护、农耕文化、农家乐、创意休闲农业等多种特色小镇。果蔬采摘是小镇名录中最多的一类，例如以阳山水蜜桃闻名天下的无锡惠山区阳山镇的"蜜桃小镇"、南京溧水区白马镇的"蓝莓小镇"、苏州吴中区东山金庭的"枇杷小镇"等等。

此外，四川省发改委发布的《四川省"十三五"特色小城镇发展规划》中，提出在 2016 ~ 2020 年，培育发展 200 个左右特色小城镇，重点打造六大类特色小镇，其中现代农业型特色小城镇 45 个，位列第二；山东省政府 60 个省级特色小镇创建名单中，济南平阴县玫瑰小镇、东营市利津县陈庄荻花小镇、潍坊临朐县九山薰衣草小镇、济宁金乡县鱼山蒜都小镇、德州庆云县尚堂石斛小镇等均为农业类特色小镇；在甘肃省省级的特色小镇创建名单中，有兰州市皋兰县什川梨园小镇、金昌市金川区双湾香草小镇等农业类特色小镇；安徽省第一批特色小镇名单有六安市霍山县石斛小镇；河北省省级特色小镇中有馆陶县黄瓜小镇。

同时，农业部也发文，提出到 2020 年将建设 100 个农业特色互联网小镇，每个申报合格的建设运营主体，将获项目投资总额 70% 以内的资金支持。农业小镇正迎来建设热潮。

2. 小镇地区分布

特色小镇的核心要素是必须要有特色产业支撑。而经济欠发达的农业地区，尤其中西部地区的大多数小镇由于在选择特色产业上还有难度，便不由自主往相对容易的休闲农业类特色小镇上靠拢。在 2016 年第一批 127 个国家级特色小镇中，中西部地区中农业类便占了一定比例，有代表性的如陕西省杨凌的五泉镇（高效农业、特色农业）、甘肃武威市凉州区清源镇（葡萄产业）、宁夏固原市泾源县泾河源镇（中药材产业）等。

3. 农业特色小镇分类

农业特色小镇有六种类型：一是依托独特自然环境和农业景观的特色小镇。优美的生态环境和独特的农业景观是发展农村生态旅游，优化农民收入来源构成的重要资源。以此为依托的农业特色小镇不仅可以满足城乡居民不断提高和增长的新需求，同时也为农民增收增加新渠道。

二是依托优质农产品生产的农业特色小镇。目前，我国农产品供给存在着质量不高、优质农产品不多等问题，将增加优质农产品供给放在突出位置已成为农业供给侧结构性改革的重要内容，这也是依托优质农产品生产的特色小镇需要肩负的首要任务。

三是依托农产品加工的特色小镇。依托农产品加工的特色小镇是实现产城融合发展的有效途径，也是新一轮特色小镇建设中的热点。以"酒都小镇"山西汾阳杏花村镇为例。杏花村镇以汾酒品牌知名度为基础，从种植、酿造、储藏、灌装、包装、物流、会展、质检以及旅游休闲全产业链切入，形成了酒产业为支柱、酒文化为特色、旅游开发为突破口的产业形态，不断拉动全镇经济发展，已成为全国最大的清香型白酒生产基地。

四是依托农产品贸易的特色小镇。五泉镇是杨凌区实现科技与农业相结合的基地，依托杨凌现代农业示范区农科教优势，获得了大量科技、经济、政策支撑。五泉镇将现代农业发展作为镇域主导产业，强化"农科"特色，以龙头企业、家庭农场、合作社、现代农庄为引领，积极发展新技术、新品种、新模式，形成了现代农业与二三产业交叉融合的特色产业体系。

五是依托历史风貌的农业特色小镇。苏州角直是一座有着2500年历史的水乡古镇，以水多、桥多、巷多、古宅多、名人多著称。镇内水系纵横，古宅林立、古桥各异，遗迹众多，水乡特色浓郁，历史风貌完整，是"中国历史文化名镇""中国特色景观旅游名镇"，被誉为"神州水乡第一镇"。

六是依托民俗风情的农业特色小镇。中华农业文明历史悠久，农业民俗多彩丰富，它们以不同的文化形式融入整个民族的精神世界与遗产宝库。尝新节是湘、黔、桂等省区仡佬族、苗族、布依族、白族、壮族等少数民族的传统农事节日，在每年新谷成熟时择日举行，以此庆祝五谷丰登、共享劳动果实。广西隆林仡佬族的尝新节活动最为隆重，每年都吸引来自各地的仡佬族同胞及其他兄弟民族等上万人参加。

4.3.5 农业小镇建设要点

1.建设原则

（1）促进产业融合发展

农业特色互联网小镇的核心在农业，要统筹空间布局，集聚资源要素，推动现代农业产业园、特色农产品优势区、农业科技园区与农业特色互联网小镇等建设的有机融合，促进农村一二三产业融合发展，构建功能形态良性运转的产业生态圈，激发市场新活力，培育发展新动能。

（2）规划引领合理布局

小镇规划不以面积为主要参考，遵循控制数量、提高质量、节约用地、体现特色的要求，推动小镇发展与疏解大城市中心城区功能相结合、与特色产业发展相结合、与服务"三农"相结合，打通承接城乡要素流动的渠道，打造融合城市与农村发展的新型社区和综合性功能服务平台。以镇区常住人口5万以上的特大镇、3万以上的专业特色镇为重点，兼顾多类型多形态的特色小镇，因地制宜规划建设。

（3）积极助推精准扶贫

围绕种植业结构调整、养殖业提质增效、农产品加工升级、市场流通顺畅高效、资源环境高效利用等重点任务，发挥各地区各部门优势，协同推进农业特色互联网小镇建设运营，带动贫困偏远地区农民脱贫致富。

（4）深化信息技术应用

将农业特色互联网小镇作为信息进村入户的重要形式，充分利用互联网理念和技术，加快物联网、云计算、大数据、移动互联网等信息技术在小镇建设中的应用，大力发展电子商务等新型流通方式，有力推进特色产业发展。

2. 建设要点

（1）突出特色，突显品牌，做好规划和建设方案

按照农业部工作要求，建设特色农业小镇要结合本地的实际，选择农业特色优势明显、产业基础好、品牌优势显著、信息化基础好、发展潜力大、带动能力强的镇作为农业特色互联网小镇建设试点，纳入本辖区内特色小镇建设计划，认真做好方案，因地制宜规划建设。

（2）结合信息进村入户，统筹推进

根据要求，要将农业特色互联网小镇建设试点与信息进村入户工程推进统筹安排，将农业特色互联网小镇作为信息进村入户的重要形式，充分利用互联网理念和技术加快物联网、云计算、大数据、移动互联网等信息技术在小镇建设中的应用，大力发展电子商务等新型流通模式，有力推进特色产业发展。

（3）创新推进机制，充分发挥运营商及社会资本的作用

农业特色互联网小镇试点和信息进村入户工程建设要建立健全"政府＋运营商＋服务商"三位一体的发展模式，此外，政府还鼓励采取政府和社会资本合作（PPP）模式，充分发挥企业主体作用，鼓励企业投入资金并组织申报。

4.3.6 农业小镇发展模式

特色农业小镇发展的关键基于当地的农业产业特色优势，营造一种区别于都市的生活方式，从土地到餐桌到床头的原乡生活方式。原乡生活方式从空间上看，是一个系统圈层架构：第一层为农户业态，包括每一农户所提供的餐饮、农产品和民宿方式；第二层以村落为中心的原乡生活聚落；第三层为更广阔的半小时车程范围内的乡村度假复合功能结构。而从产品业态角度看，原乡生活方式包括"耕种体验（采摘、种植），农产品体验（加工、饮食、购买），民俗民风体验（节庆、活动、演艺），风貌体验（建筑风貌、景观风貌、田园风貌），住宿体验（民宿、营地、田园度假酒店）"。当然，原乡生活方式离不开完善的城市标准的公共服务配套设施的支撑。

而农业特色小镇建设路径主要是依靠当地的农业特色产业和不可复制的地理环境因素。比如因为偏僻而留存较多的传统村落，承载着古人"天人合一"的哲学思想，吸引大批都市白领前来观光，从而造就当地旅游业的发展；由于独特的地理环境，新疆的水果普遍比其他地方的水果要甜，适合瓜果出口等，各地的实际情况不同，采取的发展定位也不一而足。

因此，建设农业特色小镇是需要打造具有明确的农业产业定位、农业文化内涵、农业旅游特征和一定社区功能的综合开发项目；它是通过现代农业＋城镇，构建产城一体，农旅双链，区域融合发展的农旅综合体；它是旅游景区、消费产业聚集区、新型城镇化发展区三区合一，产城乡一体化的新型城镇化模式。

4.3.7 农业小镇建设案例

1.长乐林场

该项目位于杭州城西的长乐林场，生长于径山脚下，延袤 10 平方公里。林场内 10 多个姿态不同的湖泊，是许多杭州人私藏的野营圣地，它被评为"杭州十大不为人知的秋色秘境"。

不同于桃李春风，春风长乐是一个"农林小镇"，主打农庄产品，其雄心是"重建中国乡土"。在这个小镇，将以绿城农业作为产业引擎，在"小镇中心"周边，建设大型农业基地，将当地及周边农民就地转化为现代农业工人，并让城里人在这里玩转创意产业，以此消除城乡二元对立。同时，按照"供给侧改革"思路，一方面通过现代农庄产品，把城市家庭的种菜养花需求与绿城农业进行深度结合，一方面对农村基建、教育、医疗等领域进行建设及改造。

2.锦潭小镇

（1）小镇概况

锦潭小镇位于广东省清远市英德石牯塘镇域范围内锦潭水库坝下锦潭河滩，与墟镇相连，项目规划总面积 5.5 平方公里，总体投资规模为 30.5 亿元，已投资 15 亿元，2017～2020 年预算投资为 15.5 亿元，首期项目预计在 2018 年 5 月投产开业。

（2）小镇产业定位

锦潭小镇以"高科技精品农业＋生态旅游观光"为主体，融入"高科技农业创新服务、生物农业产业开发、绿色种植养殖、绿色农产品深加工、科普教育、文化体验、电子商务、智慧快捷物流、宜居社区"等产业发展与人文生活要素，构成"一轴两翼三脉两园两区九组团"的空间布局。该小镇要素与创新双驱动发力，高科技农业与生态旅游观光双产业叠加，将形成综合年产值 30 亿元，就业及居住人口超过 2 万人，游客年接待能力超 100 万人次，全镇人口脱贫并带动周边区域发展的生态产业经济区。

锦潭小镇以"高科技转化"为主体产业特色；生态旅游作为伴生与延伸产业，以"亲农体验"为观光特色；以"科技孵化和新技术应用新产品推广"为科技创新特色；以"天人合一、自然和谐的山水田园风貌"为生态文化特色；以"智慧物流、绿色出行、创意田园、私人定制"为小镇服务特色。

（3）小镇发展模式

"锦潭小镇采取'企业＋镇政府＋村委会＋村民小组＋农户'五级联创合作共建、

运营独立、利益共享的创新发展模式。"锦潭小镇引入民营资本作为投资运营管理主体,政府作为资源协调和政策引导机制,负责协调项目土地、用水、用电、环保和治安等方面问题,并不参与资产管理与资本运作;农民以土地等资源产权投资,由建设方出资金,在不同板块建设不同特色、不同主题的家庭农场,并统一回收农民达标的农产品,合理优化了资本结构,并解决了农民的生产、就业、养老和医疗问题。

(4)小镇发展效益

五级联创能够使全镇都参与特色小镇的建设当中,并享受其带来的实惠。村集体以土地入股,每年可获得企业收益的分红;企业同时以锦潭小镇的开发、建设、运营带来大量的创业机会和就业岗位,吸纳当地农村居民、外来务工人员和农民工创业者,直接、间接为社会提供数千个劳动就业岗位。该种模式将协力助推传统农业的产业升级改造与绿色转型,形成高科技农业与现代观光服务业的叠加形态,产值倍增;在全面开展新型城镇化建设的过程中,将农村土地集约化,农村村民股份化,农村劳动力岗位化,充分体现精准扶贫、共同致富的政策理念,同时还将治安与环保制度化,确保生态效益与综合社会效益的合理成长,形成富有原创活力的"锦潭发展模式"。

4.4 工业特色小镇

4.4.1 工业小镇建设的意义

1. 有助于工业强镇升级

工业特色小镇的发力,为全国各地特色小镇的建设找到了新的产业着力点。工业特色小镇的进发,将进一步激发产学研结合,从技术研发到市场产品转化的积极性,有助于很多自发性发展起来的乡镇企业发达的乡镇从低端产业向高端产业转型。

山东省淄博市博山区八陡镇 2014 年被评为"中国日用玻璃产业名镇"之一。通过招才引智,该镇聘请山东齐鲁工业大学等高校研发团队,对日用玻璃进行研发升级。目前,该镇 10 余家日用玻璃生产企业均建有技术工程部和研发部,企业职工中,大学本专科学历人员高达 40% 左右,为八陡日用玻璃高效发展奠定了良好基础。未来,该镇将打造中国日用玻璃特色小镇。

2. 为特色小镇培养人才

《关于推进工业文化发展的指导意见》提出培养一批具有工匠精神的人才队伍。鼓励各类机构在创新设计、工业遗产、质量品牌等方面开展职业教育和培训,加强专业人才培养。计划 5 ~ 10 年时间,涌现一批体现时代精神的大国工匠和优秀企业,培育一批尊崇工匠精神的高素质产业工人。而工业特色小镇的平台将方便有一定技能的返乡农民工向产业工人的培养、转化,解决特色小镇下一步奇缺的人才问题。

目前,浙江省院士专家工作站已经聚焦特色小镇等重要创新平台。2016 年 12 月,有 8 位院士受聘担任首批特色小镇咨询顾问，受聘的院士将带领团队为特色小镇的规划发展、产业引进评估、镇内人才的创新创业辅导等进行技术指导。

4.4.2 工业小镇建设特点

工业小镇的特征简析   表 4-27

特性	分析
产业特征	工业是小镇的核心产业、主导产业或最具潜力 / 特色产业，小镇或同时兼有其他特色产业
功能特征	生产功能是工业小镇的必备功能，小镇或可兼有文化、人居、旅游、商业、服务等其他功能，多功能融合共存
规模体量	工业小镇因为要具备生产功能，所以一般规模体量较大
形态特征	可以是小城镇、产业园集合地，也可以是综合体及非行政建制小镇

4.4.3 工业小镇建设现状

1. 工业旅游空间广阔

当前，我国已经形成了完整的工业体系，随着工业化的深入发展以及旅游业的蓬勃兴起，工业旅游的人气迅速增长。特别是近年来发展形成的特色工业小镇，将生产展销、文化创意、休闲游憩等功能有机融合，为工业旅游开辟了全新的发展空间。可以说工业旅游已成为我国旅游业新兴热点。

我国是工业大国，工业旅游资源类型全、覆盖面广。据统计，全国有 262 个资源型城市，都保留了一定量的工业遗产，有 145 家国家级高新技术开发区和 219 家国家级经济技术开发区地区，还有大量特色工业小镇，如丝绸小镇、轻纺小镇等，都有一定的旅游开发价值。

当前，欧美、日韩等发达国家均已进入后工业时代，其最明显的特征就是工业经济向服务业经济转型。欧美发达国家有 15% 以上的大中型工业企业都在开展工业旅游。20 世纪 90 年代以来，我国也陆续涌现出一批富有特色的工业旅游模式景区，如青岛海尔工业园、长春一汽、青岛啤酒博物馆、西昌卫星发射中心等。有越来越多的游客涌向工业企业的开放工厂、博物馆、科技观光园、遗址公园等，工业旅游迎来黄金发展期。相对于世界发达国家，我国的工业旅游目前还处于萌发阶段。不过，我国已经形成了完整的工业体系，现有 262 个资源型城市、145 个国家级高新技术开发区和 219 家国家级经济技术开发区，工业旅游空间广阔，潜力巨大。

2. 工业旅游和工业小镇相互促进

特色小镇是以"双产业"即特色产业与旅游产业为主导，"三引擎"即产业引擎、旅游引擎、智慧化及互联网引擎相协调，形成产业链整合架构、旅游目的地架构（景区）、城镇化架构共同支撑的发展架构。而国外经验显示，工业旅游对特色小镇发展能够起到极大的推动作用。不论是德国的鲁尔区、英国的布莱纳文小镇还是德国的奥迪之城、中国广东的佛山(生产瓷砖)和景德镇(生产瓷器),都是富有旅游特色的产业集聚小镇。借鉴国外发达国家借力工业旅游推动区域产业发展的做法,可以看到工业旅游的内涵要素与特色小镇建设的逻辑思路高度一致,两者在工作实践中能够形成良性互动关系。

工业旅游作为一种特殊旅游形式可以满足大众的旅游需求,通过有机协调各类生态资源、工业企业资源等与旅游协同发展,打造宜居宜业宜游的优美环境。用旅游的思维去规划企业和城市的建设,让人们在优美的环境中享受生活、享受工作。在"绿水青山就是金山银山"的发展理念下,保护区域特色景观资源,加强环境综合整治,构建生态文明环境等都成为特色小镇的建设基础,工业旅游也使小镇的环境提升成为自然而然水到渠成的过程。

通过政府和企业的合力,可以打造小镇产业博物馆,讲述小镇的历史和小镇产业的发展过程。工业旅游可以引导特色小镇的产业文化的重新架构,从杂乱无序的文化理念转变为条例清晰的文化平台,可以把标准机械的现代工业生产流程提升为富有情趣的旅游体验过程,把封闭的工业区变成开放宜人的旅游区,把无声的企业博物馆变成企业精神的流动宣传栏。工业旅游能够引导公众深入了解工业企业,提高社会关注度,也能吸引更多的社会投资并使特色小镇形成特有的产业文化。

用工业旅游的思路打造特色小镇,是一种三赢的方式,旅游业得到发展,工业企业得到发展,进而小镇得以受益。人文、景观、旅游、生产、环境各方面通力配合,提升城市整体形象,打造宜居产业园,必将是未来发展的新趋势。

4.4.4 工业小镇数量规模

在住房和城乡建设部发布的第一批中国特色小镇名单中,工业发展型的特色小镇,共有 20 个小镇上榜,占比达 14.96%。其中,山东省数量最多,共 7 个旅游小镇上榜,浙江省和广东省分别有 4 个和 3 个小镇上榜。

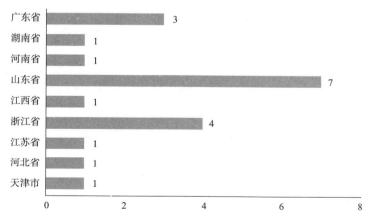

图 4-11 中国第一批特色小镇中工业小镇的数量及地区分布(单位:个)

4.4.5　工业小镇建设要点

工业特色小镇建设和运营需要新理念和新机制，需要关键领域的创新突破。重点推进特色小镇建设的领导体制创新、工作机制创新和激励举措创新，加强以土地、人才、融资为重点的资源要素领域创新，实现以道路交通为重点的基础设施领域突破，以教育、医疗、社会保障为重点的公共服务领域突破，以及特色小镇建设示范带动的突破；探索建立资金和人才保障机制，促进特色小镇经济持续发展；创新小镇后期业态招商机制和小镇居民招入机制，引导工业特色小镇真正成为聚合资源和人气、提升特色产业的新载体，谋划集聚创新要素的新平台，打造展示形象的新景区。

重点围绕茶叶、丝绸、黄酒、中药、青瓷、石雕、文房等历史经典产业发展，依托得天独厚的条件和卓越内在的品质，挖掘历史文化、民俗文化、海洋文化资源，提升文化品位，培育产业文化特色，构建传承独特地方文化的产业发展载体，打造技艺精湛、文化特色鲜明的特色小镇。

围绕信息经济、现代金融、高端装备等新兴产业发展，在软件设计、信息服务、大数据、云计算、科技金融、智能装备等领域打造特色小镇，培育发展数据挖掘、信息服务、互联网金融、智能制造等产业形态，集聚天使投资基金、股权投资机构、财富管理机构。如杭州梦想小镇、云栖小镇、基金小镇、机器人小镇，宁波海洋金融小镇，嘉兴桐乡的互联网小镇等。

4.4.6　工业小镇发展模式

工业发展型特色小镇，有两种建设思路：升级型和新建型。

1. 升级型模式

升级型又有两种模式：

一、核心企业升级型。即依托现有大企业，为其生产进行高品质的宜居宜业的配套规划和建设，形成以该企业研发、生产、销售、服务、生活、休闲等于一体的城镇。关键点在于，需要政府通过市场化方式帮助该企业稳定持续发展，为其导入上下游配套企业、更新技术设备、开拓市场等方面的支持，同时还需要平衡生产和生活，消除影响生活的环境污染、交通堵塞等方面问题。以目前的技术水平，解决企业生产中所产生的污染、能耗等问题难度不大，但需要寻找合适的方式来市场化解决。这种模式是最快捷的特色小镇建设方式，在东部及沿海地区的很多地方都有这样的条件。

二、产业链完善升级型。在没有规模企业的情况下，可以在现有产业相对集聚的园区或附近的村镇，通过引进投资来改造生活环境及配套设施，加强该产业集聚类型的上下游企业引进，加强扶持所需的人才培训、技术研发及引进、技改等方面投入，引进流通环节的企业资源，帮助企业扎根于当地，从而对参与营造宜居宜业的小镇有持续的动力。这种模式对于很多地方都适合，特别是一些有历史产业发展的地方，比如一些手工艺品生产基地、零部件加工基地、农副产品加工等。通过加强技术投入和流通领域的支持，可以让深受"互联网+"冲击的产业焕发新生，更有机会得到持续发展。

升级型建设模式有几个优势：很快形成效益和规模。在不大规模迁移企业的基础上，可以在短时间改良居住环境，完善配套，导入人口等，形成一定的生产生活相容；容易引进投资和配套企业。已有企业和人口的需求，可以撬动上下游的投资和市场需求，只要条件具备，可以相对容易地引进给企业做配套、满足已有人口的生活和消费需求。

2. 新建型

新建型发展，也可以分为两个方向：

一、核心企业招商型。与核心企业升级型对应，如成都、郑州等地把富士康引资过来，形成"富士康城"。只不过这些项目落地的重点，放在了生产基地的建设，居住仅仅作为配套（即提供基本生活设施），忽略了务工人员对品质生活的需求，为国内外各界所诟病。

二、优势产业招商集聚型。通过对社会和经济未来发展的研究，选择与当地资源相匹配的有发展潜力的产业，通过招商引资一批中小型乃至小微型企业，形成集聚，为集聚区规划建设宜居宜业的条件和环境。

新建型发展有几个优势：可以提前规划城镇的功能区块，预留后续发展空间；可以为产业做定制化建设及配套，形成贴合产业发展的宜居小镇；减少行政压力，降低社会冲突。

4.4.7　工业小镇建设案例

1. 浙江黄岩智能模具小镇

（1）小镇概况简介

黄岩智能模具小镇以模具产业为核心，以项目为载体，嫁接工业旅游及区域特色乡土文化休闲旅游功能。小镇位于浙江黄岩主城区以西，新前街道剑山村、下曹村、杏头村、后洋黄村、泾岸村等，规划面积3.47平方公里，核心区面积1平方公里，计划三年总投资55亿元。

（2）小镇特色及定位

与传统意义上的产业园区相比，黄岩智能模具小镇空间形态上的"精致紧凑"。小镇范围内将包括模具工业企业、研发中心、民宿、超市、银行、主题公园等多种业态，功能完备、设施齐全，追求小而精、小而美，"麻雀虽小，五脏俱全"。

项目规划布局上"要素集群"。模具产业是小镇的主导产业，其他配套性服务业，如研发、信息、金融等都要围绕该主导产业进行布局，可以有效集聚技术、人才、资本等多种要素，形成产业链、创新链、人才链、投资链和服务链，实现资源的有机整合和集约共享，加快淘汰落后产能，促进产业转型升级。

（3）小镇规划布局

项目规划建设 6 个项目，分别是高端模具智造建设项目，建设用地 1050 亩；中小企业孵化基地建设项目，建设用地 100 亩；小镇生活商务配套区建设项目，建设用地 200 亩；模具产业公共服务平台建设项目，建设用地 100 亩；工业博览会议中心及工业主题公园，用地 120 亩，其中建设用地 50 亩；民俗乡土文化休闲度假村建设项目，用地 300 亩。预计 2017 年项目产值为 40 亿元，税收 4 亿元，旅游人数达到 30 万人次。

小镇的规划建设要求按照 3A 级以上景区标准进行，坚持"先生态、后生活、再生产"，通过对其中生活居住区、休闲娱乐区、商业配套中心等公共服务设施及景观进行规划建设，营造一个绿色环保的生态环境、优美舒适的生活环境、贴心周到的服务环境。

（4）小镇发展模式

项目发展模式采取"产镇融合"。小镇的规划建设将与区域内后洋黄村、剑山村、泾岸村、下曹村、杏头村等旧村改造及"美丽乡村"建设相结合，以产业发展及小镇建设带动区域经济社会发展，带动乡土特色文化的挖掘与传播，增强小镇发展活力，丰富精神内涵。

运营方式上采取"市场导向"。小镇的建设主体是企业，充分发挥市场机制的调节作用，激发企业的积极性和创造性，为小镇的可持续发展注入新的活力。而在这其中，政府只扮演着市场监管、社会管理及环境保护等公共服务提供者的角色。

（5）小镇建设优劣势分析

黄岩智能模具小镇建设优劣势分析　　　　　　　　　　表 4-28

优劣势	要点	分析
优势 （S）	便捷的区位交通条件	小镇临近台甬温高速公路、铁路，紧挨 104 国道、82 省道，台州机场、海门港为小镇发展架起了通往各地的空中和海上通道。近期拟实施的 104 国道西复线工程，将进一步加强小镇与周边区域的联系，有效提升经济辐射能力
	优惠的体制政策条件	浙江省"加快建设特色小镇"及台州市打造"一都三城"的决策部署，都为黄岩区打造智能模具小镇提供了优惠、便利的体制政策环境。黄岩区委、区政府历来重视民营经济发展，积极推动模具产业转型升级，长期以来一直对模具产业予以政策倾斜，每年安排 3500 万元资金用于扶持模具行业企业发展，占区本级转型升级专项资金的 55%。这些极大地促进了黄岩模具产业的发展壮大
	成熟的产业集聚条件	目前小镇规划范围内，已集聚了 30 家具有一定规模的模具生产企业，从塑料件测绘、材料供应，到模具设计、造型、编程，再到粗细加工、热处理、试模，各类专业加工服务一应俱全，极大地降低了模具制作成本和加工周期，为模具接单创造有利条件。同时，还计划从日本、中国台湾引入 3 至 5 家国际知名大型模具企业入驻，直接投资设立生产基地，作为模具产业发展的标杆
	完善的配套服务条件	为推动模具产业快速发展，黄岩区成功开发建设了中国（黄岩）国际模具博览城、黄岩区模塑工业设计基地，致力打造模塑产业展示交易平台和模塑工业设计公共服务平台。这些为小镇中的模具企业提供了市场交易、工业设计、科技研发等生产性服务，有利于延伸产业链，降低生产成本，提升市场竞争力，推动产业集群的快速发展

优劣势	要点	分析
优势（S）	先进的技术装备的条件	目前模具小镇已入驻企业的生产自动化和信息化水平较高，各种现代制造技术、高性能加工中心、网络系统等都在企业中得到广泛应用，模具设计和制造环节全部实现数字化，设备基本实现数控化。同时，不少企业的模具研发水平在国内处于领先地位，获得多项国家级新产品、国际水平模具权威评定，具有较强的竞争力
	良好的自然人文条件	模具小镇西倚群山，河网密布，临近定位为高品位综合休闲社区的百丈高地和省级划岩山风景名胜区，西南侧有万亩柑橘观光园，自然生态环境优越。新前街道素有"武术之乡"美誉，新前采茶舞列入浙江省非物质文化遗产保护名录，乡土文化源远流长，具备发展文化休闲旅游的良好条件
劣势（W）	国际环境	国际市场需求疲软、出口减少，致使很多模具企业产品积压，出现生产经营困难
	国内环境	一方面，原材料价格及人工工资上涨，企业生产经营成本上升，生存压力加大。另一方面，国内模具市场竞争日趋激烈，珠江三角洲地区已发展成为我国最大的模具出口地区，产值占全国的四成以上；苏州、萧山等地模具骨干企业抱团经营，合作发展优势明显
	自身发展现况	尽管小镇内产业集聚范围不断拓展，但深度有待加强，企业家单打独斗的思想仍然存在，空间形态上的集聚要远高于产业链式的集群；企业中科技型人才占比较低，技改投入相对不足，在核心技术和关键技术领域，多以模仿引进、贴牌加工为主，产品的精密度、生产周期、使用寿命等与国外先进水平还存在差距；部分大型、精密、复杂的模具仍无法生产，特殊工程塑料等高科技、高附加值的产品市场占有率不高，产业发展处于全球价值链低端；部分企业管理水平较为滞后，作坊式的管理模式仍然存在，现代企业制度有待建立。此外，小镇公共基础设施建设任务较重，资金缺口大，如何引进社会资本参与建设，仍需在体制政策方面加以完善

2. 江苏海门工业园区时尚床品小镇

（1）小镇概况简介

海门工业园区时尚床品小镇位于江苏省海门市，项目主要依托海门叠石桥国际家纺城产生的产业集群。目前，叠石桥家纺市场占地 1000 亩、建筑面积 100 万平方米，主要包括核心交易区，家纺城一期、二期，公共服务平台，商业步行街以及名品广场、精品楼和商贸城、物流中心等经营区域。整个市场拥有 1 万多间经营商铺，经营 200 多个系列、560 多个品牌、1000 多种家纺，产品畅销全国近 350 个大中城市，远销全球 5 大洲、130 多个国家和地区。

（2）小镇特色及定位

按照海门城市副中心的定位，全力打造产业升级、都市升级、生态升级的时尚家纺特色小镇。加大对家纺产业的信息化改造、技术改造、组织创新，把附加值做高，产业链做长，使家纺产业变革为前沿时尚产业。以市场改造、5A 级旅游景区改造和环境综合整治为抓手，全力推进城市建设，综合运用各种文化生产的观念与技术，对规划区内的各种自然、文化、建筑进行高强度的"时空压缩"与"时空分延"，创造极具体验性质的城市格局。与此同时，加快街道综合改造、违章建筑整治等工作，实现园区环境整洁有序、生态宜居，不断提升百姓的获得感。

（3）小镇规划布局

海门工业园区充分导入家纺文化，依据城市意象"五要素"，即道路、界面、节点、区域、标志物，进行总体设计，创造极具特色与意义的"空间特色"，吸聚各类精英人才，为产业转型提供人力支撑。当前在推进环境综合整治的基础上，加快城市路网建设，形成"五纵五横"的路网格局，进一步拉开城市发展框架，并加快实施一批商贸服务项目，快速展示城市新形象，使其真正成为海门城市的副中心。

（4）小镇发展模式

目前园区已经与东华大学、家纺协会合作，建立家纺设计研发中心。同时，创新营销模式，采用"互联网+"的发展理念，依托市场采购贸易方式，推动家纺品牌企业实现线上线下深度融合发展，拓展国内外市场。目前，园区与阿里巴巴合作建设的实力产业群示范园区已经启动，通过这一平台，将培育100家产品质量源头可溯、全程监控的品牌家纺企业，让好品牌的产品卖出好价钱。园区还抓住此次土地规划调整，布局长远，引进新兴业态，围绕供应链，发展电子商务中心、进出口货物物流中心、金融中心、旅游中心、总部经济等。当前重点加快建设邮政速递分拨中心、中铁物流等一批超亿元项目。并充分依托市场采购贸易方式带来的新兴产业溢出效应，发展新材料、智能装备、电子产业等，拓展床品发展领域，推动产业链向高端延伸。

（5）小镇建设优劣势分析

海门工业园区时尚床品小镇建设优劣势分析　　　　　　　　表 4-29

优劣势	分析
优势（S）	海门工业园区(三星镇)是全国重点镇，经过30多年的发展，构筑了一条较为完备的家纺产业链，且产业形态呈现多元化发展，城市建设也初具规模，具备了建设特色小镇的产业基础
劣势（W）	企业单体规模不大，品牌附加值不高，产业对财政的贡献度不大

3. 山东临沂费县探沂镇

（1）小镇概况简介

费县探沂镇地处山东省临沂市与费县城区连接处，总面积168平方公里，辖67个行政村，9.6万人。探沂镇是中国金星砚之乡、全国重点镇、山东省"百镇示范行动"示范镇、临沂市优先发展重点镇和临沂市板材家具产业集群的核心区。

探沂镇以板材加工园区为平台，按照国家级林产工业科技创新示范基地的布局要求，主动对接临沂西部木业产业园，壮大产业集群，努力推进木业家具企业从"铺天盖地"向"顶天立地"转变。目前，共有各类木业家具加工企业3000余家，各类制板企业295家，其中规模以上企业72家。

（2）小镇特色及定位

以打造全国一流的高档家具生产基地和人造板生产及家具加工基地为目标，以产品高档化、装备现代化为主攻方向，以整合提升为重点，依托大企业和大项目的引进，提高产品科技含量和企业竞争力，带动木业产业集群规模发展，把探沂镇打造成新型木业、家具产业发展的聚集区和全国木业、家具产业发展的引领区。

（3）小镇规划布局

根据全市木业产业"一区、一廊、二带、多点"的总体规划，结合探沂实际，规划以发展家具、板材为重点，健全木业产业链条，促进产业转型升级，构建实施"一区、一廊、一园、多点"的现代木业产业发展体系。

临沂费县探沂镇规划分析　　　　　　　　　　　　　　　　表 4-30

指标	规划
城镇性质	费县东部以木材加工业为主导的产业新城
人口规模	近期，探沂镇总人口达到 16 万人，其中城镇人口 11.5 万人；中期，探沂镇总人口达到 19 万人，其中城镇人口 15 万人；远期，探沂镇总人口达到 25 万人，其中城镇人口 22 万人
用地规模	近期用地规模 1320.50 公顷，人均 114.83 平方米；中期用地规模 1721.80 公顷，人均 114.79 平方米；远期用地规模 2530.0 公顷，人均 115.0 平方米
规划结构	规划形成"一心、两区、三轴、三廊"的布局结构。 一心：探沂镇行政、生活、文教、科研等综合中心。 两区：产业西区和产业东区，是探沂镇经济发展的主要区域。 三轴：老 327 国道贯穿镇域，西接费县中心城区，东至临沂市，形成探沂镇东西发展轴线；大桥路位于探沂镇中心，北至胡阳镇，南至刘庄，是探沂镇南北方向空间发展轴线；229 省道纵贯探沂镇区，北至新桥镇，南至刘庄，是探沂镇东部南北向空间发展轴线。 三廊：沿祊河、丰收河、朱龙河构建三条滨水景观生态廊道

（4）小镇发展模式

围绕"一个中心"，即围绕做大做强木业产业这一中心，实现产业提升，抓好两区同建，实现产城一体；发挥"两个优势"，即木业产业长期发展形成的产业优势和国家林产工业科技示范园获批的政策优势；打造"三个功能区"，即围绕木业产业发展打造家具产品加工区、高档板材加工区和配套功能区；实现"四个产业形态融合"，即按照国家林产工业科技示范园总体规划，形成集产业聚集区、总部经济区、家居文化创意产业园和宜居新城为一体的新型产业集聚区。

（5）小镇建设优劣势分析

临沂费县探沂镇建设优劣势分析　　　　　　　　　　　　　表 4-31

优劣势	分析
优势（S）	产业基础优势：全镇各类板材企业已达到 4478 家，2015 年，实现投资额 3.49 亿元，产值 282 亿，吸纳就业人口 8.8 万人，板材产业基础优势突出
劣势（W）	小镇主导产业为板材产业，在环保方面尚有待加强

4. 工业小镇三大案例对比分析

(1) 产业特征对比

工业小镇三大案例产业特征对比   表 4-32

案例	对比
黄岩智能模具小镇	以智能模具制造为核心产业
海门工业园区时尚床品小镇	以时尚家纺为主导产业，同时发展旅游产业
临沂费县探沂镇	以板材加工为核心产业

(2) 功能特点对比

工业小镇三大案例功能特点对比   表 4-33

案例	对比
黄岩智能模具小镇	以生产功能为主，集合商务、旅游、休闲、居住、生态等功能于一体
海门工业园区时尚床品小镇	以生产销售功能为主，同时开发旅游功能
临沂费县探沂镇	以生产功能为主，生态功能为辅

(3) 发展模式对比

工业小镇三大案例发展模式对比   表 4-34

案例	对比
黄岩智能模具小镇	运营方式上采取"市场导向"
海门工业园区时尚床品小镇	与东华大学、家纺协会合作，建立家纺设计研发中心；采用"互联网+"新型营销模式
临沂费县探沂镇	围绕"一个中心"，即围绕做大做强木业产业这一中心，实现产业提升，抓好两区同建，实现产城一体

(4) 发展空间对比

工业小镇三大案例发展空间对比   表 4-35

案例	对比
黄岩智能模具小镇	小镇临近甬台温高速公路、铁路，紧邻 104 国道、82 省道，台州机场、海门港为小镇发展架起了通往各地的空中和海上通道
海门工业园区时尚床品小镇	海门工业园区（三星镇）是全国重点镇，经过 30 多年的发展，构筑了一条较为完备的家纺产业链，且产业形态呈现多元化发展，城市建设也初具规模
临沂费县探沂镇	探沂镇是中国金星砚之乡、全国重点镇、山东省"百镇示范行动"示范镇、临沂市优先发展重点镇和临沂市板材家具产业集群的核心区

4.5 创客小镇

4.5.1 创客小镇建设的意义

1. 推动中国孵化器步入 4.0 时代

2015 年 3 月，李克强总理在政府工作报告提出"大众创业，万众创新"，此后，众创空间如雨后春笋，遍布全国，据权威研究数据显示，2015 年上半年，我国较有规模的众创空间不足 70 家，而随着国家及地方一系列政策的扶持，如今已有超过 1.6 万家众创空间在全国各地"开花"。

然而，当前我国各种以孵化器为名号的众创空间，主要分四类：处于初级阶段的是那些以场地出租为特征的孵化器 1.0 版，即通俗而言的二房东模式，通过租赁一定的办公空间，重新装修后，赚取差价；其次是提供场地、财务和人力资源等基础服务，称为孵化器 2.0 版；而目前部分做得较好的众创空间品牌，则是以"场地＋深度服务＋投资"为商业模式，被称为孵化器 3.0 版，后来有的还发展成"天使基金＋孵化器"的模式，比较典型的就是 36 氪。

被视为未来发展方向的将是"重度服务＋精确孵化"孵化器 4.0 版——其以自带生产线和实验室为主要特征，并配以自由基金＋开放式基金予以对接。除基础服务和投融资对接，还在充分了解行业趋势和技术发展的基础上，建立大企业生态，引领创新，进而协助入住企业展开产品打磨和市场加速等。

而创客小镇的建设，有助于推动中国孵化器 4.0 版的推进。例如，北京中关村创客小镇，借由独特的社区型创新创业业态，被业界视为孵化器 4.0 时代的标杆，甫一诞生，立即引发追捧。目前，已与多家孵化器建立战略合作关系，数十家知名金融机构建立联系，签约的团队和项目已达近百家。

2. 助力创客低成本开启征途

与传统产业园、众创空间相比，创客小镇不仅可以提供众创空间作为创客办公区，同时提供创客公寓，为创客缓解租金压力。例如，中关村创客小镇是海淀区创客人才公租房试点项目，一期建筑面积 18.49 万平方米，包括 2.2 万平方米众创空间，设有孵化办公区、集中办公区、功能展示区、创客工场区四大区域。2772 套精装修创客公寓，提供零居、一室一厅、两室一厅三种房型，共有 8 个精装主题，可供自住办公。作为职住平衡双创社区，政府扶持与补贴政策力度空前，凡是入驻的创业团队，即可享受 50% 租金减免，因此备受创业者的追捧，目前已有 300 多个创业团队入驻。

居住办公一体化能够最大化减少创业者上下班的时间损耗，降低创业时间成本。在园区内，完备的幼儿园、食堂、健身房、托老所等机构解决创业者后顾之忧。

4.5.2 创客小镇建设特点

创客小镇在依托所在地良好的互联网创业基因和氛围，结合当地相关产业，综合运用"生态+""互联网+""金融+"等模式，重点培育智慧应用、软件设计、大数据、云计算等方面的新兴产业，助推经济转型升级，再创发展优势，提升互联网学习与创业环境。

4.5.3 创客小镇建设现状

中国创客目前还处于发育期，数量和规模都较小，目前形成了北京、上海、深圳、杭州等几大创客集聚区。北京市依托丰富的科技创新创业资源，成为我国众创空间发展最快的城市。上海近几年来涌现了新车间、IC咖啡、启创中国、飞马旅、苏河汇等新型创业服务组织。深圳由于研究机构众多和知名高校集聚，加上产业链配套完善，为"创客族"的生长提供了丰富的养分，位于华侨城创意园的柴火创客空间，是深圳最早的创客聚集地之一。深圳创客除关注单一的产品创制，更涌现出类似矽递科技、创客工厂等平台级的公司。

受各地发展基础影响，北京、上海、深圳、杭州等创客集聚区也是创客小镇发展较成熟的地方。

4.5.4 创客小镇数量规模

目前，我国创客小镇数量不多，比较知名的创客小镇主要有成都菁蓉镇、北京中关村创客小镇、浙江云栖小镇、安吉两山创客小镇等。由于是最近两年兴起的新的发展模式，创客小镇发展速度较快，规模增长迅速。

4.5.5 创客小镇建设要点

在创客小镇建设中，重点注重以下几点：产业定位、产业规划、配套设施建设、办公服务政策、人才补贴政策、金融服务政策、环境配套政策、创新创业合作等。

4.5.6 创客小镇发展模式

创客小镇发展的基本思路是政府出政策谋划引导、企业搭平台孵化培育、各市场主体投资创业。通过各种优惠政策吸引优秀人才和优秀企业入驻，合力打造高级别的创新平台，降低创业者的创业成本。同时，积极与资本对接，协助创新企业发展，通过创业企业及人才进驻，进而以点带面，实现区域经济的转型升级。

4.5.7 创客小镇建设案例

1. 四川成都菁蓉小镇

四川成都郫县菁蓉镇曾经是传统产业工人的宿舍园区。随着传统产能减弱,有100多万平方米的宿舍楼和配套设施闲置。直至2015年年初,成都市启动"创业天府"计划,依托高校、企业形成创客小镇,吸引创业者前来安营扎寨。在这里,创业者除了享受国家已有的优惠政策外,1到3年内对房租、物业管理费全额补贴。这块被人称为"北有中关村、南有菁蓉镇"的地方,已聚集了近900个创业项目的万余名创客。

菁蓉镇依托区域高校、科研院所密集的优势,搭建政府引导、企业主体、市场运作、社会参与的创业创新协同机制,着力打造低成本、便利化、全要素、开放式的众创空间,创业创新要素加速聚集。现已建成24万平方米创业载体。创客服务中心等设施一应俱全。

未来将推动众创、众包、众扶、众筹等大众创业万众创新支撑平台快速发展,到2017年年底,建成创业创新载体120万平方米,引进创业企业2000家以上,吸引500家以上基金及投资机构参与菁蓉镇建设,聚集创业创新人才4万余人,孵化培育规模以上科技企业100家以上(其中上市企业10家左右),成为全球具有影响力的创客小镇。

2. 北京中关村创客小镇

中关村创客小镇,作为温泉镇政府推动、海淀区大力扶持的超级创业社区,远景规划建筑面积达120万平方米,其中,一期建筑面积约为19万平方米,关注企业全生命周期服务,秉承"1+1+1+N"共享经济模式,打造"创业+生活+社交"360°全资源共享平台,通过众创空间、创客公寓、创业生活、创业服务四大业务单元的有机整合,不只提供创业生态整合服务,更为创客的生活与社交提供一站式解决方案。

目前"创客小镇"一期已建设完成,面积19万平方米,远景规划120万平方米,可提供2772套家电家具齐全、功能分区完备的精装住房,共有40平方米开间、53平方米一居和60平方米两居室三种户型,社区配套食堂、健身房、幼儿园、创业咖啡厅、卫生服务站等基本设施。

3. 浙江杭州云栖小镇

云栖小镇是浙江省首批创建的37个特色小镇之一。小镇位于美丽幸福的首善之区杭州市西湖区,规划面积3.5平方公里。按照浙江省委省政府关于特色小镇要产业、文化、旅游、社区功能四位一体,生产、生活、生态融合发展的要求,秉持"绿水青山就是金山银山"的发展理念,着力建设以云计算为核心,云计算大数据和智能硬件产业为产业特点的特色小镇。

2016年,小镇已累计引进包括阿里云、富士康科技、Intel、中航工业、银杏谷资本、华通云数据、数梦工场、洛可可设计集团在内的各类企业433家,其中涉云企业321家。

产业覆盖大数据、APP 开发、游戏、互联网金融、移动互联网等各个领域，已初步形成较为完善的云计算产业生态。

4. 山东邹城"旅游+"筑梦创客小镇

邹城唐村镇的"梦想小镇"创业园区，占地 360 亩，总投资 3.6 亿元，主要由创客空间、583 创意园和驷马庄园等几部分组成，展示工业文明遗存及再生资源利用成果，规划建设文化体验区和生活休闲生态区。其中，583 创意园打造了钢雕主题公园，利用废旧物资进行文化创意；"凤凰之恋"书香咖啡已投入运营；西田泥塑引进先进理念，实现了传承民间艺术、弘扬孟子文化与发展富民产业的有机结合；"乡饮酒礼"展演，让村庄孝贤人士参与进来，传统文化与现代社会生活交织，碰撞出别样的火花，吸引众多游客前来。

目前正以东西横穿全镇的孔家河生态水系为轴，规划建设湿地公园，将创客空间、583 创意园等和乡村驿站、休闲采摘园一线串联，通过生态旅游开发和社区共建，实现美丽乡村与城镇建设、园区建设协调发展。一方面，搭上"互联网+"的快速列车，利用这一模式拓展产业触角的深度和广度；另一方面，利用历史名城和美丽乡村的底子，擦亮"旅游+"金字招牌。两者相加，成就了"梦想小镇"的核心优势，对创业者的吸聚效应极为明显。

4.6 体育小镇

4.6.1 体育小镇建设特点

1. 体育产业特色明显

体育类特色小镇建设中，小镇是平台，足球、徒步、自行车、滑雪、通用航空等细分产业是主题。聚焦产业才能有主题，有元素，有个性。此外，体育小镇中，体育产业企业数量众多，覆盖各类体育产品和服务，能为运动爱好者提供全方位服务。

2. 与当地资源结合

体育小镇建设过程中，要充分挖掘当地冰雪、森林、湖泊、江河、湿地、山地、草原、沙漠、滨海等独特的自然资源和传统体育人文资源，重点打造冰雪运动、山地运动、户外休闲运动、水上运动、汽摩运动、航空运动、武术运动等各具特色的体育产业集聚区和产业带。

3. 政企联合建设

体育小镇的建设需要当地政府和企业联合推动，以"政府引导、企业主体、市场化运作"的机制去建设。由政府出台政策对体育小镇建设作出规划，然后引进经验丰富的体育企业来承建和运营体育小镇。政府规划能很好地将体育产业开发和新型城镇化建设相互融合，而以企业为主体，能令体育小镇建设更加合理化、市场化，更好地满足市民需求。

4. 生态环境建设

体育小镇建设大部分体育项目属于户外运动，因此，对当地生态环境要求较高。体育小镇一般远离城市中心，规划在城郊结合部，按 3A 景区以上目标建设，空间布局与周边自然环境相协调，镇区环境优美，干净整洁。

4.6.2 体育小镇建设现状

1. 体育小镇发展现状

目前，住房和城乡建设部等三部委公布的首批特色小镇名单中，体育小镇数量比较少，比较突出的有浙江湖州市德清县莫干山镇。2016 年开始，有部分省市已经出台了相关政策和规划，积极促进体育小镇建设，如浙江省政府发文推动培育特色小镇重大机遇、力争培育 3 ～ 5 个以体育产业为主要载体的特色小镇。京津冀地区则借力2022 年冬季奥运会，打造冰雪特色小镇，以承德市为例，将在未来十年打造冰雪旅游特色小镇集群，构建冬季体育旅游之都。总体来看，未来几年体育小镇的建设和发展主要还是集中在经济相对领先的省市，如浙江省、北京市等。

2. 体育小镇发展类型

（1）产业型体育小镇

产业型体育产业小镇是指：以体育用品或设备的生产制造为基础，纵向上延伸发展研发、设计、会展、交易、物流，横向上与文化、互联网、科技等产业融合发展，打通上下游产业链，最终形成二三产融合发展的产业聚集区。该类型小镇以生产制造及其上下游产业为核心功能，以休闲体验为配套功能，依托于城市而发展，一般分布在大中城市周边。在产业空间分布上，以核心类型企业为中心，配套企业或相关企业围绕其分布，形成"一中心，多散点"或"大分散，小集中"的布局结构。

产业型体育小镇的打造主要集中在两个层面：第一，对于体育产业本身的打造，确定打造方向，形成相对完善的产业链：即对能够聚集人力、技术、信息、资本等要素，并具有先天发展优势的产业资源（如体育某一细分领域装备用品的生产制造，某个细分体育领域在行业中的标志性地位，难以复制的先天市场环境等）进行发掘提炼，确定主产业发展方向，并实现其配套产业、服务产业、支撑产业的聚集，形成产业链发展架构；第二，对于体育产业与旅游等其他产业的融合，找准对接点，进行三产化、体验化、消费化延伸：即以体育优势产业为核心，有选择地充分链接文化、教育、健康、养老、农业、水利、林业、通用航空等产业，由二产向三产延伸，扩大消费群体，增加产业价值。

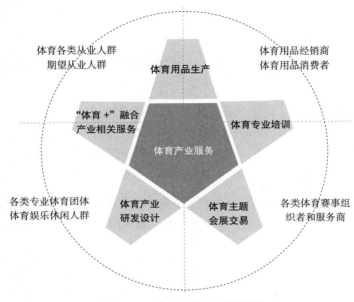

图 4-12　产业型体育小镇结构

　　例如，德清莫干山裸心体育小镇位于浙江德清莫干山，小镇依托良好的生态自然环境以及德清体育健身休闲、场馆服务及体育用品的销售和制造的 70 余家企业，打造以"裸心"体育为主题，将体育、健康、文化、旅游等产业有机融合，将体育产业开发和新型城镇化建设相互融合的体育特色小镇。目前，在小镇探索运动、户外休闲、骑行文化等带动下，以泰普森等企业为龙头，户外休闲运动产品的制造和销售呈现出快速增长的势头。

　　小镇在山水底色上，依托体育制造业，适时推出满足市场需求的户外运动文化项目，打造"户外运动赛事集散地、山地训练理想地、体育文化展示地、体育用品研发地、旅游休闲必经地和富裕民众宜居地"。这从纵向上，延长了体育制造产业上下游产业链；从横向上，推动了体育与相关产业的深度融合，最终形成以体育小镇为平台的产业聚集区。

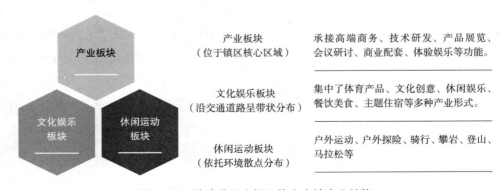

图 4-13　德清莫干山裸心体育小镇产业结构

（2）休闲型体育小镇

休闲型体育小镇是指：以良好的生态环境为基础，以多样化的、极具参与性与体验性的体育休闲运动（山地运动、水上运动、球类运动、冰雪运动、传统体育运动、特种运动等）聚集为特征，而形成的面向大众消费的体育小镇。

体育休闲小镇一般依托景区而发展，与旅游结合打造。一般以一个或几个核心资源项目为引爆点，形成以休闲为核心的多个参与型体育项目；并充分考虑家庭老、青、幼不同年龄段人群的体育需求，打造体育休闲、娱乐、教育等拥有完整谱系的项目集聚区。聚集区对基础设施的观感度、承载量、配套完善程度等要求较高。另外，在选址方面，考虑到辐射范围内的受众总数和消费频率，城市圈周边或大型旅游目的地路线上是较理想的选择。

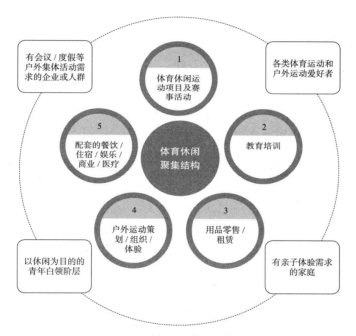

图 4-14　休闲型体育小镇结构

例如，新西兰皇后镇位于新西兰第三大湖泊瓦卡蒂普湖北岸，为南阿尔卑斯山包围，被誉为"新西兰最著名的户外活动天堂"。小镇依托天然的湖泊与多样的地形地貌特征，形成了数量众多的户外休闲运动项目，其中众多项目以极限、探险为核心，蹦极、高空弹跳、喷射快艇等很多极限运动发源于此，这里被称作"极限运动的天堂"。

皇后镇是旅游休闲与体育共生发展的典范。小镇利用域内高山峡谷、激流险滩等自然地形地貌优势，将静态的自然风光开发为具有探险性、挑战性和极强参与性的户外运动，并提供高端住宿、特色餐饮等全方位的旅游度假服务，让体育与休闲旅游互相补益，共生发展。此外，小镇依据四季特点，围绕体育探险打造观光旅游、文化体验、高端度假等多元化产品序列，并充分利用冬季庆典进行小镇推广营销，形成了以探险式休闲为核心的综合型体育特色小镇。

新西兰皇后镇发展阶段 **表 4-36**

发展阶段	主要运动项目
第一阶段：单一运动引爆	滑雪运动
第二阶段：赛事节庆拉动	滑雪运动 + 冰雪节
第三阶段：海陆空多项运动聚集	滑雪运动：滑雪 + 冰雪节 山地运动：四驱车越野、山地自行车、登山 水上运动：喷射快艇、漂流、私人游艇 空中运动：蹦极 / 高空弹跳、热气球、跳伞 / 特技飞行、直升机 陆地运动：骑马、徒步、高尔夫

（3）康体型体育小镇

康体型体育小镇是指：以良好的生态环境为基础，以体育运动为载体，以健康养生为主要目标，并结合旅游、度假等发展而形成的康体度假型特色小镇。

老龄化社会来临、食品安全、生活压力等问题的不断凸显，以及人们越来越高的健康需求，是这一小镇发展的一大背景。康体型体育小镇以温泉、负氧离子等独特的康养自然资源或太极拳、瑜伽、禅修等传统的康养人文资源为基础，打造以康体、养生、修心、教育等为核心的体育项目集聚区。相较于休闲型体育小镇，其运动项目具有低运动量、低运动频率、低风险的特征，更加注重康体、养生、养心、养颜等方面的功能，多面向较为高端的人群，虽然受众基数较小，但消费频率及消费总额较高。

一大基础：养生环境

■突出区域养生资源特色，如气候资源、水资源、森林资源、山体资源、温泉资源等
■以自然生态环境为基地，打造养生环境

两大核心：体育健康项目

■体育运动项目为主：如徒步、瑜伽、太极、自行车、游泳、高尔夫等；
■其他养生项目支撑：如温泉养生项目、心理静修项目、健康食疗项目、研学培训项目等

两大核心：体育健康服务

■健康体检：对心肺功能等健康指标进行检测
■私人定制个性化健康方案：针对每个人的实际情况，提供个性化的健康方案
■辅助性医疗服务、讲师培训指导服务
■特殊服务：针对中老年人提供全覆盖的应急呼叫系统、陪护等特殊服务

一大配套：养生居住

■布局多样化的居住产品，满足长期、中短期养生居住需求

图 4-15 康体型体育小镇结构

康体型体育小镇最终营造的是一种全新的健康生活方式，其打造重点在于面向养生人群、亚健康人群、中老年人群不同的需求，形成具有针对性的、完善的健康硬件配套设施及健康服务。最终，形成一个以运动健康养生为主题，拥有养生环境、养生运动项目、养生服务及养生居住四大体系的度假综合体。

例如，奥修国际静心村位于印度小城普纳，由心灵导师奥修 1974 创立。奥修国际静心村以"多元大学"为中心，有 11 个性质不同的学院，教授短期体验课程、长期居住研究学习班、治疗或团体课程、儿童青少年课程等。村中设有咖啡厅、健身房、奥林匹克级游泳池、户外餐厅等，村周边建设有国际公寓，为学员提供居住生活服务。

奥修国际静心村以印度瑜伽体育运动教育为核心，有效延长体育运动养生产业链，并与旅游等产业深度融合，开发周边产品，形成特色购物、有机素食、静心住宿等一系列配套服务，并通过结业静修学员为世界奥修中心开课或为需求者提供个案咨询服务，形成品牌鲜明的以瑜伽运动为特色的小村镇。

（4）赛事型体育小镇

赛事型体育小镇是指以有影响力的单项体育赛事为核心，以与赛事相关的服务为延伸，以休闲体验活动为补充，而形成的体育小镇。

体育赛事是关注度最高、影响力最大的体育活动，尤其是国际性的大型赛事。作为主办地，需要具备优越的场地条件，高标准的赛事场馆以及高水平的赛事服务能力。举办大型赛事带来的，除了赛期内直接的经济收入外，当地知名度的提升、上级政府资金和政策上的扶持、大型赛事对基础设施和当地人口素质的提升，都是间接的长期效益。可以认为，成为某个体育细分项目的最高等级赛事的举办地，是每一个体育小镇都在追求的目标。

体育赛事型小镇的打造有两个要点，一是要做好赛事本身，二是通过多元业态的补充，充分利用赛事场地，做好赛事后的有效利用。一个赛事就是一个很好的体育IP，无论是引进赛事还是自身培育赛事，都需要从硬件上进行高标准建设，从软件上给予高水平服务，从而为游客带来极强的赛事观赏体验，为组织者带来良好的经济价值。赛后的利用主要有三个方向：第一，可充分利用场馆场地开展培训及日常训练；第二，运用体育赛事的 IP 价值，开展主题活动、衍生周边娱乐活动；第三，组织开展其他类型的体育休闲运动，以及各类美食节、音乐节等大型活动，实现体育与旅游的融合发展。

例如，百丈时尚体育小镇位于浙江泰顺的飞云湖畔，地理位置得天独厚。小镇依托优异的生态环境和优质的飞云湖水资源，吸引国家赛艇青年队、辽宁省皮划艇和曲棍球队等连年进驻冬训。先后成功举办全国露营大会、中国·温州国际山地户外运动挑战赛、全国青少年皮划艇赛等各类国际国内赛事，目前，百丈"时尚体育小镇"已初具雏形。

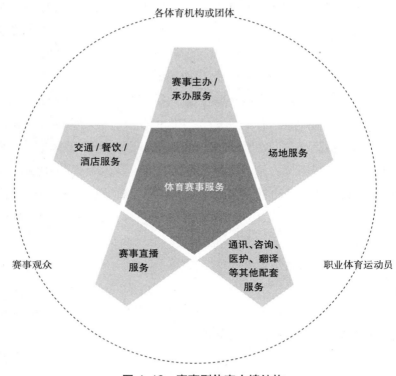

图 4-16　赛事型体育小镇结构

　　百丈时尚体育小镇以"时尚"为核心,以国内外时尚体育赛事为引爆点,打造皮划艇、赛艇、曲棍球等体育项目,并着力建设国家级体育训练基地、曲棍球场、训练码头等基础设施,并在此基础上,大力发展时尚体育旅游,打造环湖休闲旅游公园,形成以赛事与训练为核心的集旅游休闲于一体的体育特色小镇。

4.6.3　体育小镇数量规模

　　根据《体育产业发展"十三五"规划》的要求,"十三五"期间,将大力推动"旅游+体育"的体育产业发展,满足人们多元化的体育和旅游需求,包括冬季冰雪旅游、休闲运动、户外营地、徒步健身绿道、体育健身养生、赛事旅游、体育运动公园、体育场馆观光等。这些项目将成为未来主要的发展方向,而这正是体育特色小镇的建设要点。各类特色小镇将成为体育休闲产业从传统观赏型旅游向体验式旅游转变,以及健身休闲产业落地的最好载体。

　　体育小镇正在全国范围内如火如荼地展开,按照体育总局的规划,到 2020 年,在全国扶持建设一批体育特征鲜明、文化气息浓厚、产业集聚融合、生态环境良好、惠及人民健康的运动休闲特色小镇。目前已初步在全国选定了 96 个体育小镇示范性试点。

首批运动休闲特色小镇试点项目名单（96个）　　　　　　表 4-37

地区	小镇名称
广东省（5个）	汕尾市陆河县联安村运动休闲特色小镇
	佛山市高明区东洲鹿鸣体育特色小镇
	湛江市坡头区南三镇运动休闲特色小镇
	梅州市五华县横陂镇运动休闲特色小镇
	中山市国际棒球小镇
江苏省（4个）	仪征市枣林湾运动休闲特色小镇
	徐州市贾汪区大泉街道体育健康小镇
	太仓市太仓天镜湖电竞小镇
	南通市通州区开沙岛旅游度假区运动休闲特色小镇
山东省（5个）	临沂市费县许家崖航空运动小镇
	烟台南山运动休闲小镇
	潍坊国际运动休闲小镇
	日照奥林匹克水上运动小镇
	即墨市温泉田横运动休闲特色小镇
浙江省（3个）	衢州市柯城区森林运动小镇
	杭州市淳安县石林港湾运动小镇
	金华市经开区苏孟乡汽车运动休闲特色小镇
河南省（3个）	信阳市鸡公山户外运动休闲小镇
	郑州市新郑市新郑·龙西体育小镇
	驻马店市确山县老乐山北泉运动休闲特色小镇
河北省（6个）	廊坊市安次区北田曼城国际小镇
	张家口市蔚县运动休闲特色小镇
	张家口市阳原县井儿沟运动休闲特色小镇
	承德市宽城满族自治县都山运动休闲特色小镇
	承德市丰宁满族自治县运动休闲特色小镇
	保定市高碑店市中新健康城·京南体育小镇
辽宁省（3个）	营口市鲅鱼圈区红旗镇何家沟体育运动特色小镇
	丹东市凤城市大梨树定向运动特色体育小镇
	大连市瓦房店市将军石运动休闲特色小镇
四川（4个）	达州市渠县龙潭乡賨人谷运动休闲特色小镇
	广元市朝天区运动休闲特色小镇
	德阳市罗江县白马关运动休闲特色小镇
	内江市市中区永安镇尚腾新村运动休闲特色小镇
上海市（4个）	崇明区陈家镇体育旅游特色小镇
	奉贤区海湾镇运动休闲特色小镇
	青浦区金泽帆船运动休闲特色小镇
	崇明区绿化镇国际马拉松特色小镇

地区	小镇名称
湖南省（5个）	益阳市东部新区鱼形湖体育小镇
	长沙市望城区千龙湖国际休闲体育小镇
	长沙市浏阳市沙市镇湖湘第一休闲体育小镇
	常德市安乡县体育运动休闲特色小镇
	郴州市北湖区小埠运动休闲特色小镇
湖北省（6个）	荆门市漳河镇爱飞客航空运动休闲特色小镇
	宜昌市兴山县高岚户外运动休闲特色小镇
	孝感市孝昌县小悟乡运动休闲特色小镇
	孝感市大悟县新城镇运动休闲特色小镇
	荆州松滋市洈水运动休闲小镇
	荆门市京山县网球特色小镇
福建省（3个）	泉州市安溪县龙门镇运动休闲特色小镇
	南平市建瓯市运动休闲特色小镇
	漳州市长泰县林墩乐动谷体育特色小镇
北京市（6个）	延庆区旧县镇运动休闲特色小镇
	门头沟区王平镇运动休闲特色小镇
	海淀区苏家坨镇运动休闲特色小镇
	门头沟区清水镇运动休闲特色小镇
	顺义区张镇运动休闲特色小镇
	房山区张坊镇生态运动休闲特色小镇
安徽省（3个）	六安悠然南山运动休闲特色小镇
	九华山运动休闲特色小镇
	天堂寨大象传统运动养生小镇
内蒙古（2个）	赤峰市宁城县黑里河水上运动休闲特色小镇
	呼和浩特市新城区保合少镇水磨运动休闲小镇
黑龙江（1个）	齐齐哈尔市碾子山区运动休闲特色小镇
陕西（3个）	宝鸡市金台区运动休闲特色小镇
	商洛市柞水县营盘运动休闲特色小镇
	渭南市大荔县沙苑运动休闲特色小镇
广西（4个）	河池市南丹县歌娅思谷运动休闲特色小镇
	防城港市防城区"皇帝岭 - 欢乐海"滨海体育小镇
	南宁市马山县攀岩特色体育小镇
	北海市银海区海上新丝路体育小镇
江西省（3个）	上饶市婺源县珍珠山乡运动休闲特色小镇
	九江市庐山西海射击温泉康养运动休闲小镇
	大余县丫山运动休闲特色小镇

地区	小镇名称
天津市（1个）	蓟州区下营镇运动休闲特色小镇
山西（3个）	运城市芮城县陌南圣天湖运动休闲特色小镇
	大同市南郊区御河运动休闲特色小镇
	晋中市榆社县云竹镇运动休闲特色小镇
吉林（2个）	延边州安图县明月镇九龙社区运动休闲特色小镇
	梅河口市进化镇中医药健康旅游特色小镇
重庆（4个）	彭水苗族土家族自治县 - 万足水上运动休闲特色小镇
	渝北区际华园体育温泉小镇
	南川区太平场镇运动休闲特色小镇
	万盛经济开发区凉风"梦乡村"关坝垂钓运动休闲特色小镇
云南（4个）	迪庆州香格里拉市建塘体育休闲小镇
	红河州弥勒县可邑运动休闲特色小镇
	曲靖市马龙县高原运动休闲特色小镇
	安宁市温泉国际生态运动小镇
新疆（1个）	乌鲁木齐县水西沟镇体育运动休闲小镇
贵州（2个）	遵义市正安县户外体育运动休闲特色小镇
	黔西南州贞丰县三岔河运动休闲特色小镇
甘肃（1个）	兰州市皋兰县什川镇运动休闲特色小镇
海南（2个）	海口市观澜湖体育健康特色小镇
	三亚潜水及水上运动特色小镇
宁夏（1个）	银川市西夏区苏峪口滑雪场小镇
青海（1个）	海南藏族自治州共和县龙羊峡运动休闲特色小镇
西藏（1个）	林芝县鲁朗运动休闲特色小镇

全国部分体育小镇在建项目概况　　　　　　　　　　表 4-38

省市	项目	概况
江苏省	仪征市枣林湾生态园	2016 年 10 月 27 日，纳入江苏省首批体育健康特色小镇共建对象；目前正在规划中
	江阴市新桥镇	
	南京市汤山温泉旅游度假区	
	淮安市淮安区施河镇	
	溧阳市上兴镇	
	南京市高淳区桠溪镇	
	宿迁市湖滨新区晓店镇	
	昆山市锦溪镇	

省市	项目	概况
浙江省	德清莫干山"裸心"体育小镇	已初步形成4大体育产业集群，"十三五"期间将建设莫干山户外运动基地、全球"探索极限基地"、"象月湖"户外休闲体验基地等3大基地
	柯桥酷玩小镇	2015年7月启动建设，总投资约110亿元，包括乔波滑雪馆、若航直升机场、天马赛车场，另外还将新建环鉴湖慢行道、鉴湖码头、酷玩乐园、综合体育场等八大体育休闲类项目
	海宁马拉松小镇	2015年9月启动建设，总面积约3.6平方公里。产业定位为运动休闲旅游，以马拉松运动主题为核心，兼顾发展徒步、暴走、毅行、定向、拓展、露营、自行车等相关项目
	平湖九龙山航空运动小镇	2015年启动建设，已建成通用航空停机库，并获得通用航空经营项目中的航空俱乐部经营资格。小镇将继续探索发展直升机、滑翔伞（动力滑翔伞）、超轻型飞机、水上飞机及跳伞等运动项目，开展空中旅游、航拍、飞行体验、飞行培训等
	乍浦体育小镇	依托九龙山旅游度假区建设
	富阳银湖新区"智慧体育"小镇	2015年6月智慧体育产业基地项目落户富阳，规划面积3平方公里，建设面积1平方公里，项目一期用地约300亩。项目总投资逾50亿元，其中基础设施投入30亿元，产业投资20亿元，涵盖智慧体育相关领域的总部经济业态、旅游休闲娱乐业态、产学研综合业态，建成投运后预计年产值300亿元
安徽省	大圩体育小镇	2015年初启动，创新举办大圩马拉松文化节；2016年，主要建设马拉松专用赛道；"十三五"期间，将建设体育公园、体育游园、景区体育休闲广场等设施
	太平湖运动休闲小镇	以绿地黄山太平湖项目公司为核心项目建设主体，建设绿地休闲综合、集镇运动广场、太平湖生态游步道、渔人码头、小镇配套停车场、基础设施提升和环境整治、太平渔村餐饮特色街、高速下口绿化景观提升等8个项目，实现"旅游＋休闲＋运动＋网络"的发展模式
福建省	晋江深沪体育小镇	"梦海湾·中国体育小镇"是晋江市滨海运动休闲产业带上重要组成部分。建成之后，将具备承接从民间体育到大型赛事等32类赛事活动的体育综合设施项目。小镇全方位设置"上山、下海、飞天"运动体验项目，将打造集"体育赛事、体育文创、体育教育与培训、体育旅游、滨海运动"等体育服务产业为主导的中国体育特色小镇
海南省	永兴体育小镇	2016年，永兴镇启动墟棚改造项目，将建成以体育场馆、体育休闲、全民健身、户外体育、体育旅游、体育用品设施生产加工销售等一体的新兴体育产业小镇，未来可在这里举办足球、篮球、网球和排球等大型体育比赛，开展越野马拉松、迷你马拉松、自行车骑行、野外拓展、户外徒步、蹦极等体育休闲项目
河北省	承德冰雪特色小镇	崇礼县将打造成冰雪运动小镇
北京市	丰台国际足球小镇	2015年9月，丰台区南苑乡政府和歌华中奥投资有限公司宣布建设国际足球小镇。国际足球小镇规划面积2200亩，三年时间建成，将囊括足球大厦、足球会议中心、足球风情街、足球博物馆、足球嘉年华、足球狂欢广场、足球奥特莱斯、北京第一座专业足球场等设施
贵州省	贵安新区棕榈·西布朗足球小镇	2016年9月底，贵安新区管委会、棕榈股份有限公司与西布朗俱乐部签署合作协议，拟在贵安新区共同建设贵安新区棕榈·西布朗足球小镇，以足球小镇为主要特色，包括足球大厦、足球会议中心、足球风情街、足球博物馆、足球嘉年华、足球狂欢广场、专业足球场等设施，包容足球产业的各个层面

省市	项目	概况
山东省	铺集镇足球小镇	足球小镇分三期建设，总占地面积达 6960 亩。其中一期建设国家级青少年足球训练中心和胶州市青少年实训中心两大特色基础项目，在两年内建成；二期建设生活配套区、五星级宾馆、中央公园等；三期建设体育会馆休闲园、足球学校、体育科普园等
辽宁省	将军石体育休闲特色小镇	建有十二运帆船帆板基地，将举办各种帆船比赛

4.6.4 体育小镇投资规模

2017 年 5 月 11 日，国家体育总局办公厅印发《关于推动运动休闲特色小镇建设工作的通知》，明确指出到 2020 年，在全国扶持建设一批体育特征鲜明、文化气息浓厚、产业集聚融合、生态环境良好、惠及人民健康的运动休闲特色小镇。同时，该通知明确 2017 年度运动休闲特色小镇的推荐数量。其中，京津冀三省（市）推荐量为 3 个，其他省（区、市）推荐量为 1-2 个；体育总局有关运动项目管理中心各推荐 1 个。照此推算，2017 年体育小镇的推荐量至少在 45 个以上。

综合我国体育小镇发展的政策导向和市场导向，分析认为，到 2020 年，我国培育的 1000 个特色小镇中体育小镇的建设数量将在 100 ~ 150 个之间，预计到 2020 年我国体育小镇的投资额将在 5000 ~ 9000（亿元）之间。

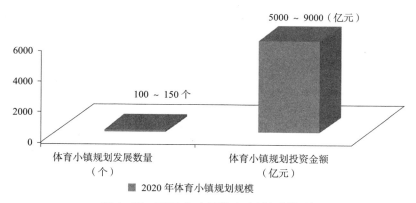

图 4-17　2020 年中国体育小镇规划规模

4.6.5 体育小镇建设要点

1. 确定方向

基于小镇自身的地脉和文脉，即自然环境、生态基地、多元文化和产业基础共同构建独具吸引力的发展方向。体育赛事型要求小镇具有举办单项大型赛事的场地条件，规模较大，影响力空前，能吸引体育爱好者前来观赏旅游；体育休闲型要求小镇位于景区或景区周边，自然环境较好，建设有大量户外体育休闲活动设施，活动较为平民化、多元化、体验式,能发展体育休闲旅游;体育度假型要求小镇位于景区或景区周边,自然环境独具特色,适合开展高端户外休闲度假活动,活动吸引力体验式强,依托体育度假活动发展文化、养生、旅游等。体育产业型要求小镇依托体育生产制作产业发展体育文化、体育博览及旅游等功能。

2. 加强产业

确定小镇的产业发展方向后,强化体育产业基因,形成相对完善的体育产业链。体育赛事型依托单项体育赛事发展更多体育相关活动和功能强化体育产业链;体育休闲型依托景区资源或自然环境,结合场地条件,建设适合的多元化的接地气的体育休闲活动设施,提高体育爱好者的参与感与体验感,强化体育产业;体育度假型依托独特景区资源或自然环境,结合场地,建设独具特色的高标准的体育高端户外活动基地,并结合其他体育活动设施,强化体育产业;体育产业型以体育生产制造为源头,建设与此相关的体育生产展示、体育文化、体育博览及体育活动等功能强化体育产业。

3. 促进旅游

发展体育产业必须结合旅游业,形成体育旅游化,以体育为吸引核,完善旅游功能,带动旅游业发展,促进小镇经济创收。

4. 加强营销

锁定小镇的体育产业特色,进行全方位、立体式精准营销,通过举办赛事、节庆活动等事件营销,提高小镇的知名度和影响力,促进当地旅游业的发展。

4.6.6 体育小镇发展模式

体育特色小镇未来将实现以企业主体,政府服务,政府负责小镇的定位、规划、基础设施和审批服务,引进民营企业建设体育特色小镇的运营模式。体育特小镇项目

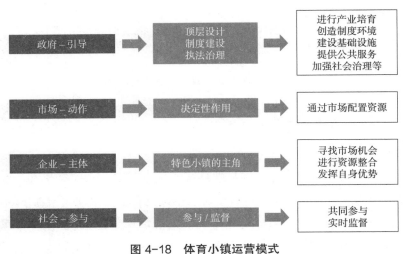

图 4-18 体育小镇运营模式

建设，通过要素整合和资源整合，突破原有的项目推进和开发时序，导入成功的结构，由后端导入到前端，从前期的规划设计导入到 EPC 导入、运营导入以及投融资导入，最后形成整套的运营模式结构，从而为旅游及特色小镇开发建设及落地运营提供全产业链整合服务，提升相关项目的有效落地。

4.6.7　体育小镇建设案例

1.浙江德清莫干山"裸心"体育小镇

（1）小镇概况简介

莫干山镇位于美丽富饶的长江三角洲的杭嘉湖平原，国家级风景名胜区莫干山在其境内。全镇总人口 16000 余人，总面积 91 平方公里。境内群山连绵，环境优美，气候宜人，物产、旅游资源十分丰富，有林地 11.2 万亩，其中竹林面积 5.8 万亩，茶园250 公顷，干鲜果 250 余公顷。盛产竹木、茶叶、瓜果、家禽、萤石、石料等。

莫干山镇曾荣获全国环境优美乡镇、中国国际乡村度假旅游目的地、全国美丽宜居小镇、浙江省首批风情小镇、省级休闲农业与乡村旅游示范镇、浙江省特色农家乐示范镇、浙江最美森林古道等荣誉，承办过全国基层党建座谈会、国际乡村旅游大会等大型会议，同时也是"洋家乐"的发源地。

2015 年，全年实现全社会固定资产投资 5.4 亿元，同比增长 31%，其中服务业投入 4.9 亿元，同比增长 69%;服务业增加值完成 4.9 亿元;财政总收入完成 8733.29 万元;农村居民人均可支配收入达到 24839 元，增长 9.7%。

（2）小镇特色及定位

德清计划在环莫干山地区，打造一个以"裸心"为主题的体育特色小镇，将体育、健康、文化、旅游有机结合，形成极限探索、户外休闲、骑行文化等不同特色。

目前，在德清有体育产业活动单位 72 家，以体育健身休闲、场馆服务及体育用品的销售和制造为主，2014 年实现体育产业销售收入过百亿元，体育产业项目计划投资额达 12.6 亿元。

（3）小镇规划布局

近年来，德清县体育产业围绕体育产品制造、体育场馆运营、体育休闲服务业发展、体育彩票销售和体育协会发展等方面，积极营造有利环境，加大引导投入，已初步形成泰普森、五洲体育、乐居户外、久胜车业等 4 大产业集群，莫干山户外运动基地、全球"探索极限基地"、"象月湖"户外休闲体验基地等 3 大基地为核心的体育产业总体布局。

一方面，德清体育制造产业在泰普森等龙头企业的带动下，整体发展已经呈现良好效应;另一方面，受"裸心谷"等高端洋家乐的发展影响,休闲产业呈现出高端、时尚、国际化的趋势，如何利用丰富的体育产业资源，拉动户外休闲运动需求，需要有效的规划和引领。

在这一背景下，德清县有关部门适时提出了打造"体育小镇"平台这一规划，希望借此为洋家乐进一步发展拓展空间，将体育产业开发和城镇建设相互结合，推动整体经济健康可持续发展。

（4）小镇发展模式

莫干山体育特色小镇以打造"裸心"体育为主题，将体育、健康、文化、旅游等有机结合，以探索运动、户外休闲、骑行文化等为特色，带动生产、生活、生态融合发展。

按照规划，体育特色小镇将呈现"一心，一带，两翼，多区"的功能布局。"一心"位于镇区核心区域，规划为产业文化中心，主要承担高端商务、技术研发、产品展览、会议研讨、商业配套、体验娱乐等功能。"一带"主要是沿黄郢路形成的以体育文化为主题的产业展示带，集中了体育产品、文化创意、休闲娱乐、餐饮美食、主题住宿等多种产业形式。"两翼"即位于镇区北侧燎原村的 Discovery 户外极限探险基地和镇区南侧何村村的久祺国际骑行营。"多区"包括竹海登山区、骑行天堂区、森氧居宿区、莫干门户区和历史创意区。

除此之外，小镇还将打造辐射长三角地区的户外休闲运动品牌，积极引进高端体育产业企业，大力开展探索、骑行、攀岩、马拉松等户外活动，使户外爱好者的体验整体向上攀升一个档次。

（5）小镇建设优劣势分析

德清莫干山"裸心"体育小镇建设优劣势分析   表 4-39

优势（S）	1. 旅游资源丰富：依托避暑天堂莫干山，风景秀丽，地域特色明显。同时，历史底蕴深厚，古往今来留下无数文人墨客的足迹，拥有浓厚的文化气息。 2. 城镇化发展：城镇化推进，使得小镇经济发展较快，客观上能够有力推动小镇现代化建设。 3. 交通便利：临近休闲之都杭州市，交通十分便利
劣势（W）	特色点位比较单一；基础设施相对不足；服务水平和服务能力还有待提升

2. 浙江绍兴柯桥酷玩小镇

（1）小镇概况简介

酷玩小镇位于绍兴市柯桥区西南部柯岩风景区内，地理位置优越，区域环境优美，区域交通便利。素有"东方威尼斯"之美称的浙江省绍兴市柯桥区，占尽稽山鉴水独特风情，自古富庶繁华。

酷玩小镇所在的柯岩街道面积 46.48 平方公里，杭甬高架铁路、104 国道依境而过，距柯桥客运中心 10 分钟车程，距杭甬高速入口和高铁站 15 分钟车程，距萧山机场也只有 25 分钟车程。而且区域内旅游资源十分丰富，可谓是有山有水有文化。柯岩有山，以山命名的村不下 10 个，最有名的数柯山。柯岩有水，古老美丽的鉴湖贯穿全境。柯岩的山山水水孕育了底蕴深厚的文化，越王勾践独山遗迹、霸王项羽项里首义、祁彪佳殉国捐躯、姚长子绝倭献身等家喻户晓。国家 5A 级景区柯岩风景区更是闻名遐迩，奇石云骨一石独秀、文化鲁镇积淀深厚、诗意鉴湖风光旖旎，丰富的旅游资源使得酷玩小镇更有"玩头"。

（2）小镇特色及定位

柯岩街道依托鉴湖—柯岩旅游度假区这个平台，计划用 3 年时间投资 110 亿元打造一个"酷玩小镇"。打造酷玩小镇主要是结合柯岩旅游开发建设项目、特色山水资源及城镇发展实际，通过加快环境的美化、设施的完善，旅游休闲、体育项目的引进、景区标准化创建等举措，将各体育健身、旅游休闲项目串点成线，连线成片，逐步形成以酷玩（体育健身、旅游休闲）为主体的特色小镇。目前柯岩街道已经启动征集酷玩小镇的 LOGO 评选。

根据对现有资源、建设项目的梳理，把柯岩规划设计形成高端休闲区、山水游乐区、大众运动区三大片区。项目包括公共设施、体育运动以及休闲旅游三大类，除公共设施外，相关项目共有 11 个，预计总投资 110 亿元，其中"东方山水"综合体投资就有80 亿元。

（3）小镇规划布局

酷玩小镇建设面积 3.7 平方公里，规划分一轴四区，即以鉴湖景观线为轴，建设水文化区、时尚极限运动区、水游乐区、高端休闲区 4 个区块。与柯岩风景区和黄酒小镇连成一体，实现"景区一体化、全域景区化"。

（4）小镇发展模式

酷玩小镇依托柯桥独有的山水景观资源，厚重的地方文化底蕴，植入"酷玩"概念，开发"新""奇""特"以及涵盖水陆空多维空间的运动项目，让不同年龄段的人以不同的方式在不同的场地体验"玩酷"，形成文化娱乐产业生态链和体育服务产业生态链，最终实现旅游休闲场地的景区化发展，打造运动旅游的休闲生活新方式。

（5）小镇建设优劣势分析

绍兴柯桥酷玩小镇建设优劣势分析　　　　　　　　　　　　表 4-40

优势（S）	1. 旅游资源丰富：柯岩风景区一直以叹为观止的石景、秀丽的江南美景而闻名。 2. 产业配套齐全：柯岩街道投资 15 亿元开展了城中村改造，为小镇项目提供空间，目前腾空签约工作已进入扫尾阶段；投入 1.26 亿元开展了香林大道二期建设，完成柯南大道等 4 条小镇区间道路的综合整治；投入 1.5 亿元，开展小镇轴心鉴湖江沿岸环境优化等工作，各项工作都在有条不紊地进行中。 3. 项目平稳运行：小镇已建项目收益良好，东方山水风情园一期营业以来，最高单日接待游客量达 2.2 万人次，酒店累计营业额超 2200 余万元，运行状态良好。小镇在建项目进展顺利，规划项目也在持续推进
劣势（W）	目前，区域内轻纺工业较发达，会有一定的污染问题，产业还有待进一步调整

3. 北京丰台足球小镇

（1）小镇概况简介

北京丰台足球小镇位于北京市丰台区公益西桥东南侧，利用南四环路绿化隔离用地约 1500 亩，用三年左右时间，以"足球竞技、体育休闲、生态节能"为总体目标，建设极具特色的"足球小镇"。

（2）小镇特色及定位

建设"足球小镇"，不仅局限于大力发展足球运动，还要跳出"足球"看"足球"。除了建设场地之外，充分利用国家振兴发展足球事业的各项优惠政策，大力建设和发展壮大体育展示、休闲旅游、足球教育等相关产业，形成足球产业集群和产业生态链，发展足球特色一条龙经济，让"足球小镇"具有可持续发展的基础和平台，使足球产业成为城市扩容提质、地区转型升级的催化剂。

（3）小镇规划布局

在初步规划中，"国际足球小镇"以"足球竞技、体育休闲、生态节能"为总体目标，计划在未来 3 年内建设 50 片五人制足球场、10 片七人制足球场和 5 片十一人制足球场，另外还包括运动医疗康复中心、足球博物馆、球迷餐厅、球迷客栈和足球学校等设施，让来此运动和休闲的广大足球爱好者及其亲友享受全方位的服务。同时足球场周边的文化建设将与景观设计结合，用建筑和雕塑等分成欧式、拉美式、中式等各具不同特色的区域，打造非同一般的足球社区。

（4）小镇发展模式

"足球小镇"建设中将创新引入竞技体育和群众体育高度结合的智能场地技术。规划引入同步数据分析系统，通过蓝牙和智能硬件，在运动员结束训练后，同时得到数据分析，有助于训练水平的提高，在专业训练和青训体系中，达到事半功倍的效果。开发专门的 APP 软件，在网上订场和网上约赛的基础功能上，通过摄像机和智能硬件将运动影像回传到每个注册用户，大幅提高 APP 使用率，达到线上线下的往复交互，打造京城最大的足球社区。

"足球小镇"融合足球竞技、足球文化、足球科技各个概念和要素，它将是中国第一个将城市发展和足球发展对接的创新发展平台。

（5）小镇建设优劣势分析

北京丰台足球小镇建设优劣势分析　　　　　　　　　　　　　　　　表 4-41

优势（S）	1. 交通优势：位于首都北京城区内，交通设施健全，交通便利。 2. 开发优势：槐房国际足球小镇与国内知名上市公司龙湖地产签署战略合作协议，将全面参与国际足球小镇的开发、建设及运营管理。龙湖地产一向以人文化、精品化著称，将对槐房国际足球小镇的精品化起到很大作用。 3. 政策优势：国家大力扶持，成立专项基金足球产业的发展
劣势（W）	特色单一，受众有限

4.体育小镇案例对比分析

（1）产业特征对比

产业特征各具特色，主要分为两大方向，一类是以自然资源和人文资源为基础发展相关体育项目及产业，另一类则是地区产业转型升级中引进新的体育产业。第一类主要有德清莫干山"裸心"体育小镇、绍兴柯桥酷玩小镇、海宁马拉松小镇、平湖九龙山航空运动小镇。第二类为北京丰台足球小镇、银湖智慧体育产业基地。

（2）功能特点对比

功能上主要有两种形式，一类是以特色体育项目为主导，其他产业形态协同发展。另一类则相对单一，强调单一特色体育项目。第一类如德清莫干山"裸心"体育小镇、绍兴柯桥酷玩小镇、平湖九龙山航空运动小镇。另一类如海宁马拉松小镇、北京丰台足球小镇、银湖智慧体育产业基地。

（3）发展模式对比

模式也主要有两种形式，分为多元发展模式的单一项目模式。多元模式在突出特色的同时，将体育、健康、文化、旅游等因素有机结合，促进特色小镇多产业协同发展，如德清莫干山"裸心"体育小镇、绍兴柯桥酷玩小镇等。单一模式则立足于单一体育项目，突出重点，侧重在特色体育项目上的深入发展。如北京丰台足球小镇。

（4）发展空间对比

根据产业特征、发展模式的不同，在发展空间上有明显的不同。多元化特色小镇，在空间规划上相对较大，以容纳多元化产业的入驻。而单一模式在发展空间上相对较小，突出在特色项目的深入挖掘，延长价值链。

第五章 2014 ~ 2016 年浙江省特色小镇建设分析

5.1 2014 ~ 2016 年浙江省特色小镇建设相关政策

5.1.1 特色小镇建设宏观政策

近年来，浙江省在特色小镇发展上出台了多项政策，浙江特色小镇建设创新推动"产、城、人、文"融合，为破解空间资源瓶颈、产业转型升级、改善人居环境、推进新型城镇化提供了有力的抓手，对探索新型小城镇之路有重要意义。

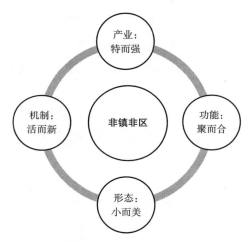

图 5-1 浙江省特色小镇思路

浙江省特色小镇相关政策　　　　　　　　　　　　　　　　　　　表 5-1

政策	内容
《浙江省人民政府关于加快特色小镇规划建设的指导意见》（2015.4.22）	特色小镇规划面积一般控制在 3 平方公里左右,建设面积一般控制在 1 平方公里左右。特色小镇原则上 3 年内要完成固定资产投资 50 亿元左右(不含住宅和商业综合体项目),金融、科技创新、旅游、历史经典产业类特色小镇投资额可适当放宽,淳安等 26 个加快发展县（市、区）可放宽到 5 年。所有特色小镇要建设成为 3A 级以上景区,旅游产业类特色小镇要按 5A 级景区标准建设
《关于加快推进特色小镇建设规划编制工作的指导意见》（2015.9.2）	要与现有城乡布局相结合,符合法定城乡规划的布局要求;要与特色产业相结合,突出产业发展引导城镇建设的要求,促进产城融合发展;要与资源禀赋和基础设施条件相结合,强调特色支撑、适度规模的要求
《浙江省特色小镇创建导则》（2015.10.9）	产业定位须符合信息经济等七大产业以及丝绸等历史经典产业;投入资金须完成固定资产投资 50 亿元以上（商品住宅项目和商业综合体除外）

续表

政策	内容
《关于高质量加快推进特色小镇建设的通知》（2016.3.21）	强化政策措施落实，各市和省特色小镇规划建设工作联席会议成员单位应进一步制订完善具体的支持政策；加强统计监测分析，省统计主管部门要完善特色小镇统计监测制度，加强指导和培训，会同有关部门开展统计监测工作检查和数据质量核查
《浙江省文化厅关于加快推进特色小镇文化建设的若干意见》（2016.6.7）	强化特色小镇文化遗产保护传承；提升特色小镇公共文化服务效能；推动特色小镇文化产业跨界融合；推进特色小镇对外文化交流合作
《浙江特色小镇验收命名办法（试行）》（2017.7.12）	实现了特色小镇验收的定量化、精细化、规范化。验收内容涉及特色指标和共性指标两大指标；特色指标由产业"特而强"和开放性创新特色工作指标构成，总分 600 分；共性指标由功能"聚而合"、形态"小而美"、体制"新而活"等三大指标构成，总分 400 分。命名标准总分为 1000 分，不设附加分，得分 800 分以上的申请对象通过验收，命名为省级特色小镇
《浙江省特色小镇规划建设标准》	即将出台。进一步规范了特色小镇规划标准、创建标准、命名标准

5.1.2 特色小镇资金支持政策

浙江省特色小镇资金支持政策　　　　　　　　表 5-2

政策	内容
《浙江省人民政府关于加快特色小镇规划建设的指导意见》（2015.4.22）	1. 土地要素保障。对如期完成年度规划目标任务的，省里按实际使用指标的 50% 给予配套奖励，其中信息经济、环保、高端装备制造等产业类特色小镇按 60% 给予配套奖励；对 3 年内未达到规划目标任务的，加倍倒扣奖励的用地指标。 2. 财政支持。特色小镇在创建期间及验收命名后，其规划空间范围内的新增财政收入上交省财政部分，前 3 年全额返还、后 2 年返还一半给当地财政
《关于金融支持浙江省特色小镇建设的指导意见》（2015.10.15）	一是拓宽融资渠道，支持特色小镇项目建设。加大对特色小镇项目的信贷支持，支持特色小镇项目发债融资，引导社会资金参与特色小镇建设，加强金融机构与 PPP 项目的融资对接。二是创新金融产品，助推特色小镇产业发展。发展特色小镇产业链融资，加强特色小镇文化与金融结合，鼓励开展互联网金融创新。三是完善支付体系，提升特色小镇金融服务便利化程度。完善特色小镇支付基础设施，分类推进特色小镇非现金支付业务应用。四是优化网点布局，完善特色小镇金融服务体系。加强特色小镇银行网点建设，推动设立专营机构。五是加强多方合作，支持金融特色小镇做优做强。鼓励银行业金融机构与特色小镇的企业投资、风险投资、天使投资等开展合作，实现投贷联动。六是加大政策扶持，优化特色小镇金融生态环境。加强货币政策工具的引导和支持，深化特色小镇信用体系建设
《关于高质量加快推进特色小镇建设的通知》（2016.3.21）	对在全省具有示范性的特色小镇，省给予一定的用地指标奖励，省产业基金及区域基金要积极与相关市县合作设立专项子基金给予支持
《浙江省人民政府办公厅关于旅游风情小镇创建工作的指导意见》（2016.11.28）	1. 加大财政资金支持力度。各地要充分发挥财政资金的引导作用，将旅游风情小镇创建作为统筹城乡和旅游业发展的重点工作进行扶持。省级旅游风情小镇创建工作列入省旅游补助及贴息专项资金分配因素。 2. 用好土地要素保障政策。各地要积极落实旅游风情小镇旅游建设项目用地。 3. 创新市场投融资机制。各地要积极引导各类资金参与旅游风情小镇建设，鼓励各类资本投资小镇旅游业态。省旅游主管部门要与各大金融机构加强战略合作，共同支持小镇开发相关金融产品及民宿、私人博物馆等旅游业态。省旅游产业基金将把旅游风情小镇建设列为重点投资方向

5.1.3 特色小镇建设发展规划

浙江省特色小镇发展规划 表 5-3

政策	内容
《浙江省人民政府关于加快特色小镇规划建设的指导意见》（2015.4.22）	全省重点培育和规划建设 100 个左右特色小镇，分批筛选创建对象。力争通过 3 年的培育创建，规划建设一批产业特色鲜明、体制机制灵活、人文气息浓厚、生态环境优美、多种功能叠加的特色小镇
《浙江省人民政府办公厅关于旅游风情小镇创建工作的指导意见》（2016.11.28）	利用 5 年左右时间在全省验收命名 100 个左右民俗民风淳厚、生态环境优美、旅游业态丰富的省级旅游风情小镇，所有省级旅游风情小镇建成 3A 级以上旅游景区

"十三五"期间浙江省特色小镇规划目标 表 5-4

指标	规模
投资额（亿元）	5500
期末税收（亿元）	1000
省级特色小镇创建对象（个）	100
省级特色小镇培育对象（个）	100

5.2 2014 ~ 2016 年浙江省特色小镇建设背景分析

5.2.1 建设背景

1. 块状经济的草根性

块状经济是指一定的区域范围内形成的一种产业集中、专业化极强，同时又具有明显地方特色的区域性产业群体的经济组织形式。块状经济与区域发展的结合是浙江特色小镇在全国率先成势的重要禀赋基础。浙江是我国市场经济最为发达的省份之一，在过去的 20 多年时间里，数以万计的中小企业在浙江形成了近 500 个工业产值在 5 亿元以上的"产业集群"，块状经济的崛起是近年浙江经济中最为突出的一个亮点，无论是义乌的小商品、嘉善的木材、海宁的皮革、绍兴的轻纺这些县域性的块状经济，还是濮院的羊毛衫、大唐的袜子、织里的童装这些镇域性的块状经济，其发展所带来的人口聚集，在浙江的城镇化推进过程中发挥了重要作用。浙江各地注重发挥自身的资源优势和产业特色，培育了各具特色、以民间资本为主、中小型企业居多的产业集群，以"一村一品""一乡一业"生产方式，通过村、乡范围细分工、协作来进行产品的专业加工生产。

2. 产业升级的迫切性

进入 21 世纪以来，浙江块状经济转型、分化现象日益明显。少数通过与周边城市融合，成为城市经济中有机部分，或是通过中心镇建设、小城市培育，初步构筑起商贸科技等功能优势，但绝大部分陷入转型升级困境，活力受损严重。一方面，因轻工产品仿制较易而知识产权保护意识较弱、难度较大，导致企业陷入主要靠不断引进技术、设备来升级产品的不良循环，创新意愿越来越弱。同时，由于普遍缺乏良好商务、人居、教育环境，难以吸引优秀人才，导致创新动力严重缺乏；另一方面，块状经济依赖的规模生产、专业市场销售模式已难适应定制化生产、个性化消费潮流，特别在国内外市场基本饱和背景下，价值链低端的薄利多销模式，随着用工、用地、环保、商务等成本增加而日益艰难。因此，在供给侧结构性改革的大背景下，浙江传统制造业率先面临产能过剩的巨大压力和产业转型升级的迫切要求。

3. 城乡一体化的长期性

浙江坚持推进城乡一体化，从嘉兴经验到德清经验，再到今天的特色小镇，是长期不懈、一以贯之的结果。1998年，浙江在全国率先提出并实施城市化发展战略。2004年，制定实施全国第一个城乡一体化纲要。2006年，在全国率先提出并实施新型城市化战略，出台《关于进一步加强城市工作，走新型城市化道路的意见》，强调新型城市化的核心要义是推动城市化的科学发展，基本内涵是坚持大中小城市和小城镇协调发展、城乡互促共进的城市化道路。2010年，率先提出开展小城市培育试点，扩大财权和土地使用权，推动事权下放和人事权改革，特色城镇雏形初显。2015年1月，在浙江省《政府工作报告》中，"特色小镇"作为关键词被提出，其重要性被提升到新一轮更大范围的战略布局。

正是在这样的基础上，浙江的特色小镇得以迅速在全省范围推开，政府和市场共同推动，且民间积极性尤其高涨。透过浙江特色小镇发展的"内在动力"可以看到一些普遍特征，即新时期的城乡一体化面临破题，区域禀赋基础有待激发，城乡资源配置有待优化，城镇功能提升有待突破。

5.2.2 建设意义

为适应与引领经济新常态，浙江省建设特色小镇是在经济新常态背景下加快区域创新发展的战略选择，也是推进供给侧结构性改革和新型城镇化的有效路径，有利于加快高端要素集聚、产业转型升级和历史文化传承，推动经济平稳健康发展和城乡统筹发展。

1. 适应和引领经济新常态的新探索

新常态下，浙江利用自身的信息经济、块状经济、山水资源、历史人文等独特优势，加快创建一批特色小镇，这不仅符合经济社会发展规律，而且有利于破解经济结构转化和动力转换的现实难题，是浙江适应和引领经济新常态的重大战略选择[1]。

---

[1] 应瑛，王晋，文娜. 公众眼中的特色小镇——浙江特色小镇的互联网大数据分析 [J]. 浙江经济，2016（8）：45.

特色小镇是破解浙江空间资源瓶颈的重要抓手，符合生产力布局优化规律。浙江只有 10 万平方公里陆域面积，而且是"七山一水两分田"，长期以来一直致力于在非常有限的空间里优化生产力的布局。从块状经济、县域经济，到工业区、开发区、高新区，再到集聚区、科技城，无不是试图用最小的空间资源达到生产力的最优化布局。

瑞士的达沃斯小镇、美国的格林尼治对冲基金小镇、法国的普罗旺斯小镇、希腊的圣多里尼小镇等，虽然体量都不大，但十分精致独特，建筑密度低，产业富有特色，文化独具韵味，生态充满魅力，对浙江优化生产力布局颇有启迪。特色小镇是浙江特色产业、新型城市化与"两美浙江"建设碰撞在一起的产物，既非简单的以业兴城，也非以城兴业；既非行政概念，也非工业园区概念。

从生产力布局优化规律看，生产力配置一定要在功能的集聚与扩散之间找到最佳平衡点，在城市化与逆城市化之间找到最佳平衡点，在生产、生活、生态之间找到最佳平衡点。浙江之所以在城乡接合部建"小而精"的特色小镇，就是要在有限的空间里充分融合特色小镇的产业功能、旅游功能、文化功能、社区功能，在构筑产业生态圈的同时，形成令人向往的优美风景、宜居环境和创业氛围。

2. 破解有效供给不足的重要抓手

特色小镇是破解浙江有效供给不足的重要抓手，符合产业结构演化规律。绍兴纺织、大唐袜业、嵊州领带、海宁皮革等块状经济，是浙江从资源小省迈向制造大省、市场大省、经济大省的功臣。然而，步入新常态的浙江制造，并没有从"微笑曲线"底端走出来，产业转型升级滞后于市场升级和消费升级，导致有效供给不足和消费需求外溢。特别是在经济发展水平达到一定阶段以后，主导产业逐渐从以纺织业为主的轻纺工业向以信息产业为主的高新技术产业转换。

为此，浙江省提出，特色小镇必须定位最有基础、最有特色、最具潜力的主导产业，也就是聚焦支撑浙江长远发展的信息经济、环保、健康、旅游、时尚、金融、高端装备等七大产业，以及茶叶、丝绸、黄酒、中药、木雕、根雕、石刻、文房、青瓷、宝剑等历史经典产业，通过产业结构的高端化推动浙江制造供给能力的提升，通过发展载体的升级推动历史经典产业焕发青春、再创优势。

3. 破解高端要素聚合度不够的重要抓手

特色小镇是破解浙江高端要素聚合度不够的重要抓手，符合创业生态进化规律。在"大众创业、万众创新"到来的时代，竞争的关键是生态竞争。良好的生态不仅使内在的发展动力得以充分释放，对外在的高端要素资源也形成强大的吸附力。硅谷之所以源源不断诞生诸如苹果、谷歌、甲骨文这样的世界级企业，越来越多怀揣梦想的年轻人之所以愿意到杭州的梦想小镇创业，秘诀就在于这些地方形成了富有吸引力的创业创新生态。

浙江建设特色小镇，聚焦七大产业和历史经典产业打造产业生态，瞄准建成 3A

级以上景区打造自然生态,通过"创建制""期权激励制"以及"追惩制"打造政务生态,强化社区功能打造社会生态,集聚创业者、风投资本、孵化器等高端要素,促进产业链、创新链、人才链等耦合,为特色小镇注入无穷生机。

4. 破解城乡二元结构的重要抓手

特色小镇是破解浙江城乡二元结构、改善人居环境的重要抓手,符合人的城市化规律。浙江的城市化进程走到今天,交通拥堵等"大城市病"已经出现,公共服务向农村延伸的能力已经大大增强。在城市与乡村之间建设特色小镇,实现生产、生活、生态融合,既云集市场主体,又强化生活功能配套与自然环境美化,符合现代都市人的生产生活追求。梦想小镇是"产、城、人、文"四位一体的新型空间、新型社区,在互联网时代和大交通时代,这种新型社区会对人的生活方式、生产方式带来一系列的综合性改变。这种改变,就是破解城乡二元结构的有效抓手,符合现代人既要在市场大潮中激情创新、又想在优美环境中诗意生活的追求。不久的将来,在特色小镇工作与生活,会是最让人羡慕的一种生存状态,也会成为浙江新型城市化的一道新风景。

5.3 2014～2016年浙江省特色小镇建设现状

5.3.1 特色小镇建设基础

1. 金融基础

浙江省金融业规模增长迅速,2014年实现金融业增加值2934亿元,已成为服务业的支柱产业。规模以上金融业营业收入超过9000亿元,全省社会融资规模增量为7999亿元,位居全国第五。依托这一优势,浙江省着力打造湘湖金融小镇、西溪谷互联网金融小镇、月湖金汇小镇、运河财富小镇、嘉兴南湖基金小镇等9个金融特色小镇。

2. 历史经典产业基础

浙江是我国著名的鱼米之乡,茶叶、丝绸、黄酒、中药、青瓷、文房等产业均属历史经典产业,彰显着突出的中国特色。浙江特色小镇建设没有忘记承载着中国历史文化传统的这些产业,湖州丝绸小镇、南浔善链湖笔小镇、绍兴黄酒小镇、龙泉青瓷小镇、西湖龙坞茶镇、青田石雕小镇等9个小镇即为代表。

3. 经济基础

一是县域经济比较发达,构筑了产业基础。2015年,浙江县域经济占全省经济比重近50%。其中,全国百强县17个。二是民营经济比较发达,形成了投资基础。浙江是民营经济大省,民营企业总量超过120万户,平均每12人中就有一位老板,平均每40人中就拥有一家企业。民营经济对于浙江贡献可以用"6789"四组数据来概括:即全省60%以上的税收、70%以上的生产总值、80%以上的外贸出口、90%以上的新增就业岗位来自于民营经济。

4. 信息技术基础

进入 21 世纪以来，浙江在互联网和信息技术方面形成了先发优势，是我国第一个"两化"深度融合国家示范区，"两化"融合指数达到 86.26，信息技术对传统产业改造、新兴产业培育、社会服务支撑的作用日益凸显。

在浙江，以阿里巴巴为龙头企业的信息产业的发展及互联网和大数据的广泛应用是一大亮点。遍布全省的特色小镇，深深植入互联网基因。一方面，重视发展互联网等信息产业。在浙江省已经获批的两批省级特色小镇中，信息产业类的就有 10 个，这些特色小镇正构筑起信息经济发展的新平台。比如，在政府的引导下，以"互联网+"为产业特色的梦想小镇为创业创新者提供了逐梦、圆梦的新舞台，小镇重点鼓励和支持创业群体创办电子商务、软件设计、大数据、云计算、动漫等互联网相关企业，梦想小镇的创业大街还专门对接智能硬件、移动医疗、大数据等科技创新项目和人才，从 2015 年 3 月 28 日开园至今，梦想小镇已入驻创业项目 500 余个，成为新的创业驱动和经济增长点。另一方面，重视互联网和大数据的基础性作用，把其植入生产生活的方方面面，使人们的生产生活方式更加高效、便捷、智能。比如，作为浙江省首批创建的特色小镇和互联网经济发展的典范，云栖小镇以云计算为科技核心，以阿里云计算为龙头，已初步形成较为完善的云计算产业生态。云栖小镇提出的"产业黑土"，就是让互联网和云计算成为像水电煤一样的基础设施，推动互联网与各产业的深度融合，帮助传统企业实现产业转型升级。

5. 政策基础

大市场与小政府，形成了环境基础。特色小镇建设过程中，浙江特别注重发挥全国 600 万浙商、世界 200 万浙商的作用，把市场作为主角和主力，政府只做配角和绿叶，甘当服务企业的"店小二"。五是国家的支持，奠定了战略基础。浙江特色小镇建设得到中央领导高度肯定，据媒体公开报道，习近平总书记三次充分肯定特色小镇工作。国家发展改革委组织新闻发布会，重磅推荐浙江特色小镇建设。中央宣传部、国家住建部领导，以及工行、建行、国开行、农发行等中央金融机构主要领导都曾亲临特色小镇考察。

6. 人才基础

在推动特色小镇发展进程中，浙江不仅牢固树立人才是第一资源的理念，而且非常重视人才结构的完善，即在人才队伍结构中既有核心领军人物，又有各类管理人才、技术人才等，让专业的人干专业的事。在调研中，我们了解到，浙江特色小镇的创业创新人才大体可以分为四类：一是阿里系：连续工号已经达到 10 万，实际职工 3.5 万人，而跳槽的人也多数留在阿里的周围；二是浙大系，即高校系，强化产学研整合；三是浙商系，即资本、人才的集聚；四是海归系，相对来说，人数较少但成功率更高。四类人才，互相融合、取长补短、共谋发展。在杭州梦想小镇调研中，我们还发现了许多具体、可行而有效的人才政策：2～3 人的创业团队可以购买法律、会计、知识产权等中介服务，政府给每个企业 2 万元创新券可灵活使用；对来创业的大学生，还可以每月获得 300 元、500 元、800 元的租房补贴，创建青年社区，提高进入人才门槛，只吸引优秀的项目或人才进驻等等。

5.3.2　特色小镇建设概况

从 2015 年启动特色小镇建设至今，仅两年时间，浙江就形成了"首批 2 个省级特色小镇、三批 106 个省级创建小镇、两批 64 个省级培育小镇"队伍；形成"培育一批、创建一批、验收一批"的推进格局。

浙江省第一批省级创建特色小镇名单（37 个）　　　　　　表 5-5

地区	产业
杭州市 9 个	上城玉皇山南基金小镇（被授予首批"浙江省特色小镇"）
	江干丁兰智慧小镇
	西湖云栖小镇
	西湖龙坞茶镇
	余杭梦想小镇（被授予首批"浙江省特色小镇"）
	余杭艺尚小镇
	富阳硅谷小镇
	桐庐健康小镇
	临安云制造小镇
宁波市 3 个	江北动力小镇
	梅山海洋金融小镇（已被降格）
	奉化滨海养生小镇（已被降格）
温州市 2 个	瓯海时尚智造小镇
	苍南台商小镇
湖州市 3 个	湖州丝绸小镇
	南浔善琏湖笔小镇
	德清地理信息小镇
嘉兴市 5 个	南湖基金小镇
	嘉善巧克力甜蜜小镇
	海盐核电小镇
	海宁皮革时尚小镇
	桐乡毛衫时尚小镇
绍兴市 2 个	越城黄酒小镇
	诸暨袜艺小镇
金华市 3 个	义乌丝路金融小镇
	武义温泉小镇
	磐安江南药镇

续表

地区	产业
衢州市 3 个	龙游红木小镇
	常山赏石小镇
	开化根缘小镇
台州市 3 个	黄岩智能模具小镇
	路桥沃尔沃小镇
	仙居神仙氧吧小镇
丽水市 4 个	莲都古堰画乡小镇
	龙泉青瓷小镇
	青田石雕小镇
	景宁畲乡小镇

浙江省第二批省级创建特色小镇名单（42 个）   表 5-6

地区	产业
杭州市 9 个	下城跨贸小镇
	拱墅运河财富小镇
	滨江物联网小镇
	萧山信息港小镇
	余杭梦栖小镇
	桐庐智慧安防小镇
	建德航空小镇
	富阳药谷小镇
	天子岭静脉小镇
宁波 4 个	鄞州四明金融小镇
	余姚模客小镇（已被降格）
	宁海智能汽车小镇
	杭州湾新区滨海欢乐假期小镇
温州 3 个	瓯海生命健康小镇
	文成森林氧吧小镇
	平阳宠物小镇（已被降格）
湖州 3 个	吴兴美妆小镇
	长兴新能源小镇
	安吉天使小镇
嘉兴 4 个	秀洲光伏小镇
	平湖九龙山航空运动小镇（已被降格）
	桐乡乌镇互联网小镇
	嘉兴马家浜健康食品小镇

续表

地区	产业
绍兴 3 个	柯桥酷玩小镇
	上虞 e 游小镇
	新昌智能装备小镇
金华 3 个	东阳木雕小镇
	永康赫灵方岩小镇
	金华新能源汽车小镇
衢州 2 个	江山光谷小镇
	衢州循环经济小镇
舟山 3 个	定海远洋渔业小镇
	普陀沈家门渔港小镇
	朱家尖禅意小镇
台州 2 个	温岭泵业智造小镇
	天台天台山和合小镇（已被降格）
丽水 4 个	龙泉宝剑小镇
	庆元香菇小镇
	缙云机床小镇
	松阳茶香小镇
省农发集团和上虞区	杭州湾花田小镇
中国美院、浙江音乐学院和西湖区	西湖艺创小镇

浙江省第三批省级创建特色小镇名单（35 个）　　　　表 5-7

地区	产业
杭州市 5 个	上城南宋皇城小镇
	淳安千岛湖乐水小镇
	滨江互联网小镇
	萧山湘湖金融小镇
	杭州东部医药港小镇
宁波市 7 个	镇海 I 设计小镇
	慈溪小家电智造小镇
	海曙月湖金汇小镇
	江北前洋 E 商小镇
	余姚智能光电小镇
	宁波杭州湾汽车智创小镇
	象山星光影视小镇
温州 2 个	乐清智能电气小镇
	瑞安侨贸小镇

地区	产业
湖州 2 个	德清通航智造小镇
	长兴县太湖演艺小镇
嘉兴 4 个	海宁阳光科技小镇
	嘉善归谷智造小镇
	秀洲智慧物流小镇
	平湖国际游购小镇
绍兴 3 个	诸暨环保小镇
	嵊州越剧小镇
	新昌万丰航空小镇
金华 2 个	浦江水晶小镇
	义乌绿色动力小镇
衢州 2 个	柯城航埠低碳小镇
	常山云耕小镇
台州 4 个	台州无人机航空小镇
	玉环时尚家居小镇
	椒江绿色药都小镇
	林海国际医药小镇
丽水 4 个	丽水绿谷智慧小镇
	云和木玩童话小镇
	青田千峡小镇
	逐昌汤显祖戏剧小镇

浙江省第一批省级培育特色小镇名单（51 个）　　　　表 5-8

地区	产业
杭州市 13 个	上城吴山宋韵小镇
	江干钱塘智造小镇
	江干东方电商小镇
	拱墅上塘电商小镇
	西湖云谷小镇
	西湖西溪谷互联网金融小镇
	滨江创意小镇
	萧山机器人小镇
	淳安千岛湖乐水小镇
	临安颐养小镇
	临安龙岗坚果电商小镇
	大江东汽车小镇
	大江东巧客小镇

续表

地区	产业
宁波市 4 个	海曙月湖金汇小镇
	江北前洋 E 商小镇
	鄞州现代电车小镇
	宁海森林温泉小镇
温州市 4 个	乐清雁荡山月光小镇
	永嘉玩具智造小镇
	泰顺氡泉小镇
	温州汽车时尚小镇
湖州市 4 个	南浔智能电梯小镇
	安吉影视小镇
	湖州智能电动汽车小镇
	湖州太湖健康蜜月小镇
嘉兴市 7 个	秀洲智慧物流小镇
	嘉善归谷智造小镇
	平湖光机电智造小镇
	海盐集成家居时尚小镇
	海宁潮韵小镇
	海宁厂店小镇
	桐乡时尚皮草小镇
绍兴市 3 个	柯桥兰亭书法小镇
	诸暨环保小镇
	嵊州领尚小镇
金华市 5 个	金东金义宝电商小镇
	永康众泰汽车小镇
	浦江仙华小镇
	磐安古茶场文化小镇
	金华互联网乐乐小镇
衢州市 2 个	龙游新加坡风情小镇
	衢州莲花现代生态循环农业小镇
台州市 3 个	椒江绿色药都小镇
	临海时尚眼镜小镇
	玉环生态互联网家居小镇
丽水市 4 个	青田欧洲小镇
	庆元百山祖避暑乐氧小镇
	遂昌农村电商创业小镇
	丽水绿谷智慧小镇
省物产集团和余杭区	长乐创龄健康小镇
浙江大学和西湖区	西湖紫金众创小镇

浙江省第二批省级培育特色小镇名单（18个） 表5-9

地区	产业
杭州4个	富阳黄公望金融小镇
	余杭淘宝小镇
	杭州树兰国际生命科技小镇
	杭州人工智能小镇
温州1个	温州文昌创客小镇
湖州2个	安吉两山创客小镇
	吴兴原乡蝴蝶小镇
嘉兴2个	南湖云创小镇
	海盐六旗欢乐小镇
绍兴1个	柯桥蓝印时尚小镇
金华1个	兰溪光膜小镇
衢州1个	江山木艺时尚小镇
舟山1个	嵊泗十里金滩小镇
台州4个	三门滨海健康小镇
	温岭医养健康小镇
	路桥游艇小镇
	天台时尚车品小镇
丽水1个	丽水微纳小镇

5.3.3 特色小镇建设特点

1.浙江特色小镇属产业集聚区概念

浙江特色小镇为"非镇非区"的概念，与三部委发布的原则上为建制镇的特色小镇不同。浙江特色小镇属于产业集聚区概念，属发改部门主管，而三部委版特色小镇的主导单位是住建部，只能在建制镇上做文章。因此，浙江特色小镇既能建在小城镇和城乡接合部，也能建在杭州这类省会城市建成区。在三部委公布的特色小镇名单中，杭州市重点打造的明星特色小镇云栖小镇、基金小镇都未列入其中。

2."宽进严定"代替挂牌制

三部委特色小镇的评选方式，是住建部在各省推荐基础上，经专家复核，由国家发改委、财政部及住建部共同认定。这种"挂牌制"的政策是挂了牌子就不摘，缺乏能进能出的机制。

而浙江版特色小镇建设，采用"宽进严定"代替挂牌制。目前，进入浙江特色小镇创建名单的地区，还不算正式的特色小镇。以3年为期，每年浙江都会从高端要素集聚、投资情况、特色建设方面实施考核。从基层政府需要填报的《省级特色小镇规划建设季度统计表》来看，考核最看重的是官方和民间非房地产特色产业投资完成额、入驻企业数、高端人才创业情况、规模以上工业主营业务收入和旅游人数等。目前，浙江省已经公布了两次考核结果，共有 6 个特色小镇被"降格"处理。

5.3.4 特色小镇数量分析

根据规划，浙江省计划用 3 年时间培育和规划建设 100 个特色小镇。截至目前，浙江省已批复特色小镇创建名单 114 个，已批复特色小镇培育名单 69 个；去除两次考核中被降级的 6 个特色小镇，目前浙江省特色小镇创建名单共有 108 个（包括 2 个省级特色小镇，不包括三部委发布的 23 个国家级特色小镇），提前完成 3 年规划。

浙江省创建特色小镇数量　　　　　　　　　　　　　　　　表 5-10

指标	数量（个）
第一批省级特色小镇名单	37
第二批省级特色小镇名单	42
第三批省级特色小镇名单	35
第一次考核中被降级的特色小镇数量	1
第二次考核中被降级的特色小镇数量	5
现有特色小镇数量	108

5.3.5 特色小镇区域分布

从地区分布来看，杭州市特色小镇数量最多，为 23 个（加上中国美院、浙江音乐学院和西湖区的 1 个，则有 24 个）；其次为丽水和嘉兴市，均为 12 个；宁波市特色小镇创建名单原为 14 个，但是被降级的特色小镇有 3 个，因此排名比较靠后。

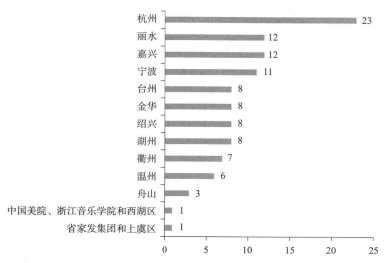

图 5-2　浙江省特色小镇数量分布（单位：个）

5.3.6　特色小镇发展总指数

浙江省特色小镇指数由浙江省发改委指导，浙江在线和杭州数亮科技股份有限公司负责研发与编制，以指数形式记录并描述浙江省特色小镇发展态势，包括各个特色小镇发展进度的对比、分产业特色小镇对比、分地区特色小镇对比等。

1. 特色小镇总指数

浙江省特色小镇指数是按统计指数编制原理，根据省级特色小镇创建对象当期建设情况及舆情数据编制而成的阶段性综合评价指数。指数设置综合发展、基础建设、政策环境3大模块，分别展现特色小镇经济贡献、投资进度、社会影响等方面的发展现状，功能设置、交通、服务设施、生态环境建设情况以及政府政策扶持等发展环境状况。

2015年以来，浙江省特色小镇总指数迅猛提升，尤其是2015年，总指数从二季度的37提升到2016年一季度的292；进入2016年二季度，浙江省特色小镇总指数发展较为平稳，总体保持在312左右。2017年一季度，浙江省特色小镇总指数为316。

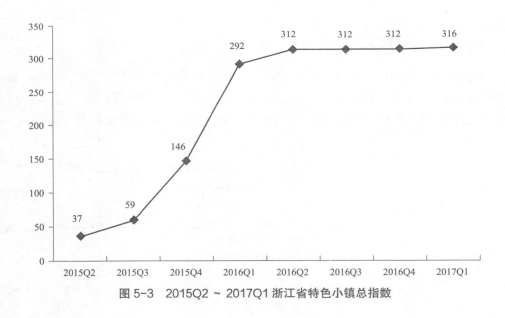

图5-3　2015Q2～2017Q1浙江省特色小镇总指数

2. 特色小镇总指数排名

根据特色小镇指数排名表，从综合发展指数来看，余杭梦想小镇居首位；从政策环境指数来看，杭州湾新区滨海欢乐假期小镇政策指数最高，达90；从基础建设指数来看，西湖龙坞茶镇基础建设条件最好。

浙江省第一、二批省级特色小镇指数排名   表 5-11

序号	小镇名称	产业	综合发展指数	基础建设指数	政策环境指数
1	余杭梦想小镇	新兴信息产业	91.73	80.28	87
2	诸暨袜艺小镇	时尚产业	89.65	78.11	84.01
3	海宁皮革时尚小镇	时尚产业	88.34	77.19	80.8
4	上城玉皇山南基金小镇	金融产业	88.13	83.52	84.92
5	德清地理信息小镇	新兴信息产业	87.48	81.83	85
6	新昌智能装备小镇	高端装备制造产业	86.53	69.14	79.54
7	梅山海洋金融小镇	金融产业	86.49	64.92	80
8	上虞 e 游小镇	新兴信息产业	86.27	76.52	80
9	路桥沃尔沃小镇	高端装备制造产业	86.08	70.56	80
10	滨江物联网小镇	新兴信息产业	85.74	81.56	80.5
11	衢州循环经济小镇	综合产业	85.63	74.24	80.5
12	湖州丝绸小镇	文化产业	85.17	81.18	87.36
13	桐乡毛衫时尚小镇	时尚产业	84.98	87.92	79.34
14	余杭艺尚小镇	时尚产业	84.91	86.87	88
15	长兴新能源小镇	新能源产业	84.2	86.17	84.28
16	鄞州四明金融小镇	金融产业	84.11	82.51	85
17	义乌丝路金融小镇	金融产业	83.78	76.09	81
18	金华新能源汽车小镇	高端装备制造产业	83.62	76.26	80
19	萧山信息港小镇	新兴信息产业	83.57	85.56	82.16
20	临安云制造小镇	高端装备制造产业	82.96	70.82	80
21	龙游红木小镇	旅游产业	82.72	79.97	82
22	西湖艺创小镇	时尚产业	82.08	80.47	82.5
23	拱墅运河财富小镇	金融产业	81.84	86.57	81
24	秀洲光伏小镇	高端装备制造产业	81.8	82.37	83.76
25	江北动力小镇	高端装备制造产业	81.78	76.2	80
26	莲都古堰画乡小镇	旅游产业	81.52	81.14	82.29
27	柯桥酷玩小镇	旅游产业	80.75	86.87	80
28	宁海智能汽车小镇	高端装备制造产业	80.42	63.73	80
29	普陀沈家门渔港小镇	旅游产业	80.4	82.57	79.6
30	吴兴美妆小镇	时尚产业	80.25	85.9	84.78
31	余杭梦栖小镇	新兴信息产业	80.12	78.07	80
32	景宁畲乡小镇	旅游产业	79.73	76.93	80
33	缙云机床小镇	高端装备制造产业	79.73	69.32	82
34	下城跨贸小镇	新兴信息产业	79.7	80.04	81
35	黄岩智能模具小镇	高端装备制造产业	79.61	75.04	84.18
36	西湖云栖小镇	新兴信息产业	79.49	85.09	86.12

序号	小镇名称	产业	综合发展指数	基础建设指数	政策环境指数
37	磐安江南药镇	健康产业	79.31	77.43	85
38	桐庐智慧安防小镇	新兴信息产业	78.57	73.73	80
39	富阳药谷小镇	健康产业	78.57	65.24	80
40	西湖龙坞茶镇	文化产业	78.12	89.26	80
41	常山赏石小镇	旅游产业	78.01	81.04	81.76
42	文成森林氧吧小镇	健康产业	77.92	59.94	80
43	开化根缘小镇	旅游产业	76.6	77.81	83.42
44	建德航空小镇	旅游产业	76.52	70.58	82
45	越城黄酒小镇	文化产业	76.45	75.06	80
46	南湖基金小镇	金融产业	76.44	78.52	82
47	江干丁兰智慧小镇	新兴信息产业	76.42	82.04	80
48	富阳硅谷小镇	新兴信息产业	76.42	70.27	80
49	瓯海时尚制造小镇	时尚产业	76.32	72.33	80
50	江山光谷小镇	高端装备制造产业	76.32	67.87	80
51	杭州湾新区滨海欢乐假期小镇	旅游产业	76.22	70.57	90
52	桐乡乌镇互联网小镇	新兴信息产业	76.22	77.89	80
53	定海远洋渔业小镇	健康产业	76.13	67.78	82.5
54	余姚模客小镇	高端装备制造产业	75.53	69.12	79
55	桐庐健康小镇	健康产业	75.43	72.9	80
56	嘉善巧克力甜蜜小镇	旅游产业	75.33	82.93	79.8
57	朱家尖禅意小镇	旅游产业	75.22	82.47	80
58	南浔善琏湖笔小镇	文化产业	75.18	72.34	77.5
59	安吉天使小镇	旅游产业	75.18	81.46	77.5
60	龙泉宝剑小镇	文化产业	75.08	67	81
61	海盐核电小镇	高端装备制造产业	74.74	77.11	80.5
62	嘉兴马家浜健康食品小镇	健康产业	74.62	77.88	80
63	瓯海生命健康小镇	健康产业	74.17	76.78	80.5
64	苍南台商小镇	高端装备制造产业	73.48	73.02	82
65	温岭泵业智造小镇	高端装备制造产业	73.03	72.01	80
66	青田石雕小镇	文化产业	73.03	72.15	80.5
67	庆元香菇小镇	健康产业	73.03	64.41	80
68	松阳茶香小镇	旅游产业	73.03	69.85	80
69	东阳木雕小镇	文化产业	72.15	71.59	81
70	永康赫灵方岩小镇	旅游产业	71.7	79.8	80
71	平阳宠物小镇	旅游产业	71.33	73.94	80
72	龙泉青瓷小镇	文化产业	71.33	68.87	80

续表

序号	小镇名称	产业	综合发展指数	基础建设指数	政策环境指数
73	平湖九龙山航空运动小镇	健康产业	70.98	73.51	77.5
74	天台天台山和合小镇	旅游产业	70.98	62.78	75
75	天子岭静脉小镇	综合产业	70.61	79	80
76	仙居神仙氧吧小镇	旅游产业	70.42	76.72	80
77	杭州湾花田小镇	旅游产业	69.28	77.25	77.5
78	武义温泉小镇	旅游产业	69.09	78.4	82

5.3.7 特色小镇发展分类指数

1. 分产业特色小镇指数排行

分产业来看，浙江省时尚产业特色小镇的发展指数、基础建设指数和政策环境指数均处于最高水平；其次为金融产业特色小镇，综合发展指数和政策环境指数仅次于时尚产业。

浙江省分产业省级特色小镇指数排名　　　　表 5-12

序号	产业	综合发展指数	基础建设指数	政策环境指数
1	时尚产业	83.79	81.26	82.78
2	金融产业	83.46	78.69	82.32
3	新兴信息产业	81.81	79.41	81.82
4	高端装备制造产业	79.69	72.33	80.78
5	文化产业	75.81	74.68	80.92
6	健康产业	75.57	70.65	80.61
7	旅游产业	75.48	77.53	80.68

2. 分地区特色小镇指数排行

分地区来看，杭州市特色小镇综合发展指数和政策环境指数均为最高，湖州市基础建设指数最高。

浙江省分地区省级特色小镇指数排名　　　　表 5-13

序号	产业	综合发展指数	基础建设指数	政策环境指数
1	杭州市	82.49	80.97	83.82
2	中国美院、浙江音乐学院和西湖区	82.08	80.47	82.5
3	绍兴市	81.93	75.14	78.71
4	湖州市	81.25	81.48	82.74
5	宁波市	80.76	71.18	82.33

序号	产业	综合发展指数	基础建设指数	政策环境指数
6	衢州市	79.86	76.19	81.54
7	嘉兴市	78.16	79.48	80.41
8	舟山市	77.25	77.61	80.7
9	金华市	76.61	76.6	81.5
10	台州市	76.03	71.42	79.84
11	丽水市	75.81	71.21	80.72
12	温州市	74.64	71.2	80.5
13	省农发集团和上虞区	69.28	77.25	77.5

5.4 浙江省特色小镇建设模式及效益

5.4.1 特色小镇建设模式

浙江特色小镇在建设上采取"政府引导、企业主体、市场运作"的机制,摒弃政府大包大揽。在此要求下,各地积极探索三种建设模式:一是企业主体、政府服务模式;二是政企合作、联动建设;三是政府建设、市场招商模式。

其中,企业主体、政府服务、市场主导的模式在浙江特色小镇的建设发展中已十分普遍,如袜艺小镇、红木小镇等,企业均承担着建设主体角色;又如梦想小镇,在政府的引导下,该镇通过政府基金运作,利用好5000万元天使梦想基金、1亿元天使引导基金、2亿元创业引导基金、2亿元创业贷风险池等,有效撬动社会资本。

5.4.2 特色小镇投融资模式

发展特色小镇需吸引多元化投资主体,政府资金、社会资本和金融机构三方融资渠道都不能忽视。其中,社会资本发挥主体作用,不仅有利于缓解政府财政压力,提高建设效率,而且可以为民营企业拓宽投资渠道,实现可以令各方共同受益的良性循环。

5.4.3 特色小镇投资规模及进度

1. 总体投资规模

截至2017年6月底,浙江前两批78个省级创建小镇累计完成投资2117亿元,入驻企业19250户。其中,2017年上半年,前两批78个创建小镇特色产业投资344.2亿元。

"十三五"期间,浙江省特色小镇计划总投资5500亿元,到"十三五"期末,浙江特色小镇将实现税收1000亿元。

浙江省部分特色小镇投资进度表   表 5-14

序号	小镇名称	完成投资额（亿元）
1	秀洲光伏小镇	35.52
2	永康众泰汽车小镇	35.07
3	滨江物联网小镇	34.21
4	鄞州四明金融小镇	33.81
5	长兴新能源小镇	33.47
6	河桥酷玩小镇	36.25
7	衢州循环经济小镇	36.82
8	萧山机器人小镇	43.55
9	金华新能源汽车小镇	51.63
10	上虞 e 游小镇	53.06

2. 投资规模不合格的特色小镇

特色小镇跻身创建名单是第一步，真正要成为省级特色小镇，一些硬性要求必不可少，比如投资额。根据《浙江省特色小镇创建导则》对投资额的规定，特色小镇创建对象第一年完成投资不低于 10 亿元，26 个加快发展县（市、区）和信息经济、旅游、金融、历史经典产业特色小镇不低于 6 亿元。

实际上，浙江 106 个特色小镇在前三季度完成投资额的平均值是 10.8 亿元，最高的一个特色小镇有 90 多亿元，整体水平与去年相比增幅不小。但是，也有个别特色小镇的完成情况明显不够，与平均值都相差甚远，有 28 家特色小镇需要进行"补课"。"补课"小镇中，前三季度固定资产投资低于 3 亿元的小镇有 6 个，其中有 5 个特色小镇投资额低于 1 亿元。

（1）小镇投资额不足 3 亿元

统计监测数据显示，2016 年前三季度，130 个浙江省级特色小镇创建和培育对象，合计完成固定资产投资 1101.1 亿元，实施的建设项目 2247 个。最低的是柯城航埠低碳小镇，前三季度的固定资产投资仅为 0.4 亿元。小镇负责人解释了不少原因，最重要的是在建设发展过程中，前期规划不当，出现了种种意外。

固定资产投资额低于 3 亿元的小镇（单位：亿元，%）   表 5-15

小镇名称	固定资产投资额	特色产业投资	政府投资	民间投资	特色产业占比	民间投资占比	非政府投资占比
天子岭静脉小镇	2.4	1.7	1.6	0.7	70.8	29.2	33.3
江山光谷小镇	2	0.4	0.1	1.9	20	95	95
象山星光影视小镇	0.7	0.7	0	0	100	0	100
上城南宋皇城小镇	0.7	0.2	0.2	0	28.6	0	71.4

小镇名称	固定资产投资额	特色产业投资	政府投资	民间投资	特色产业占比	民间投资占比	非政府投资占比
临海国际医药小镇	0.6	0	0	0.6	0	100	100
柯城航埠低碳小镇	0.4	0	0.2	0.1	0	25	50

准备不充分，是这 6 个小镇普遍存在的问题。如上城南宋皇城小镇规划和皇城保护形成突出；临海国际医药小镇的选址不符合要求，土地性质不对；象山星光影视小镇受制于土地指标。

（2）特色产业不"特色"

特色小镇，讲究的就是"特色"二字。特色小镇不"特色"，这和浙江省建设特色小镇的初衷是相悖的。为此，有 21 家特色小镇因为"特色产业占比低于 50%"的原因被点名，是被点名小镇最多的一个。

按要浙江特色小镇创建明确规定小镇特色产业投资占比不低于 70%。这 21 家小镇有一半左右特色产业占比不到 40%，其中丽水绿谷智慧小镇特色产业占比只有 17.1%，柯城航埠低碳小镇和临海国际医药小镇的特色产业占比为"0"。

特色产业占比低于 50% 的小镇（单位：亿元，%）　　　　表 5-16

小镇名称	固定资产投资额	特色产业投资	政府投资	民间投资	特色产业占比	民间投资占比	非政府投资占比
富阳硅谷小镇	7.9	3.7	3.3	4.5	46.8	57	58.2
江干丁兰智慧小镇	7.1	3.1	3.9	2.7	43.7	38	45.1
龙游红木小镇	4.5	1.9	2.6	1.9	42.2	42.2	42.2
绍兴黄酒小镇	8.9	3.7	3.6	5.3	41.6	59.6	59.6
苍南台商小镇	5.7	2.1	1.4	4.3	36.8	75.4	75.4
瓯海时尚智造小镇	10.6	3.9	0.2	4	36.8	37.7	98.1
青田石雕小镇	4.5	1.1	0.2	3.3	24.4	73.3	95.6
黄岩智能模具小镇	11.2	2.2	8.4	2.8	19.6	25	25
西湖龙坞茶镇	5.7	0.9	2.1	1.1	15.8	19.3	63.2
秀洲光伏小镇	18.6	9.1	6.5	3.2	48.9	17.2	65.1
松阳茶香小镇	3.2	1.5	0.8	2.3	46.9	71.9	75
龙泉宝剑小镇	4.5	1.6	1.1	3.5	35.6	77.8	75.6
瓯海生命健康小镇	4.6	1.3	1.6	1.8	28.3	39.1	65.2
嘉兴马家浜健康食品小镇	9.2	2.6	4.7	1.8	28.3	19.6	48.9
江山光谷小镇	2	0.4	0.1	1.9	20	95	95

续表

小镇名称	固定资产投资额	特色产业投资	政府投资	民间投资	特色产业占比	民间投资占比	非政府投资占比
椒江绿色药都小镇	8.8	3.7	0.8	6.4	42	72.7	90.9
逐昌汤显祖戏曲小镇	4.8	2	1.6	3.1	41.7	64.6	66.7
上城南宋皇城小镇	0.7	0.2	0.2	0	28.6	0	71.4
丽水绿谷智慧小镇	3.5	0.6	0.4	0.1	17.1	88.6	88.6
柯城航埠低碳小镇	0.4	0	0.2	0.1	0	25	50
临海国际医药小镇	0.6	0	0	0.6	0	100	100

（3）非政府投资占比过低

特色小镇的考量，主要考核高端要素集聚、投资情况、特色打造等，但不可忽视投资结构中的非政府投资占比。"补课"小镇中，非政府投资低于 50% 的有 9 个。如普陀沈家门渔港小镇，前三季度完成投资 9.2 亿元，特色产业占比高达 86.6%，可惜非政府投资占比只有 41.5%；天子岭静脉小镇，前三季度完成投资 2.4 亿元，特色产业占比 70.8%，非政府投资占比 33.3%。不少小镇负责人表示，要加强投融资模式的探索，引来资金活水。

非政府投资中，最被看中的是民间投资。2016 年，特色小镇完成固定资产投资中，半数以上都来自民间资本。此次有 6 个小镇民间投资为 0。如台州无人机航空小镇，前三季度完成投资 6.1 亿元，投资全部来自政府，主要用于基础设施建设；海曙月湖金汇小镇前三季度完成投资 9.2 亿，投资全部来自政府或国企。该小镇负责人说，原有民间投资项目已经完工，依托历史街区改造，引进新的民间资本难度大。

非政府投资低于 50% 的小镇（单位：亿元，%）　　　　　　　　　　表 5-17

小镇名称	固定资产投资额	特色产业投资	政府投资	民间投资	特色产业占比	民间投资占比	非政府投资占比
江干丁兰智慧小镇	7.1	3.1	3.9	2.7	43.7	38	45.1
龙游红木小镇	4.5	1.9	2.6	1.9	42.2	42.2	42.2
黄岩智能模具小镇	11.2	2.2	8.4	2.8	19.6	25	25
嘉兴马家浜健康食品小镇	9.2	2.6	4.7	1.8	28.3	19.6	48.9
普陀沈家门渔港小镇	8.2	7.1	4.8	3.4	86.6	41.5	41.5
天子岭静脉小镇	2.4	1.7	1.6	0.7	70.8	29.2	33.3
海曙月湖金汇小镇	9.2	6.3	9.2	0	68.5	0	0
萧山湘湖金融小镇	11.6	7.7	11.6	0	66.4	0	0
台州无人机航空小镇	6.1	3.2	6.1	0	52.5	0	0

5.4.4 特色小镇建设成果

截至 2016 年年底，浙江省各地的 78 个特色小镇共计入驻企业 1.9 万余户，其中，第三产业企业户数占全部企业户数的 86.7%；第二产业企业户数占比 11.9%；第一产业企业户数占比仅 1.4%。

至 2016 年底，浙江省各地的 78 个特色小镇累计进驻创业团队 5473 个，国家级高新技术企业 291 家；聚集了浙大系、阿里系、海归系、浙商四大类创业人才 12585 人；吸引"国千""省千"人才 239 人、国家和省级大师 205 人。以萧山信息港小镇为例，2016 年就聚集了来自广东、安徽、河南等全国各地的创业团队 400 多个，"新四军"创业人才平均年龄仅为 26.4 岁。

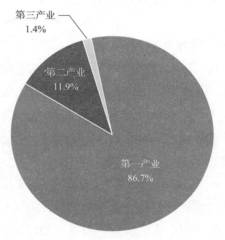

图 5-4　2016 年浙江省特色小镇入驻企业分布

5.4.5 特色小镇建设效益

1. 2016 年建设效益

2016 年浙江省 78 个创建特色小镇入库税收 160.7 亿元（包含国、地税，下同），同比增长 13.5%，平均纳税额超过 1 亿元；其中税收收入 132.2 亿元，同比增长 14.5%，远高于同期全省税收总体增幅，展现了强劲的发展势头。

浙江省地税局数据显示，2016 年浙江省特色小镇平均入库税收 1.7 亿元，税收收入高于平均值的特色小镇有 22 个，占全省特色小镇税收收入的 77.7%；从税收增速来看，特色小镇总体税收增速喜人，分区域来看，衢州、杭州特色小镇税收增长较快，均达到 32% 以上；湖州、舟山处于第二梯队，税收增幅 10% 以上。

分行业来看，制造业、租赁和商务服务业、批发零售业入库税收最多，分别占据全部小镇企业入库税收的 44.8%、16.4% 和 12.7%，且后两者税收增幅在 30% 以上。

制造业税收中 32.5% 来自高技术制造业，其增幅为 13.0%，高出制造业总体增幅 11.6个百分点。

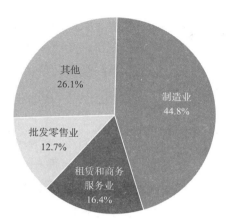

图 5-5　2016 年浙江省特色小镇入库税收行业分布

2. 2017 年上半年建设效益

2017 年 1 ～ 6 月，浙江省特色小镇税费收入达 130.6 亿元，相当于 2016 年全年的81.3%，小镇经济已成为浙江经济的新亮点。特色小镇经济已成为浙江省经济的新动能、新亮点、新板块。

不过，虽然特色小镇总体税收增速喜人，但差异较大，各类特色小镇发展不平衡。其中，税收总量排名浙江前十的多为信息类、金融类小镇，税收增速排名前十的多为休闲生活、文化创意类小镇，均以新兴经济为主导，而以传统产业为主导的小镇表现不尽如人意。此外，浙江省特色小镇还呈现整体规模不大、竞争力仍待进一步增强的问题，部分特色小镇缺乏能够带动整个产业发展、核心竞争力强的骨干企业入驻，产业规模偏小。

5.5　浙江省典型特色小镇建设案例

5.5.1　江南药镇

1. 小镇发展简况分析

江南药镇所在的金华市磐安县，地处浙江中部，素有"群山之祖、诸水之源"美称，是浙江省钱塘江、曹娥江、瓯江、灵江四大水系的主要发源地之一。全县面积 1196 平方公里，森林覆盖率高达 75.4%，空气质量常年保持国家一级，全县 98% 的河流水质达到国家一类标准，环境质量排名居全省首位。

中国药材城"磐安浙八味市场"是长三角地区唯一的大型药材特产批发地。磐安以此为基础，以浙江省特色小镇为发展契机，打造融"秀丽山水、人文景观、生态休闲、旅游度假、康体养生"于一体的江南药镇。

2. 小镇特色与战略定位

江南药镇定位为"药材天地、医疗高地、养生福地、旅游胜地"，通过培育中医药健康产业、旅游服务业和养生养老产业三大新兴产业，融产业、旅游、社区、人文功能于一体，建设成为以中草药文化为主、集高端中药产业、旅游度假养生、区域联动发展的特色小镇；塑造一个尊重和传承中国中医药文化、一个人与自然和谐共生、一个可持续发展的精致特色小镇。

3. 小镇规划布局分析

江南药镇规划面积 3.9 平方公里，其中核心区面积 2000 亩，建设用地 1500 亩。近期建设用地面积 393 公顷，其中主要建设区用地面积 132 公顷。按照"一心两带多点"的规划思路，实施中药材种植基地建设、中药材精深加工、中药材市场商贸流通、旅游保健、商贸服务、休闲养生及配套基础设施等 7 大类 32 个项目，总投资达 76.7 亿元。分为三大功能区：一是结合浙八味市场，通过药文化园、养生博览馆、中医药文化特色街区、中医院、康体养生园的建设打造江南药镇的核心区，作为药镇对外服务的主体部分；二是主题展示区，包括中医药主题公园、百草园，以中药材的种植和展示功能为主；三是以中医药产业园建设为代表的产业区。预计到 2017 年江南药镇产值将达到 22 亿元，税收 3.2 亿元，旅游人数 300 万人。

江南药镇以浙八味特产市场作为核心区域，结合用地现状，规划形成"一城四区"的空间发展架构，"四区"即中药材交易区、科技信息区、综合服务区和药文化展示区。目前市场一期的 900 余个摊位已不能满足交易需求，二期的 B 区和 C 区正在紧张施工中，将配建酒店等服务设施，完工后，经营面积和市场功能都将进一步完善。

4. 小镇建设最新进展

截至 2015 年年底，药镇已开发建设面积 112 公顷，完成固定资产投资（不包括商品住宅和商业综合体项目）10.05 亿元，吸引 120 家企业、990 个个体工商户、20 多个创业团队入驻。目前江南药镇的发展已经初见成效，其中，中医药产业园正在加快推进土地平整，园内大晟药业、丰源实业等企业正在加快建设，一方制药已完成土地挂牌和项目前期；药文化园北区正在招商洽谈中，南区已经启动建设，第一期投资 2000 万元；中药材特色产业服务业营业收入已经突破五亿元。同时，百中医药养生园、养生博览馆、中医药文化特色街区、百草园等项目都在积极招商中，逐步将药镇的功能从简单的种植、生产、销售衍生至旅游服务、医疗保健、养生研发等多个层面。

5. 小镇招商引资状况分析

2016 年 12 月，磐安县人民政府与国药控股融资租赁有限公司签订了江南药镇中医养生园一期中医院项目。该项目是江南药镇重点建设项目之一，规划占地面积 140

余亩，建成后将集医疗、预防、保健、康复、养老等功能于一体，项目的签约标志着江南药镇中医养生产业取得新进展。

5.5.2　远洋渔业小镇

1. 小镇发展简况分析

定海远洋渔业小镇位于舟山市定海区北部的干览镇境内，毗邻定海西码头渔港，距离定海中心城区 16 公里，距舟山市政府所在地——临城新区 19 公里。

舟山是我国远洋渔业起步最早、最为发达的地区之一；2015 年 4 月，农业部批准设立全国唯一的国家远洋渔业基地；全市共有远洋渔船 450 余艘、水产精深加工企业 40 余家，远洋渔船数量和远洋水产品捕捞量均占全国的 22% 左右；是全国远洋捕捞鱿鱼最大的输入口岸和主要加工基地，鱿鱼捕捞量占全国的 70%；目前已形成远洋捕捞—海上运输—水产精深加工—冷链物流—水产交易、销售、服务等全产业链的远洋渔业发展体系。

同时，定海西码头渔港具有"百年渔港"的传承历史，自古以来是舟山本岛北部的政治、经济、文化、交通和贸易中心，人文底蕴深厚，是舟山和浙江渔业振兴史的缩影。

2. 小镇特色与战略定位

定海远洋渔业小镇立足"远洋渔业"和"渔文化"的地域特色，抓住舟山国家远洋渔业基地建设的契机，遵循浙江省特色小镇倡导的"产、城、人、文"四位一体的发展理念，将重点打造集科研、生产、综合物流于一体的海洋健康食品、新型海洋保健品、远洋生物医药等海洋健康产业，采用"海洋健康产业+"的创新发展模式，促进健康产业与新经济模式的充分"嫁接、契合、互融"，积极推动创意、文化、旅游、电子商务等新兴业态发展，构建形成多链条、高融合的新型产业生态圈，积极打造成为浙江富有浓郁海岛渔文化气息的远洋渔业特色小镇。

3. 小镇规划布局分析

根据《定海区远洋渔业小镇旅游总体规划》，远洋渔业小镇规划区总面积约 3.18 平方公里，将定海区远洋渔业小镇的旅游功能结构划分为"一核、三主、三副"。"一核"，即远洋渔都风情湾区（小镇客厅），位于远洋小镇的中部，包括澜港大道沿线两侧区域和西码头中心渔港沿港核心段，总面积约 43 公顷。"三主"，即 2 个健康休闲体验区和 1 个海上休闲体验区（综合保障区），2 个健康休闲体验区分别位于小镇北部的炮台山和小镇东南部的山体，总面积约 43 公顷；海上休闲体验区位于上、下圆山南侧沿岸，总面积约 22 公顷。"三副"，即远洋健康产品加工区、远洋小镇风情街区、健康产品物流区，远洋健康产品加工区位于远洋小镇的东部、南部，总面积约 121 公顷；远洋小镇风情街区位于西码头社区，总面积约 47 公顷；健康产品物流区位于远洋小镇沿港地段，包括南、北两个区块，总面积约 42 公顷。

《规划》将长三角城市群居民定为主要的客源市场。预测 2017 年，景区年游客接待量达 30 万人次；到 2020 年，远洋渔业小镇景区预计新增旅游直接从业人员 600 人、间接从业人员 1200 人。

4. 小镇建设最新进展

定海远洋渔业小镇规划期内计划共新（扩）建项目 12 个，包括 9 个产业项目和 3 个基础设施配套项目，总投资 52.58 亿元，至 2015 年底已完成 13 亿元的投资额。

远洋渔业码头口岸开放区域获批，现口岸以"临时开放"形式投入使用；已建成 2 个万吨级、1 个 5000 吨级远洋渔业专用卸货码头和多个各级渔业码头组成的渔货装卸泊位系统，不久后将启用；105 万平方米的港池可容纳 1300 艘渔船同时锚泊；兴业公司迁建、蓝天水产建设工程等一批重点产业项目启动。

5. 小镇招商引资状况分析

近年来，定海地税局、定海区国税局通过加强"网格管理"工作机制，大力宣传"税银互动"服务，为诚信纳税的小微企业增加融资渠道，化解资金困难，优先扶持绿色型、健康型、创新型海洋企业，实现国家产业政策、金融政策和财税政策的叠加互补，形成远洋渔业产业的新空间。据悉，目前已通过"税银互动"服务平台向"远洋渔业小镇"21 户企业累计提供授信额度 2300 余万元，减免各类交易手续费 70 多万元，帮助企业解决就业人员 310 余人。

预计到 2017 年底，特色小镇将争取实现年产值 60 亿元，年税收收入达到 1 亿元以上。

5.5.3 青瓷小镇

1. 小镇发展简况分析

龙泉青瓷始于三国两晋，盛于宋元，距今已有 1600 多年历史。它是 16 世纪法国上流社会爱之欲狂的"雪拉同"，并以"雨过天青云破处，梅子流酸泛绿时"的独特釉色蜚声海内外。

龙泉市上垟镇距龙泉市区 40 公里，自古商贸繁荣，民间制瓷盛行，素有"青瓷之都"的美誉，是龙泉青瓷历史的继承者，是当代龙泉青瓷的发祥地，更是龙泉青瓷重新振兴，走向世界的基地。从 2011 年开始，龙泉市立足上垟在龙泉青瓷发展史上的独特地位、良好的产业文化基础和老工业基地的旅游资源，启动建设中国青瓷小镇建设项目。2012 年，被中国工艺美术协会授予"中国青瓷小镇"荣誉称号。2014 年，成功创建 4A 级旅游景区，成为振兴历史经典文化产业的一个示范样本。

2. 小镇特色与战略定位

小镇以"青瓷为魂，以产业为基，以发展为纲"，打造世界级的青瓷主题慢生活小镇。依托龙泉两乡两镇及上垟青瓷小镇的世界级青瓷技艺基底，整合龙泉在浙西南的独特地域优势，将其打造成辐射世界级的青瓷技术传承中心，辅助旅游服务环境极致化，提高青瓷主题旅游小镇的综合质量。

3. 小镇规划布局分析

2015年，龙泉青瓷小镇被列入首批浙江省37个特色小镇创建名单，传统产业遇到了新机遇。2015年年底，龙泉市政府与上海道铭公司成功签订了中国青瓷小镇开发项目合作协议。根据协议，上海道铭公司投资约30亿元人民币，以5年为建设周期，全力打造中国青瓷小镇。

该建设项目分三期投入建设，以上垟镇龙泉瓷厂旧址为核心，整合周边资源，深入挖掘龙泉青瓷文化内涵，建设成为开放式、生态化的人文景区。项目规划包括上海和龙泉两大区域。其中，龙泉上垟青瓷小镇的项目用地面积约700亩，包括披云青瓷文化园、1957创意设计基地、国际陶艺村、国际陶瓷会展中心、旅游休闲度假中心、青瓷研发和产业集聚发展基地等项目，在上海也将建设约4000平方米的青瓷展示中心。

总体格局为"一核心、三组团"，其中，青瓷文化园是青瓷小镇项目的核心，保留原国营龙泉瓷厂风貌，设置青瓷传统技艺展示厅、青瓷名家馆、青瓷手工坊等各种青瓷主题的休闲体验区。

小镇落成后，年旅游人数可达30万人次以上，青瓷工业将实现10亿元年产值，带动三产产业产值20亿元以上，提供直接就业岗位1000人。

4. 小镇建设最新进展

因中国青瓷小镇项目开发需要，需征用该镇源底村土地601亩、木岱口村22幢房屋4116.53平方米，涉及源底村16个村民小组441户1278人、木岱口村30户136人。因征地面积较大、涉及人数众多，政策处理工作相对较难。截至2017年上半年，青瓷小镇政策处理工作取得阶段性成果，已完成青瓷小镇"城市客厅""徐仰山停车场""国际瓷艺主题酒店""青瓷创新工场"等区块490.8亩土地征收工作，完成率82%。

小镇进一步完善青瓷小镇周边景区的基础设施，完成青瓷小镇青瓷工业园拓建工程（一期）227万元；完成青瓷小镇管理委员办公场所装修工程设计及招投标程序，并正在施工当中，完成工程量的30%。

目前，青瓷小镇核心区国际陶艺村项目已基本完成主体工程；国际非遗中心已开工建设；连接青瓷小镇一核心和三组团的G322国道龙泉八都至上垟段改建工程也已通过省可研审批；龙泉至浦城（浙闽界）高速公路的开通也极大地完善了小镇交通基础设施，进一步推进了小镇发展全域化；总投资6785万元的国际非遗中心项目统计入库事宜正在落实。

随着龙泉青瓷小镇的逐步发展，该镇旅游市场越来越好，2016 年小镇接待旅游人数达 79.95 万人次，同比增长 66.8%，旅游总收入达 2.88 亿元，同比增长 34.7%。全镇共拥有农家乐 34 家，餐位 2910 个，床位 424 个，农家乐发展水平居全市前列。2017 年 1 ~ 5 月，小镇累积吸引游客 35 余万人，共计收入 1.6 亿元；完成新增农家乐 1 家，新增床位 8 床，餐位 40 个。新增农产品销售点 1 个，面积 410 余平方米，累积销售农产品 11 余万元。

5. 小镇招商引资状况分析

小镇以特色文化品牌招引了一批大集团、大项目纷纷投资小镇，成功引进了上海道铭公司进行战略合作开发。随着道铭集团的引进，该镇积极对接建设、规划、国土等部门，对 1957 广场等地块进行挂牌出让，截至目前道铭集团完成 1872 万元的土地出让金，为青瓷小镇发展奠定坚实的基础。

5.5.4　南湖基金小镇

1. 小镇发展简况分析

南湖基金小镇位于嘉兴市东南区域内，长水路以南、三环南路以北、三环东路以西、庆丰路以东地块，地处中国最具经济活力的长江三角洲都市圈的中心位置，东接上海，北邻苏州，西连杭州，南濒杭州湾。小镇规划占地约 2.04 平方公里，呈南北向狭长形的长方形分布。

2. 小镇特色与战略定位

南湖基金小镇基于对"个性化需求"的深度理解，打造办公生活零距离的特色基金小镇，南湖基金小镇更注重"人"的概念，通过关注人与自然的和谐发展和营造个性化、多元化的小镇氛围。

3. 小镇规划布局分析

南湖基金小镇建设前后共分为四期，包括亲水花园式办公楼、高层办公楼、配套商业、高端酒店、金融家俱乐部会所、论坛会场、商学院、美式私校、公立学校、服务式公寓和部分配套住宅等在内的多种业态。

4. 小镇建设最新进展

（1）南湖基金小镇首栋基金亲水花园式办公楼正式建成

2016 年 10 月底，南湖基金小镇首栋基金亲水花园式办公楼——15 号楼正式建成，作为基金亲水花园式办公区低层办公样板，其建成具有一定的里程碑式意义。此外，截至 2016 年 12 月底，小镇 20 栋基金亲水花园式办公楼桩基基本完成。

（2）环球金融中心投入试运营

作为南湖基金小镇办公配套的一部分，地处嘉兴市南湖区 CBD 核心商圈的环球金融中心在 2016 年 10 月份投入试运行。以较低的租金以及政府优惠政策，向入驻企业提供高品质、高性价比的办公区域，启动"金融科技创业加速器"，到目前为止已有来自全国各地的 52 家股权投资基金和金融科技企业确定入驻。此外，环球金融中心 3 ～ 18 层装修已竣工验收，于 2017 年年初环球金融中心将正式开业，全力打造成为南湖区楼宇经济的新标杆。

（3）南湖基金小镇一期启动区基金亲水花园式办公区 20 栋楼桩基基本完成

南湖基金小镇一期启动区基金亲水花园式办公区——"信园"20 栋楼全面启动建设以来，日新月异，截至 2016 年 12 月底，小镇 20 栋基金亲水花园式办公楼桩基基本完成。根据规划，至 2017 年底，"信园"的 20 栋办公楼全部落成。

（4）"小镇客厅"特色展亮眼

坐落于南湖基金小镇一期启动区 15 号楼的"小镇客厅"已全面投入使用。目前，已接待了 20 多批次来自江苏、安徽、上海、河北等地的考察团队。

（5）南湖基金小镇"投融圈"微信 2.0 版上线

2017 年初，南湖基金小镇"投融圈"，一个集股权、地产、政府投融资平台于一身的全免费的投融资平台正式亮相。截至 2016 年 12 月底，平台共有融资会员 584 个、投资会员 543 个、融资项目 546 个，完成融资 42.38 亿。

5. 小镇招商引资状况分析

截至 2016 年 12 月底，南湖基金小镇已累计引进投资类企业 2700 余家，认缴资金超 3500 亿元，实缴超 1300 亿元，成为全省资本密集度最高的区域之一，同时也积淀了良好的品牌影响力和口碑。2016 年，南湖基金小镇共完成税收超 4 亿元，为当地财政收入作出了巨大贡献。

截至 2017 年 4 月中旬，小镇已引进 3098 家私募股权投资基金、私募债权投资基金等基金，其中有 402 家投资管理公司，包括红杉资本、蓝驰创投、赛伯乐、赛富亚洲等知名投资机构，规模每年以 100% 的速度增加。股权投资基金认缴规模超 5200 亿，实缴规模近 1600 亿，遥遥领先于其他股权投资基金小镇。

未来 5 年内，南湖基金小镇将引进基金管理公司、基金及其相关机构 2000 家以上，管理规模达 10000 亿元，使之成为在中国有一定影响力的基金小镇。同时，一批融资租赁公司、互联网金融企业、商业保险理赔等新型金融企业和类金融企业将在这里集聚，南湖基金小镇将成为浙江省乃至全国资本密集度最高、地方金融产业特色鲜明的区域之一。

5.5.5 余杭梦想小镇

1. 小镇发展简况分析

"梦想小镇"坐落在余杭区仓前街道，是浙江省首批特色小镇创建对象，也是 10 个省级示范特色小镇之一。

2. 小镇特色与战略定位

梦想小镇定位信息产业，主攻互联网创新创业，努力成为众创空间的新榜样、信息经济的新增点。梦想小镇依托浙大、阿里、浙商优势，顺应"互联网+"的发展浪潮，抓住"大众创业、万众创新"的时代机遇，锁定人才和资本两大关键创新要素，确定了"资智融合"的发展路径，加快互联网创业和天使投资互促发展。

3. 小镇规划布局分析

梦想小镇于 2014 年始建，项目规划范围西至东西大道、北至宣杭铁路、东至绕城高速、南至和睦路，规划用地面积为 3504 公顷，其中建设用地面积 3062 公顷，占总用地面积的 87.39%，项目总投资 40 亿元。

项目计划分为三期建设。其中，一期 17 万平方米三个先导区块和二期创业大街 4.3 万平方米建筑已投入使用，三期 1.9 万平方米建筑于 2017 年 10 月正式开工。

一期项目涵盖了互联网村、天使村和创业集市三大内容，其中，互联网村和创业集市重点鼓励和支持"泛大学生"群体创办电子商务、软件设计、信息服务、集成电路、大数据、云计算、网络安全、动漫设计等互联网相关领域产品研发、生产、经营和技术（工程）服务的企业；天使村重点培育和发展科技金融、互联网金融，集聚天使投资基金、股权投资机构、财富管理机构，着力构建覆盖企业发展初创期、成长期、成熟期等各个不同发展阶段的金融服务体系。

4. 小镇建设最新进展

2014 年 10 月，梦想小镇开工建设，经过半年时间的全速推进，2015 年 3 月，互联网村、天使村和创业集市三个先导区 17 万平方米建筑建成投用；创业大街 4.3 万平方米建筑 2016 年 10 月建成投用。

2017 年 10 月，梦想小镇三期三区块项目正式开工，项目总投资 2.5 亿元，用地约 30 亩，北至仓兴街，南至余杭塘河，西至茶亭港，东至创远路。建成后，小镇三期三区共有建筑面积约 1.9 万平方米；其中，地上建筑面积 1.4 万平方米，地下建筑面积 0.4 万平方米，绿地率 30%，机动车泊位 85 个。例如，投资 30 亿元的中国电信浙江创新园（西区）项目，建成后用于承接中国电信浙江公司杭州第二枢纽楼功能。

5. 小镇招商引资状况分析

截至目前，这里不仅汇聚了一大批国内外知名孵化器，而且聚集创业项目 1080 余个、创业人才近 10000 名，形成了"阿里系、浙大系、海归系、浙商系"为代表的创业"新四军"队伍，有 120 余个项目获得了百万以上融资，融资总额 40 亿元。

梦想小镇已经累计引进上海苏河汇、北京 36 氪、深圳紫金港创客等几十家知名孵化器以及 500Startups、Plug&Play 两家美国硅谷平台落户；浙商成长基金、物产基金、龙旗科技、新昌投资等一大批金融项目也相继落户，集聚金融机构 750 余家，管理资本 1680 亿元。同时，遥望网络、灵犀金融、仁润科技 3 家企业挂牌新三板；良仓孵化器、湾西加速器、极客创业营、杭报第七空间 4 个孵化器获国家级众创空间称号。

随着梦想小镇的发展，带动效应已经显现，一些孵化成功的项目已经迁出梦想小镇，进入附近的加速器进行产业化，周边恒生科技园等近 10 个重资产的传统民营孵化器正在向重服务的众创空间转型。小镇里涌现出的创业项目和投资机构正在用互联网思维渗透传统产业、改造传统企业，互联网＋农业、＋商贸、＋制造、＋生活服务、＋智能硬件等新产品新业态新模式层出不穷，为区域经济发展注入了全新活力。

5.5.6　酷玩小镇

1. 小镇概况简介

酷玩小镇位于绍兴市柯桥区西南部，柯岩风景区内，地理位置优越，区域环境优美，区域交通便利。素有"东方威尼斯"之美称的浙江省绍兴市柯桥区，占尽稽山鉴水独特风情，自古富庶繁华。

酷玩小镇所在的柯岩街道面积 46.48 平方公里，杭甬高架铁路、104 国道依境而过，距柯桥客运中心 10 分钟车程，距杭甬高速入口和高铁站 15 分钟车程，距萧山机场也只需 25 分钟车程。而且区域内旅游资源十分丰富，可谓是有山有水有文化。柯岩有山，以山命名的村不下 10 个，最有名的数柯山。柯岩有水，古老美丽的鉴湖贯穿全境。柯岩的山山水水孕育了底蕴深厚的文化，越王勾践独山遗迹、霸王项羽项里首义、祁彪佳殉国捐躯、姚长子绝倭献身等家喻户晓。国家 5A 级景区——柯岩风景区更是闻名遐迩，奇石云骨一石独秀、文化鲁镇积淀深厚、诗意鉴湖风光旖旎，丰富的旅游资源使得酷玩小镇更有"玩头"。

2. 小镇特色及定位

柯岩街道依托鉴湖—柯岩旅游度假区这个平台，计划用 3 年时间投资 110 亿元打造一个"酷玩小镇"。打造酷玩小镇主要是结合柯岩旅游开发建设项目、特色山水资源及城镇发展实际，通过加快环境的美化、设施的完善，旅游休闲、体育项目的引进、景区标准化创建等举措，将各体育健身、旅游休闲项目串点成线，连线成片，逐步形成以酷玩（体育健身、旅游休闲）为主体的特色小镇。目前柯岩街道已经启动征集酷玩小镇的 LOGO 评选。

根据对现有资源、建设项目的梳理，把柯岩规划设计形成高端休闲区、山水游乐区、大众运动区三大片区。项目包括公共设施、体育运动以及休闲旅游三大类，除公共设施外，相关项目共有 11 个，预计总投资 110 亿元，其中"东方山水"综合体投资就有 80 亿元。

3. 小镇规划布局

酷玩小镇建设面积 3.7 平方公里，规划分一轴四区，即以鉴湖景观线为轴，建设水文化区、时尚极限运动区、水游乐区、高端休闲区 4 个区块。与柯岩风景区和黄酒小镇连成一体，实现"景区一体化、全域景区化"。

4. 小镇发展模式

酷玩小镇依托柯桥独有的山水景观资源，厚重的地方文化底蕴，植入"酷玩"概念，开发"新""奇""特"以及涵盖水陆空多维空间的运动项目，让不同年龄段的人以不同的方式在不同的场地体验"玩酷"，形成文化娱乐产业生态链和体育服务产业生态链，最终实现旅游休闲场地的景区化发展，打造运动旅游的休闲生活新方式。

5.6 浙江省特色小镇网络关注度数据

5.6.1 网络关注度

浙江省经济中心机遇互联网舆情监测分析系统，对浙江省特色小镇互联网关注度进行了跟踪，并发布专题报告。该报告数据监测时间为 2015 年 1 月 1 日至 2016 年 2 月 29 日 [1]。

1. 关注度分析

数据显示，浙江省特色小镇受到媒体、网民普遍持续关注。一方面，媒体报道量持续攀升，2016 年再创新高。监测期内，包括新华网、凤凰网、人民网在内的共计 324 家新闻媒体对特色小镇进行了报道，报道总量共计 31710 篇，月均报道量 2265 篇。同时，环比报道高峰出现在 2015 年 3 月（环比增长 69.95%，下同）、2015 年 6 月（86.61%）和 2016 年 1 月（52.27%），引发三轮报道高潮的原因可能在于：2015 年 3 月，浙江省委、省政府领导调研特色小镇；2015 年 6 月初，浙江第一批特色小镇名单公布；2016 年 1 月，浙江特色小镇建设初见成效，引发中央媒体关注。2 月，中央媒体采访团集中报道浙江特色小镇建设，单月媒体报道量一举攀升至 4401 篇。

另一方面，网民的点击量、评论量与媒体报道量高相关。监测期内，网民对特色小镇相关报道的点击量共计 292.94 万次，月均点击量为 20.92 万次。网民参与特色小镇的评论量共计 1.64 万条，月均评论数 1171 条。总体上看，网民的点击量、评论量与报道量类似，呈现波段式上升的态势。

2. 杭州一枝独秀

同时，杭州地区的特色小镇建设备受关注，可谓"一枝独秀"。媒体对杭州特色小镇的报道量占总报道量的比例接近 37%。究其原因，可能在于杭州特色小镇数量上的显著优势：截至 2016 年年初，浙江先后出台的两批特色小镇共计 79 个，仅杭州市入围的特色小镇就有 19 个，比例高达 24.0%。与之相应，网民对杭州特色小镇的点击量占点击总量的 23.2%，远高于其他设区市。

---

[1] 特色小镇是浙江创新发展的战略选择，[EB/OL].http://zjnews.zjol.com.cn/system/2016/01/06/020978895.shtml，2016-01-06.

其中，余杭梦想小镇表现抢眼。余杭梦想小镇的报道量、点击量、评论量在各特色小镇中遥遥领先，分别达 1.16 万篇、133.31 万次和 1.04 万条，在数量上基本等同于排名第 2、第 3 的特色小镇之和。

5.6.2　网民满意度

在网民情绪分析方面，可以发现，网民对浙江特色小镇总体满意。通过对 1 万条抽样评论的倾向性分析，网民对浙江特色小镇建设的评论以满意和中性为主，其中满意指数高达 65.12%，中性指数占比 32.53%，二者合计 97.65%，失望指数仅占 2.35%。但值得注意的是，从长期看，网民满意程度有微弱下降趋势，2016 年前两个月和 2015年下半年的网民满意指数月平均值分别比 2015 年上半年下降了 5.9 和 3.86 个百分点；与之相对，失望指数的月平均值分别上涨了 0.8 个和 0.13 个百分点。导致这一现象的原因可能在于，特色小镇形象显现需要一定的时间和过程，与网民心理预想有偏差。

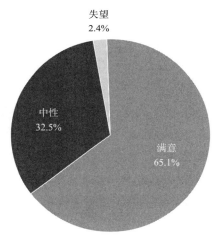

图 5-6　浙江特色小镇网民满意度调查

5.6.3　网民建议

通过对网民评论的聚类分析可见，充分发挥地方特色、加大配套资金投入是网民最为集中的建议。

一是充分发挥地方特色。部分网民将浙江特色小镇与欧洲特色小镇比较，认为欧洲特色小镇是当地文化、民风以及社会习俗的综合展现，而浙江的特色小镇只是设计出来的，还没有充分发挥当地得天独厚的优势，必须充分考虑地方特色，将各地特色完全展现出来，走出一条适合本地特色小镇发展的新路子。二是加大配套资金投入。部分网民希望，各级政府部门要进一步加大对浙江特色小镇配套资金投入的力度，对特色小镇项目优先给予资金支持，同时积极鼓励和引导社会资金投向特色小镇建设。

5.7 浙江特色小镇发展经验

5.7.1 健全领导和部门联系制度，出台专项特色政策

首批 37 个特色小镇都有省市县三级领导联系，提高关注度和支持度。13 个省级部门整合本部门专项资金，出台专项政策，支持小镇建设。如省委宣传部负责宣传工作，支持特色小镇强化文化功能建设。省发改委负责规划布局，协调指导特色小镇列入省重点建设项目，指导环保和健康特色小镇的规划建设。省经信委负责信息、时尚、高端装备制造业和部分历史经典产业特色小镇的规划建设工作，指导全省特色小镇的产业转型升级。省财政厅负责做好享受财政扶持政策特色小镇的审核和兑现工作。省国土资源厅负责做好享受用地扶持政策特色小镇的兑现工作，指导各地强化特色小镇用地保障，创新节约集约用地机制。省统计局负责建立全省特色小镇创建工作的数据平台，收集汇总季度数据，开展年度评价。省旅游局负责指导特色小镇创建 3A 至 5A 级景区等。

从 2015 年起，各部门先后出台了《关于推进电子商务特色小镇创建工作的通知》《浙江省工商局关于发挥职能作用支持省级特色小镇加快建设的若干意见》《关于加快推进特色小镇建设规划编制工作的指导意见》《关于金融支持浙江省特色小镇建设的指导意见》《浙江省特色小镇建成旅游景区指导意见》等 10 多项政策文件。

5.7.2 创新制度供给，为特色小镇建设制定特色制度

一是把特色小镇定位为综合改革试验区，凡是国家的改革试点，特色小镇优先上报；凡是国家和省里先行先试的改革试点，特色小镇优先实施；凡是符合法律要求的改革，允许特色小镇先行突破。二是用创建制代替审批制，实施动态调整制。第一批省级特色小镇采用"部门主导排序制"，第二批省级特色小镇采用"多部门联合评审制"，做到"宽进严定"，彻底改变"争个帽子睡大觉"的旧风气。三是扶持政策有奖有罚，采用期权式奖罚。运用期权激励制和追惩制双管齐下的办法，对如期完成年度规划目标任务的特色小镇，省里给予建设用地和财政收入奖励，对 3 年内未达到规划目标任务的，加倍倒扣用地奖励指标。四是建设上采用政府引导、企业主体，市场化运作的机制，摒弃政府大包大揽，建设机制充满活力。五是不拘形式，充分利用各类活动，如镇长论坛、季度通报、年度考核、浙洽会、浙商回归、PPP 项目推介会、健康小镇论坛、浦江论坛等，吸引资本投资特色小镇。

5.7.3 产业定位准确

在经济转型升级的大潮中，浙江明确每个特色小镇都要锁定信息、环保、健康、旅游、时尚、金融、高端装备制造等七大产业，或者茶叶、丝绸、黄酒、中药、木雕、根雕、石刻、文房、青瓷、宝剑等历史经典产业中的一个。主攻最有基础、最有优势的产业

来建设，从而避免"百镇一面"、同质竞争。

5.7.4　建设形态创新

在特色小镇建设理念上，浙江省委省政府思路清晰。他们认为，"产业园＋风景区＋文化馆、博物馆"的"大拼盘"不是浙江要的特色小镇，有山有水有人文，"宜居宜业宜游宜文"，让人们愿意留下来创业和生活的特色小镇才是众望所归。为此，他们在特色小镇的形态和功能方面提出了要求。

在形态上，浙江的特色小镇原则上布局在城乡结合部，规划面积控制在 3 平方公里左右，建设面积一般控制在 1 平方公里左右，所有特色小镇要建成 3A 级景区，其中旅游产业特色小镇要按 5A 级景区标准建设。要求每个小镇根据当地的地形地貌和生态环境，确定好小镇风格，展现"小而美"，要求"颜值高"，避免同质竞争。

在功能上，浙江特色小镇是一个新型城乡经济和消费发展的纽带，要实现将产业、文化、旅游和一定的社区功能集为一体，其中文化和旅游功能要紧贴各自的产业定位衍生发展、融合发展，而不是简单相加、牵强附会、生搬硬套。在这里也要大力发展社区组织力量，形成一个可以聚人气、通人文、体现社会主义核心价值观的和谐社区。这也是特色小镇与工业园区、风景区的最大区别。

5.8　浙江省重点城市特色小镇建设

5.8.1　杭州市

1.政策支持

2015 年，杭州市人民政府发布《关于加快特色小镇规划建设的实施意见》，提出省、市、区（县、市）三级特色小镇总数 3 年内力争达到 100 个左右。

在产业定位上，杭州市特色小镇产业定位与浙江省相一致，另外《意见》明确提出，鼓励各区、县（市）重点发展以制造类、研发类产业为主体的特色小镇。

在投资规模上，要求市级特色小镇 3 年内固定资产投资一般应达到 30 亿元以上（不含商品住宅和公建类房地产开发投资），金融、文创、科技创新、旅游等产业以及茶叶、丝绸等历史经典产业类特色小镇投资额可适当放宽，县（市）级特色小镇投资额完成期限可放宽到 5 年，申报省级特色小镇的投资额原则上提高到 50 亿元。

在财政补助上，《意见》明确，市级特色小镇在创建期间及验收命名后，其规划空间范围内的新增财政收入上交市财政部分，前 3 年全额返还、后 2 年减半返还给当地财政；对市级特色小镇内的众创空间，同时被认定为市级众创空间的，在杭州市小微企业创业创新基地城市示范期内，每年给予补助 20 万元；被认定为省级、国家级科技企业孵化器的，在示范期内每年分别给予补助 25 万元和 30 万元；对市级特色小镇

——中国特色小镇规划与运营模式

内为服务特色产业而新设立的公共科技创新服务平台，按平台建设投入的 20% ~ 30% 给予资助，单个平台资助额最高不超过 200 万元。

2. 小镇数量

杭州特色小镇在浙江省特色小镇的创建中发挥了重要的龙头作用，已成为全国特色小镇建设的典范和标杆。在全省第一批、第二批和第三批特色小镇创建名单中，杭州分别占据了 24.3%、23.8% 和 14.3% 的比重。此外，浙江省政府命名的首批 2 个省级特色小镇也全部位于杭州，分别为余杭梦想小镇和上城玉皇山南基金小镇。目前，杭州市拥有 2 个省级特色小镇和 22 个省级创建小镇。

同时，杭州市分别于 2015 年和 2017 年公布了第一批和第二批市级特色小镇创建名单，其中第一批 32 个市级特色小镇创建名单，包括信息经济类 9 个，旅游休闲类 5 个、文化创意类 4 个、金融类 3 个、健康类 2 个、时尚类 2 个、高端装备制造类 6 个、环保类 1 个；第二批 11 个市级特色小镇创建名单和 10 个市级特色小镇培育名单。

总体来看，截至 2017 年 11 月底，杭州市拥有各级特色小镇 58 个（不包括市级培育小镇数量）。

杭州市各级特色小镇一览表　　　　　　　　　　表 5-18

序号	小镇名称	等级与批次
1	上城玉皇山南基金小镇	省级第一批创建名单
2	江干丁兰智慧小镇	省级第一批创建名单
3	西湖云栖小镇	省级第一批创建名单
4	西湖龙坞茶镇	省级第一批创建名单
5	余杭梦想小镇	省级第一批创建名单
6	余杭艺尚小镇	省级第一批创建名单
7	富阳硅谷小镇	省级第一批创建名单
8	桐庐健康小镇	省级第一批创建名单
9	临安云制造小镇	省级第一批创建名单
10	下城跨贸小镇	省级第二批创建名单，市级第一批创建名单
11	拱墅运河财富小镇	省级第二批创建名单，市级第一批创建名单
12	滨江物联网小镇	省级第二批创建名单，市级第一批创建名单
13	萧山信息港小镇	省级第二批创建名单，市级第一批创建名单
14	余杭梦栖小镇	省级第二批创建名单，市级第一批创建名单
15	桐庐智慧安防小镇	省级第二批创建名单，市级第一批创建名单
16	建德航空小镇	省级第二批创建名单，市级第一批创建名单
17	富阳药谷小镇	省级第二批创建名单
18	天子岭静脉小镇	省级第二批创建名单，市级第一批创建名单
19	西湖艺创小镇	省级第二批创建名单，市级第一批创建名单
20	上城南宋皇城小镇	省级第三批创建名单

续表

序号	小镇名称	等级与批次
21	淳安千岛湖乐水小镇	省级第三批创建名单，市级第一批创建名单
22	滨江互联网小镇	省级第三批创建名单，市级第二批创建名单
23	萧山湘湖金融小镇	省级第三批创建名单，市级第一批创建名单
24	杭州东部医药港小镇	省级第三批创建名单
25	上城吴山宋韵小镇	省级第一批培育名单，市级第一批创建名单
26	江干钱塘智造小镇	省级第一批培育名单，市级第一批创建名单
27	江干东方电商小镇	省级第一批培育名单
28	拱墅上塘电商小镇	省级第一批培育名单，市级第一批创建名单
29	西湖云谷小镇	省级第一批培育名单，市级第一批创建名单
30	西湖西溪谷互联网金融小镇	省级第一批培育名单，市级第一批创建名单
31	滨江创意小镇	省级第一批培育名单，市级第一批创建名单
32	萧山机器人小镇	省级第一批培育名单，市级第一批创建名单
33	临安颐养小镇	省级第一批培育名单，市级第二批创建名单
34	临安龙岗坚果电商小镇	省级第一批培育名单，市级第一批创建名单
35	大江东汽车小镇	省级第一批培育名单，市级第一批创建名单
36	大江东巧客小镇	省级第一批培育名单，市级第一批创建名单
37	西湖紫金众创小镇	省级第一批培育名单，市级第一批创建名单
38	富阳黄公望金融小镇	省级第二批创建名单，市级第二批创建名单
39	余杭淘宝小镇	省级第二批创建名单，市级第二批创建名单
40	杭州树兰国际生命科技小镇	省级第二批创建名单
41	杭州人工智能小镇	省级第二批创建名单
42	萧山空港小镇	市级第一批创建名单
43	余杭好竹意小镇	市级第一批创建名单
44	余杭智能能源小镇	市级第一批创建名单
45	余杭新能源汽车小镇	市级第一批创建名单
46	余杭传感小镇	市级第一批创建名单
47	富阳富春药谷小镇	市级第一批创建名单
48	桐庐妙笔小镇	市级第一批创建名单
49	桐庐富春江慢生活小镇	市级第一批创建名单
50	临安红叶小镇	市级第一批创建名单
51	下沙东部医药港小镇	市级第一批创建名单
52	江干笕桥丝尚小镇	市级第二批创建名单
53	拱墅智慧网谷小镇	市级第二批创建名单
54	余杭产业互联网小镇	市级第二批创建名单
55	淳安千岛湖啤酒小镇	市级第二批创建名单
56	建德三江口渔家小镇	市级第二批创建名单
57	临安云安小镇	市级第二批创建名单
58	杭州经济技术开发区大创小镇	市级第二批创建名单

杭州市第二批市级特色小镇创建名单（11 个）　　　　　　　　表 5-19

小镇名称	3A-5A 景区创建时间	规划面积
江干笕桥丝尚小镇	2019 年	3.1 平方公里
拱墅智慧网谷小镇	2021 年	3.5 平方公里
滨江互联网小镇（被列为第三批省级特色小镇创建名单）	2018 年	3.908 平方公里
余杭淘宝小镇（被列为第二批省级特色小镇培育名单）	—	3.09 平方公里
余杭产业互联网小镇	—	2.53 平方公里
富阳黄公望金融小镇（被列为第二批省级特色小镇创建名单）	2018 年	3.5 平方公里（不含水域面积）
淳安千岛湖啤酒小镇	2020 年	3 平方公里
建德三江口渔家小镇	2018 年	3.5 平方公里
临安云安小镇	2020 年	2.8 平方公里
临安颐养小镇（被列为第一批省级特色小镇培育名单）	2019 年	—
杭州经济技术开发区大创小镇	2018 年	3.7 平方公里

5.8.2　宁波市

1. 政策支持

2015 年 12 月，宁波市发布了《关于加快特色小镇规划建设的实施意见》，提出到 2018 年，建成省、市、县（市）区三级特色小镇 100 个，其中，省级特色小镇 20 个左右，市级特色小镇 35 个左右，县（市）区级特色小镇 45 个左右；省、市两级特色小镇 3 年完成总投资 2000 亿元以上。

在产业定位上，宁波市鼓励各地重点规划建设制造类特色小镇。

在财政支持上，《意见》明确，对列入省、市级创建名单的特色小镇，在每年年度考核合格后，规划空间范围内新增财政收入上交市财政统筹部分，5 年内予以全额返还；支持各县（市）区设立特色小镇专项基金。

2. 小镇数量

从数量来看，在省级一二三批特色小镇创建名单中，宁波市占据 14 个席位，占总数的 12.3%。但是，在一两次考核中，宁波市有 3 个特色小镇被降格，是被降格数量最多的市。此外，2016 年，宁波市级第一批特色小镇名单公布，其中余姚市智能机器人小镇、智能光电小镇、宁波慧谷创新设计小镇、瀚浦民俗文化小镇、智美家电小镇、息壤创客小镇等小镇入围创建名单，塑料家电 O2O 小镇、古香艺宝小镇、滨海欧路跨贸小镇等小镇入围培育名单。

第六章　2014～2016年中国部分地区特色小镇建设分析

6.1　上海市

6.1.1　特色小镇建设相关政策

2016年12月，上海市政府发布《关于开展上海市特色小（城）镇培育与2017年申报工作的通知》，以建制镇为单位，鼓励引导在镇域内相对集中地区发展打造特色产业、特色文化和特色环境。

6.1.2　特色小镇建设基础

1. 后工业化

当前上海第三产业比重达到70.5%，第三产业就业人口占54.5%。美国社会学家丹尼尔·贝尔认为，当一座城市的服务业产值和就业超过工业和农业，标志着这座城市进入后工业社会。上海已经进入这一阶段，制造业与服务业融合，新兴产业大规模涌现，而特色小镇正是金融、科研、文化创意等新兴产业的新载体。

2. 后城镇化

当前，上海已基本告别粗放的、以土地为核心的大规模新城开发，进入到环境空间形态改善优化阶段，尤其是要配合大都市非核心功能的疏解，打造郊区的宜居宜业小城，重构郊区城镇之间功能布局。上海总面积为6340平方公里，而外环以内仅有630平方公里，仅占全市面积的1/10，过去有太多的机会和资源集聚在外环以内区域，未来，其余9/10在外郊区的大片空间将成为城市非核心功能疏解和城市功能更新的发力点和主战场。在功能承载空间上，大都市核心区突出高端服务功能，发挥全球资源配置能力，大都市边缘区承载科技创新和新兴业态培育功能，新城等城市节点区域体现综合服务功能，推动城乡一体发展。

3. 高创新

上海建设具有全球影响力的科技创新中心稳步推进，特色小镇将成为上海科技创新的重要承载区域。当前，以五角场、张江、徐汇、桃浦等点串联起来的中环"创新圈"已经基本形成，而外环大量低端乡镇工业园区亟须转型升级，相对于中环，外环成本更低、生态更好、文化更丰富，可以选择马东、车墩、周浦等一些有条件的区域，进行工业开发区与镇级建成区一体开发，在体制机制上进行突破，形成若干以创新为主的特色小镇。

4.高收入

2016年，上海居民人均可支配收入达5.4万元，居全国第1位，同时上海常住人口与流动人口约3500万人，相当于一些发达国家的全国人口总额，人们追求的是异质化的特色消费享受，缺少配套的农家乐、破败的乡村已无法满足高收入城市居民的文化旅游消费需求。特色小镇可以为推动区域环境综合整治和在土地减量化背景下发展新型都市农业等形式的新型体验经济、推动郊区产业"退二进一""退二进三"及农业"接二连三"提供平台载体。通过新规划、新政策、新定位、新功能等方面为广大郊区带来新的生机，即以环境整合整治和土地减量化发展为起点，以产业文化和生态特色为引领，融合区域环境特色和发展基础，通过产业链延伸、价值链重构和政策链整合，试验打造转型发展的样本小镇。

6.1.3 特色小镇建设现状

目前，上海市有国家级特色小镇9个，其中第一批3个，第二批6个。

上海市国家级特色小镇名单   表6-1

小镇名称	批次
金山区枫泾镇	第一批
松江区车墩镇	第一批
青浦区朱家角镇	第一批
浦东新区新场镇	第二批
闵行区吴泾镇	第二批
崇明区东平镇	第二批
嘉定区安亭镇	第二批
宝山区罗泾镇	第二批
奉贤区庄行镇	第二批

6.1.4 特色小镇建设成果

上海市特色小镇建设成果   表6-2

小镇名称	建设情况
金山区枫泾镇	分三阶段开展，目前已完成项目实施方案编报工作，同时启动小镇核心区改造和更新；第二阶段（2017～2019年），启动"城中村"方案编报工作，启动"城中村"地块开发建设工作；第三阶段（2019～2020年），将计划启动推进车站小镇建设
松江区车墩镇	立足影视基地产业基础和文创企业集聚优势，打造具有老上海风情的特色小镇。目前，已累计完成20余万平方米的旧房改造

小镇名称	建设情况
浦东新区新场镇	上海自贸区国际艺术品中心、上海浦东文化传媒有限公司、乡伴文旅集团等 8 家单位和新场镇成为战略合作伙伴，将共同参与新场"文创小镇"建设
闵行区吴泾镇	已完成线上和线下的各项申报工作，主打"科技＋时尚"产业特色。在科技产业方面，2017 年上半年一批产业园区顺利开园；在时尚产业方面，镇内三家领头企业森马、拉夏贝尔、衣恋都有在吴泾扩张的计划，计划新建总部研发基地，总投资 10.8 亿元，总占地 20 公顷。目前，森马二期及拉夏贝尔研发中心项目已结构封顶，衣恋二期项目也启动建设
崇明区东平镇	建设中，2017 年下半年计划投资 1515 万元，在北新公路、北沿公路沿线种植梅树累计面积达 500 亩；计划完成镇辖东风公路 - 林风公路 - 北沿公路 - 前进居民区 20 公里休闲旅游带的规划编制；计划投资 1400 万元，建设市民综合服务中心；
嘉定区安亭镇	以汽车产业为主导的小镇，目前安亭汽车城已经成为全球最大的汽车生态全产业链基地之一，以汽车制造为依托，发展出集研发、制造、教育、文化、F1 赛事、旅游等于一身的完整汽车产业链。小镇已经具备"产"基础，在"城"方面也正在加快建设，政府提出了加快汽车城产城融合示范区的建设步伐
宝山区罗泾镇	"生态旅游"小镇，近五年市区镇三级财政先后投入近 8 亿元。结合推进"五违"整治，罗泾镇已全部拆除饮用水源保护区地块内 78 家企业，累计清退低效能污染企业 140 余家，腾出土地近 500 亩，区域内生态保护面积已达 42% 左右。未来计划先期投入近 3000 万元，新增部分公共服务设施

6.1.5 特色小镇建设效益

上海市特色小镇建设效益　　　　　　　　　　　　　　表 6-3

小镇名称	建设情况
金山区枫泾镇	目前,古镇区域基础和配套设施建设以及风貌类改造包括 4 大类（基础类、功能类、景点类、项目类）27 小类，总投资约为 30 亿，预计中近期投资约为 20 亿。今后，开发区域将扩展覆盖整个镇区
松江区车墩镇	截至 2017 年 7 月底，小镇实现地方财政收入 4.8 亿元，同比增长 33.2%，完成全年计划的 75.9%。其中，叁零·SHANGHAI 文化创意产业园自成立以来，已累计引进企业 1390 户，累计实现产值 70 亿元，纳税 5.1 亿元
浦东新区新场镇	规划中，尚未产生效益，目前小镇年吸引游客 160 多万人，年带动消费上亿元。"十三五"期间，小镇将通过实施"文化＋"战略，以古镇为核心，重点依托东横港文化创新走廊、大治河生态走廊的延伸，形成三个圈层（历史文化圈、产城融合圈、郊野生态圈）的发展布局，实现生产、生活、旅游、居住等功能叠加融合，在全镇范围内形成"古镇＋文创＋旅游＋乡村"的特色
闵行区吴泾镇	小镇目前仍处于建设中，尚未形成明显效益，目前时尚服饰产业占全镇税收总额的 13%，全镇一年的财政收入超过 90 亿元。未来，小镇将形成一批特色小镇建设的标志性品牌，逐步扩大科技时尚特色小镇的影响力
崇明区东平镇	尚未产生建设效益
嘉定区安亭镇	2016 年，汽车城整车产量达 194.9 万辆，销售超 200 万辆，产值达 2286 亿元，率先成为中国整车年产量突破 100 万辆的生产基地
宝山区罗泾镇	/

6.2 江苏省

6.2.1 特色小镇建设相关政策

2016 年以来，江苏省出台了一系列相关政策大力扶持特色小镇规划建设，相继发布了《关于培育创建江苏特色小镇的指导意见》和《关于培育创建江苏特色小镇的实施方案》。

江苏省特色小镇建设相关政策　　　　　　　表 6-4

政策	具体内容
《关于培育创建江苏特色小镇的指导意见》（2016.12.30）	1）力争通过 3～5 年努力，分批培育创建 100 个左右特色小镇。 2）加强政策支持。充分整合现有政策资源，支持特色小镇建设。财政、国土资源等职能部门要明确对特色小镇建设的专项支持政策。 3）实施绩效评价。建立特色小镇统计监测和考核机制。省统计局会同相关牵头部门建立统计指标体系，对特色小镇开展统一监测
《关于培育创建江苏特色小镇的实施方案》（2017.2.22）	产业定位：聚焦高端制造、新一代信息技术、创意创业、健康养老、现代农业、旅游风情、历史经典等产业
	建设空间：规划面积原则上控制在 3 平方公里左右，其中建设面积原则上控制在 1 平方公里左右
	投资金额：高端制造业类特色小镇，原则上 3 年内要完成项目投资 50 亿元，苏北、苏中地区投资额可放宽至标准的 80%。新一代信息技术、创意创业、健康养老、现代农业、旅游风情和历史经典特色小镇，原则上 3 年内要完成项目投资 30 亿元。第一年完成投资不少于总投资额 20%，且投资于特色主导产业的占比不低于 70%。以上投资均不含住宅项目
	综合效益：旅游风情类小镇旅游综合收入 10 亿元以上，实现直接就业人数 2000 人以上，带动就业人数 7500 人以上
	财政扶持：对纳入省级创建名单的特色小镇，在创建期间及验收命名后累计 3 年内，每年考核合格后给予 200 万元奖补资金

6.2.2 特色小镇建设现状

住建部公布的第一、二批中国特色小镇名单中，江苏有 22 个镇入选。在省级特色小镇方面，2017 年 5 月，江苏公布首批 25 个省级特色小镇创建名单，其中，无锡、常州、苏州、镇江均有 3 个小镇入围。

此外，江苏于 2016 年率先启动体育健康特色小镇建设，2017 年 2 月公布了首批无锡江阴新桥镇等 8 个体育特色小镇，4 月份又确定苏州太仓电竞小镇等 6 家体育特色小镇启动建设名单，至此，江苏省以体育健康为特色的省地共建特色小镇数量已达 14 个。到 2020 年，江苏将培育 20 家左右以健身休闲服务为特色、功能多元聚合的体育健康特色小镇。

在农业小镇方面，江苏省于 2017 年启动"12311"创意休闲农业省级特色品牌培育计划，并公布了 105 个农业特色小镇培育名录。江苏省计划用 3～5 年时间培育 100 个农业特色小镇、200 个休闲农业示范村、300 个主题创意农园，构建一个全国领先的创意休闲农业互联网平台，每年举办一期创意休闲农业设计大赛展。

体育特色小镇和农业特色小镇都是江苏省特色小镇建设的一部分，其中农业特色小镇不受行政建制限制，也不同于一般的农业产业园区，规划面积一般控制在 3～5 平方公里，核心区在 1 平方公里左右。

江苏省各级特色小镇一览表   表 6-5

序号	小镇名称	等级与批次
1	南京市高淳区桠溪镇	国家级第一批, 省级第一批体育小镇名单
2	无锡市宜兴市丁蜀镇	国家级第一批
3	徐州市邳州市碾庄镇	国家级第一批
4	苏州市吴中区甪直镇	国家级第一批
5	苏州市吴江区震泽镇	国家级第一批
6	盐城市东台市安丰镇	国家级第一批
7	泰州市姜堰区溱潼镇	国家级第一批
8	无锡市江阴市新桥镇	国家级第二批, 省级第一批体育小镇名单
9	徐州市邳州市铁富镇	国家级第二批
10	扬州市广陵区杭集镇	国家级第二批
11	苏州市昆山市陆家镇	国家级第二批
12	镇江市扬中市新坝镇	国家级第二批
13	盐城市盐都区大纵湖镇	国家级第二批
14	苏州市常熟市海虞镇	国家级第二批
15	无锡市惠山区阳山镇	国家级第二批
16	南通市如东县栟茶镇	国家级第二批
17	泰州市兴化市戴南镇	国家级第二批
18	泰州市泰兴市黄桥镇	国家级第二批
19	常州市新北区孟河镇	国家级第二批
20	南通市如皋市搬经镇	国家级第二批
21	无锡市锡山区东港镇	国家级第二批
22	苏州市吴江区七都镇	国家级第二批
23	未来网络小镇	省级第一批创建名单
24	高淳国瓷小镇	省级第一批创建名单
25	鸿山物联网小镇	省级第一批创建名单
26	太湖影视小镇	省级第一批创建名单
27	新桥时裳小镇	省级第一批创建名单
28	沙集电商小镇	省级第一批创建名单
29	石墨烯小镇	省级第一批创建名单
30	殷村职教小镇	省级第一批创建名单
31	智能传感小镇	省级第一批创建名单
32	苏绣小镇	省级第一批创建名单
33	东沙湖基金小镇	省级第一批创建名单
34	昆山智谷小镇	省级第一批创建名单
35	吕四仙渔小镇	省级第一批创建名单
36	海门足球小镇	省级第一批创建名单

序号	小镇名称	等级与批次
37	东海水晶小镇	省级第一批创建名单
38	盱眙龙虾小镇	省级第一批创建名单
39	数梦小镇	省级第一批创建名单
40	汽车小镇	省级第一批创建名单
41	头桥医械小镇	省级第一批创建名单
42	大路通航小镇	省级第一批创建名单
43	丹阳眼镜风尚小镇	省级第一批创建名单
44	句容绿色新能源小镇	省级第一批创建名单
45	医药双创小镇	省级第一批创建名单
46	黄桥琴韵小镇	省级第一批创建名单
47	电商筑梦小镇	省级第一批创建名单
48	昆山市锦溪镇	省级第一批体育小镇名单
49	宿迁市湖滨新区晓店镇	省级第一批体育小镇名单
50	溧阳市上兴镇	省级第一批体育小镇名单
51	淮安市淮安区施河镇	省级第一批体育小镇名单
52	南京市汤山温泉旅游度假区	省级第一批体育小镇名单
53	仪征市枣林湾生态园	省级第一批体育小镇名单
54	徐州贾汪区的大泉街道	省级第二批体育小镇名单
55	南京老山有氧运动小镇	省级第二批体育小镇名单
56	太仓电子竞技特色小镇	省级第二批体育小镇名单
57	武进太湖湾体育健康特色小镇	省级第二批体育小镇名单
58	张家港市凤凰镇	省级第二批体育小镇名单
59	扬中极限运动小镇	省级第二批体育小镇名单

江苏省农业特色小镇培育名单　　　　　　　　　　表6-6

地区	小镇名称
徐州11个	现代农业产业园区莓好田园小镇
	新区街道草莓体验小镇
	大沙河镇果都风情小镇
	首羡镇洋葱文化小镇
	敬安镇辣椒科创小镇
	桃园镇蚕桑文化小镇
	时集镇蜜桃小镇
	阿湖镇巴山葡萄小镇
	碾庄镇蒜香小镇
	占城镇药旅小镇
	港上镇银杏博览小镇

续表

地区	小镇名称
宿迁 7 个	新庄镇杉荷小镇
	丁嘴镇金针菜小镇
	洋北镇西瓜小镇
	郑楼镇玫瑰苑小镇
	颜集镇花木电商小镇
	卢集镇生态休闲小镇
	石集乡稻米文化小镇
淮安 8 个	黄码乡红椒小镇
	仇桥镇水乡风情小镇
	岔河镇品稻小镇
	闵桥镇荷韵小镇
	和平镇生态文旅小镇
	丁集镇花海休闲小镇
	蒋坝镇河工风情小镇
	保滩镇花海农博小镇
南京 9 个	永宁街道莲香小镇
	盘城街道葡萄风情小镇
	谷里街道大塘金香草小镇
	横溪街道甜美西瓜小镇
	横梁街道 E 田园民宿小镇
	龙池街道云厨小镇
	白马镇蓝莓小镇
	洪蓝镇草莓文旅小镇
	桠溪镇慢城小镇
镇江 5 个	上党镇清茶小镇
	白兔镇鲜果小镇
	茅山镇葡萄小镇
	后白镇草毯绿波小镇
	天王镇森林文化小镇
常州 7 个	郑陆镇太湖名猪小镇
	嘉泽镇花木小镇
	礼嘉镇葡萄文化小镇
	西夏墅镇草坪田园小镇
	薛埠镇茶香小镇
	天目湖镇白茶小镇
	戴埠镇南山农旅小镇

续表

地区	小镇名称
无锡 8 个	东港镇红豆杉康养小镇
	阳山镇蜜桃小镇
	洛社镇六次产业特色小镇
	雪浪街道杨梅小镇
	胡埭镇花彩小镇
	璜土镇葡萄风情小镇
	张渚镇茶旅文化小镇
	湖镇深氧休闲小镇
苏州 7 个	望亭镇稻香小镇
	震泽镇蚕桑文化小镇
	东山金庭枇杷小镇
	甪直镇水八仙小镇
	凤凰镇蜜桃人文小镇
	锦丰镇金沙洲休闲养生小镇
	锦溪镇水韵稻香小镇
南通 6 个	大豫镇西兰花小镇
	如城街道盆景创意小镇
	合作镇花海小镇
	启隆镇乐享有机小镇
	惠萍镇水果小镇
	三厂镇山羊文化小镇
泰州 5 个	大泗镇中药养生小镇
	溱潼镇溱湖八鲜小镇
	垛田镇香葱小镇
	生祠镇苑艺小镇
	宣堡镇林果氧吧小镇
扬州 9 个	沙头镇蔬艺体验小镇
	甘泉街道樱花爱情小镇
	瓜洲镇葵花园小镇
	丁伙镇花木田园小镇
	射阳湖镇荷藕文化小镇
	枣林湾园艺世博小镇
	马集镇黑莓小镇
	卸甲镇好种源小镇
	界首镇芦苇风情小镇

地区	小镇名称
盐城 15 个	张庄街道葡萄小镇
	便仓镇牡丹小镇
	草庙镇麋鹿风情小镇
	滨海港经济区何首乌小镇
	郭墅镇瓜蒌康养小镇
	特庸镇蚕桑小镇
	富安镇茧丝绸小镇
	龙冈镇桃园休闲小镇
	黄尖镇丹鹤小镇
	新丰镇荷兰风情小镇
	黄圩镇森氧小镇
	正红镇草柳工艺小镇
	洋马镇菊花小镇
	九龙口镇荷藕小镇
	五烈镇美丽田园小镇
连云港 8 个	黑林镇蓝莓小镇
	厉庄镇樱桃创意小镇
	石梁河镇葡萄文旅小镇
	双店镇切花电商小镇
	新安镇蘑菇文化小镇
	新集镇稻渔生态小镇
	小伊乡藕虾休闲小镇
	南岗乡循环农业小镇

6.2.3 特色小镇建设成果

从江苏省公布的第一批省级特色小镇创建名单来看，其中高端制造小镇数量最多，为 7 个；其次为创意创业小镇，6 个；新一代信息技术小镇和历史经典小镇均为 4 个。

江苏省第一批特色小镇创建名单产业分类 表 6-7

产业	数量
高端制造小镇	7
新一代信息技术小镇	4
创意创业小镇	6
健康养老小镇	2
现代农业小镇	2
历史经典小镇	4

下表为第一批部分省级特色小镇建设规划情况：

江苏省部分特色小镇建设成果   表 6-8

小镇名称	产业定位	规划面积	建设用地面积	规划常住人口	景区功能建设时间和标准	投资情况
未来网络小镇	新一代信息技术	3平方公里	1500亩	2万人左右	3A级景区，2018年	总投资141.87亿元，计划2017～2019年投资99.2亿元，第一年完成项目投资35.1亿元，占总投资额的25%，且投资于特色主导产业占比为100%
高淳国瓷小镇	历史经典	3.3平方公里	—	1万人	3A级景区，2019年	总投资32.5亿元
鸿山物联网小镇	新一代信息技术	36平方公里	1500亩	2万人	—	总投资58亿元
太湖影视小镇	创意创业	2.8平方公里	2500亩	10万人	已获评国家4A级景区	总投资35亿元。已建成影视云技术平台，影视综合服务平台，数字电影技术研发平台
新桥时裳小镇	高端制造	3.2平方公里	1500亩	8000人	—	—
沙集电商小镇	创意创业	3平方公里	2448.5亩	3.5万人	3A级景区，2019年	—
石墨烯小镇	高端制造	3.38平方公里	新增1348亩	1万人	3A级景区，2019年	—
殷村职教小镇	创意创业	3.7平方公里	1650亩	3.5万人	5A级景区，2019年	—
智能传感小镇	高端制造	3.28平方公里	1250亩	2.0-3.5万人	4A级景区，2019年	—
苏绣小镇	创意创业历史经典	3平方公里	423亩	2万人	5A级景区，2019年12月	总投资30亿元
东沙湖基金小镇	创意创业	3.2平方公里	1290亩	—	3A级景区，2020年	—

6.2.4 特色小镇建设效益

江苏省部分特色小镇建设效益   表 6-9

小镇名称	建设效益
国瓷小镇	国瓷小镇将建设成融"生态—生活—生产"为一体的三生融合的文化风貌景区，主要建设为陶瓷产业生产、研发、旅游和文创等项目，实现年收入21.8亿元，新增税收3亿元，新增岗位4500人，年游客接待量30万人次
鸿山物联网小镇	小镇以"三生（生产、生活、生态）融合"和"四位（产业、文化、旅游、社区）一体"作为核心理念；以"双核驱动、纵横双轴、一带一路、三圈共融"作为主要规划结构；以物联网为主，装备制造、现代农业、休闲旅游为辅的"三主一辅"形式作为产业体系。 预计未来3年内，小镇将完成物联网产业直接投资30亿元以上，新增税收7.8亿元；将会有2万人左右的居住规模，直接带动1万人左右就业，间接带动3万人左右形成商业活动，重点聚集约100～150家企业入驻

续表

小镇名称	建设效益
苏绣小镇	镇湖家庭收入 75% 以上来自刺绣，刺绣经济的发展壮大，还使镇湖从过去的"接包"加工刺绣产品转为"发包"，带动了周围乡镇大批农民的就业
丹阳眼镜风尚小镇	小镇已建成 3A 级景区，全年旅游、商务客源达 120 万人次；4A 级旅游景区正在有序创建，预计 2019 年底建成。 丹阳年产镜架近 2 亿副，占全国总量的 1/3，年产光学镜片和玻璃镜片 3 亿副，占国内总量的 75%，世界总量的 50%

6.2.5 特色小镇投融资模式

在投融资机制上，江苏省鼓励政府和社会资本合作，设立特色小镇建设基金。鼓励利用财政资金撬动社会资本，共同发起设立特色小镇建设基金，支持特色小镇发行企业债券、项目收益债券、专项债券或集合债券用于公用设施项目建设。

6.2.6 特色小镇建设案例

1. 汤山温泉养生小镇

（1）小镇发展简况分析

汤山集"山、水、泉、林、碑、洞、寺"七景于一体，史前、地质、明朝、民国等文化传承有序，自然人文景观交相辉映。在汤山，既有被吉尼斯纪录记载为世界最大的碑材——阳山碑材，又有闻名中外的温泉资源——温泉水资源品质优异，日出水量近 2 万吨，常年水温 60 ～ 65℃，含有 32 种矿物质和 5 种微量元素，位列全国四大疗养温泉之首。

"十二五"期间，汤山温泉旅游度区坚持品牌知名度和市场认知度"双提升"，获得了国家级旅游度假区、中国温泉之乡、世界著名温泉小镇、世界温泉论坛永久会址、全国温泉开发利用示范区等一批含金量十足的"国字号"荣誉。

（2）小镇特色与战略定位

围绕温泉特色，构建产业体系。以现有雄厚的温泉产业为基础，进一步扩大现有的产业优势，构筑以"温泉 +"为主题，以旅游度假、健康养生为核心，以会展培训、文化创意、运动娱乐为延伸的完整旅游度假产业链条，将规划区块建设成为"温泉休闲养生小镇"。

健康养生产业是汤山温泉旅游度假区"十三五"期间的产业重点发展方向，将充分发挥温泉资源康疗养生价值，构建集医疗保健、休闲养生、健康运动和生态居住于一体的现代养生产业基地。

（3）小镇规划布局分析

未来 5 年，"南京汤山温泉养生文化旅游小镇"项目将打造以温泉养生文化旅游为核心的旅游、娱乐、度假、休闲等业态平衡、环境友好的高品质社区，并整合开发汤山旅游资源，打造具有国际先进理念、绿色宜居的汤山温泉养生文化旅游小镇。面向"十三五"，汤山温泉旅游度假区将充分运用好此次论坛成果，立足全国旅游发展大趋势和区委"一轴、三带、四片区"的部署要求，抢抓国家级旅游度假区、环绕文化休旅经济带、中医药养生基地、新型城镇化共融共建的历史机遇，全力打造文化休旅先导区、养生度假示范区、城乡发展样板区。到"十三五"末，形成以现代服务业为核心、以文化休旅经济为主导、以温泉养生度假为特色的国家级旅游度假区和现代化新城区，全面进入首批国家级旅游度假区第一方阵。

（4）小镇建设最新进展

2016年，江宁区汤山街道将突出"温泉＋养生"主题，以重点项目为抓手，加快现代服务业发展和休旅康养产业集聚。在加快苏豪健康养老产业园控规落地及一期温泉养生示范体验区建设的基础上，年内颐美精品酒店将建成对外运营，汤城东郡温泉文化广场建设完成；紫清湖度假酒店、协众汽车培训公园及4S店等项目加快建设，显著提升项目建设形象；温泉养生小镇一期汤山老街改造工程稳步推进。加快推进中国金茂汤山温泉养生小镇PPP模式研究，打造综合性、国际化养生文化旅游小镇。此外，以创建全域旅游示范街道为重点，加快推进汤山原有旅游度假项目的提档升级和系统整合，强化度假区重要功能节点旅游氛围营造和提升，确保创成全域旅游示范街道，成为环绕越休旅文化经济带的核心旅游功能节点。

2. 靖江生祠苑艺小镇

（1）小镇发展简况分析

"苑艺小镇"所在的生祠镇是靖江历史文化古镇、生态强镇、农业大镇和旅游重镇。苑艺小镇建设坚持产业融合路径，以山水盆景产业为龙头，以提升品牌影响力和产业竞争力为关键，以产业融合铸品牌，文旅融合聚人气，镇村融合美环境，发展庭院景观、现代农业、健康产业，打造长三角区域苑艺产业集聚示范基地、苑艺文化研究传播中心、苑艺旅游观光体验中心。

（2）小镇特色与战略定位

靖江生祠苑艺小镇将利用现有的简园、东华景观园、艺海生态园和埭上人家这三园一基地的独特优势，发展园艺培训、加工、交易于一体的园艺产业。挖掘渡江战役前线指挥部、靖江第一个抗日民主政权所在地普济庵等人文资源，打造红色旅游品牌。利用"互联网＋"，放大火龙果、盆栽蔬菜等设施农业的生态经济效益，实现农产品线上线下交易与体验的有机互动。

（3）小镇规划布局分析

苑艺小镇规划面积3平方公里，核心区面积1平方公里。充分利用现有的丽园、东华景观园、艺海生态园和埭上人家这三园一基地的独特优势，将山水盆景培训、制作、交易基地引入苑艺小镇核心区，发展集园艺培训、加工、交易于一体的园艺产业，在有限的空间里充分融合产业、旅游、文化与社区功能，在构筑生态产业的同时，力争形成令人向往的优美风景、宜居环境和创业氛围。

（4）小镇运营模式

生祠苑艺小镇按照"政府引导、市场化运作、公司化运营"的基本原则排定小镇运营模式。一是政府引导。由市委、市政府统筹决策特色小镇整体规划、特色产业和旅游产业方案，生祠镇负责特色小镇区外配套基础设施项目的规划、设计和建设。二是市场化运作。充分发挥市场配置资源作用，以市场需求为导向，瞄准苑艺产业链整体开发，集聚相关产业，引进高附加值产品。三是公司化运营。由靖江市苑艺小镇建设发展有限公司负责特色小镇规划区内基础设施建设，产业集聚、招商引资、旅游开发、社会事务、物业管理等事项。公司组织形式为有限责任制公司，注册资金 3 亿元人民币，由靖江市美丽乡村建设有限公司出资，择机吸收其他国有资本或社会资本扩大投资规模。苑艺公司经营范围包括：市政基础设施建设；房地产开发经营；园林绿化维护；农产品、花卉、盆景经营销售；物业及社会事务管理；旅游服务及管理；投资与资产管理等。

6.3 四川省

6.3.1 特色小镇建设相关政策

四川省特色小镇建设相关政策　　　　表 6-10

政策	具体内容
《四川省"十三五"特色小城镇发展规划》（2016.12）	1. 规划目标："十三五"期间，大力培育发展 200 个左右类型多样、充满活力、富有魅力的特色小城镇。 2. 产业定位：重点打造旅游休闲型、现代农业型、商贸物流型、加工制造型、文化创意型和科技教育型六大类型
《关于深化拓展"百镇建设行动"培育创建特色镇的意见》（2017.8）	1. 主要目标：到 2020 年，通过省、市、县分级培育创建，将 300 个试点镇拓展至 600 个；培育创建 100 个左右特色镇。 2. 配套设施投资：到 2020 年，完成 1000 亿元左右公共设施投资，提升试点镇综合承载能力。 3. 产业投资：到 2020 年，完成 2000 亿元左右产业投资，提升试点镇产业集聚发展水平

6.3.2 特色小镇建设现状

在住建部公布的第一、二批特色小镇名单中，四川省占据 20 席位，与广东省并列第三名。在省级特色小镇建设方面，2017 年 6 月四川省公布首批 42 个省级特色小镇创建名单（住建部公布的特色小镇名单全部入围省级创建名单），其中成都 6 个，位居首位。而根据规划，到 2020 年，四川省将培育创建 100 个特色小镇。

在市级特色小镇建设方面，德阳市首批拟规划建设 14 个特色小镇，计划总投资 7283100 万元。

四川省各级特色小镇一览表　　　　　　　　　　　　　　　表 6-11

序号	小镇名称	等级与批次
1	成都市郫县德源镇	国家级第一批，省级第一批特色小镇名单
2	成都市大邑县安仁镇	国家级第一批，省级第一批特色小镇名单
3	攀枝花市盐边县红格镇	国家级第一批，省级第一批特色小镇名单
4	泸州市纳溪区大渡口镇	国家级第一批，省级第一批特色小镇名单
5	南充市西充县多扶镇	国家级第一批，省级第一批特色小镇名单
6	宜宾市翠屏区李庄镇	国家级第一批，省级第一批特色小镇名单
7	达州市宣汉县南坝镇	国家级第一批，省级第一批特色小镇名单
8	成都市郫都区三道堰镇	国家级第二批，省级第一批特色小镇名单
9	自贡市自流井区仲权镇	国家级第二批，省级第一批特色小镇名单
10	广元市昭化区昭化镇	国家级第二批，省级第一批特色小镇名单
11	成都市龙泉驿区洛带镇	国家级第二批，省级第一批特色小镇名单
12	眉山市洪雅县柳江镇	国家级第二批，省级第一批特色小镇名单
13	甘孜州稻城县香格里拉镇	国家级第二批，省级第一批特色小镇名单
14	绵阳市江油市青莲镇	国家级第二批，省级第一批特色小镇名单
15	雅安市雨城区多营镇	国家级第二批，省级第一批特色小镇名单
16	阿坝州汶川县水磨镇	国家级第二批，省级第一批特色小镇名单
17	遂宁市安居区拦江镇	国家级第二批，省级第一批特色小镇名单
18	德阳市罗江县金山镇	国家级第二批，省级第一批特色小镇名单
19	资阳市安岳县龙台镇	国家级第二批，省级第一批特色小镇名单
20	巴中市平昌县驷马镇	国家级第二批，省级第一批特色小镇名单
21	双流区黄龙溪镇	省级第一批特色小镇名单
22	青白江区城厢镇	省级第一批特色小镇名单
23	中江县仓山镇	省级第一批特色小镇名单
24	什邡市师古镇	省级第一批特色小镇名单
25	白节镇	省级第一批特色小镇名单
26	叙永县江门镇	省级第一批特色小镇名单
27	苍溪县歧坪镇	省级第一批特色小镇名单
28	青川县青溪镇	省级第一批特色小镇名单
29	松潘县川主寺镇	省级第一批特色小镇名单
30	九寨沟县漳扎镇	省级第一批特色小镇名单
31	安州区桑枣镇	省级第一批特色小镇名单
32	富顺县赵化镇	省级第一批特色小镇名单
33	仁和区平地镇	省级第一批特色小镇名单
34	嘉陵区世阳镇	省级第一批特色小镇名单
35	宜宾县横江镇	省级第一批特色小镇名单
36	达川区石桥镇	省级第一批特色小镇名单

续表

序号	小镇名称	等级与批次
37	巴州区化成镇	省级第一批特色小镇名单
38	宝兴县灵关镇	省级第一批特色小镇名单
39	隆昌县界市镇	省级第一批特色小镇名单
40	峨眉山市符溪镇	省级第一批特色小镇名单
41	武胜县街子镇	省级第一批特色小镇名单
42	稻城县香格里拉镇	省级第一批特色小镇名单
43	西昌市安宁镇	省级第一批特色小镇名单

在省级特色小城镇建设方面,根据四川省的规划,"十三五"期间,四川省将大力发展 200 个左右特色小城镇。同时,四川省公布了规划建设名单,其中旅游休闲型特色小城镇 47 个、现代农业型特色小城镇 45 个、商贸物流型特色小城镇 31 个、加工制造型特色小城镇 30 个、文化创意型特色小城镇 32 个、科技教育型 15 个,共计 200 个。

四川省规划建设特色小城镇分类　　　　　　　　　　　　　　　　表 6-12

类型	数量
旅游休闲型	47
现代农业型	45
商贸物流型	31
加工制造型	30
文化创意型	32
科技教育型	15

6.3.3 特色小镇建设成果

2013 年,四川启动"百镇建设行动",选取 300 个小镇重点培养。如今,300 个试点示范镇 3 年累计完成基础设施投资 321 亿元,完成项目近 1000 个,重点是推进小城镇水、电、路、气等基础设施建设,如成都每一个小镇都配有 28 套学校、医院、服务中心等基础设施和服务平台。

此外,四川省加大了小城镇在教育、医疗等方面的投入,在 2015 年抽样的 127 个小城镇中,平均拥有幼儿园和中小学 6 所,医疗卫生设施数达到 9.8 个,比 2012 年增加了 30.3%,给予农业转移人口与城市人口同等的教育、医疗、社保等权利。

6.3.4 特色小镇建设效益

从 2013 年开始,四川在全国率先全面放开除特大城市以外的城镇落户限制,近年来试点镇转移农村人口约 60 万人,并推进社保制度改革,完善社保关系转移接续办法。"十三五"时期,四川将有超过 550 万农村人转变为城镇人。

6.3.5　特色小镇投融资模式

在融资机制上，2013 年以来，四川省财政 3 年安排专项资金 15 亿元，整合专项资金近 5 亿元，通过"以奖代补"竞争机制对小城镇基础设施资金配套。运用 PPP、财政贴息、直接补助、发行地方政府债券等多种方式，激励社会资本投入小城镇建设。

在发展模式上，按照"3+N"的发展模式（"3"是特色工业、商贸物流、旅游休闲 3 种模式；而"N"是衍生出的生态宜居、文化创意、科技教育等各种主题），形成类型多样、充满活力、富有魅力的小城镇发展新格局。发展类型上，呈现"3+N"的特色。

6.3.6　特色小镇建设案例

1. 郫县德源镇

（1）小镇发展简况分析

德源镇位于郫县南部，是郫县的南大门，距成都市区仅 5 公里，距郫县县城 1.2 公里，距温江区 6 公里，区域优势十分突出，总人口 2.03 万。

郫县德源镇目前已改造创新创业载体 40 余万平方米，引进孵化器 25 家、创新创业项目 926 个，聚集创新创业人才 10000 余人。成功举办了"创业天府·菁蓉汇"系列活动、2015 海外学人回国创业周暨成都全球华人创业大赛、首届中国 VR&AR 国际峰会（2016 成都）等多场具有国内外影响力的创新创业活动，使德源镇（菁蓉小镇）的对外影响力不断扩大。

（2）小镇特色与战略定位

2015 年以来，郫县启动实施"创业天府·郫县行动计划"，依托郫县德源镇的区位和资源等优势，规划并开始倾力打造全省首个以推动创新创业为主题的"菁蓉镇"，总规划 120 万平方米，积极构筑创新创业发展的新高地，努力为县域经济转型升级探索创新驱动、开放发展的"郫县样本"。

（3）小镇规划布局分析

未来 5 年，该镇围绕大数据、互联网+、智能制造等新兴产业，配强项目招引促建力量，定时间、定进度、定责任，集中力量打好项目攻坚战，建好新经济产业园。加快促成中国数码港、阿尔刚雷公司、佳驰电子、中轨公司等项目开工建设和建成达产；加快洽谈"电子科大一校一带产业园""VR&AR 转化基地"等项目。到 2020 年底，力争聚集创新创业人才 3 万~4 万人，引进创新项目超过 1500 余个，承接成果转移 100 项（家）以上。到 2025 年，郫县德源镇，这一四川首个以推动创新创业为主题的"菁蓉镇"将实现年产值 150 亿元，税收 8 亿元以上。

（4）小镇建设最新进展

德源镇已打造形成众创空间 120 万平方米，引进 Next 创业空间、创业黑马等创新型孵化器 35 家，聚集公共技术服务平台 38 个，聚集各类基金 22 只，入驻创新创业项目 1200 余个，聚集创客 11000 余人，引进院士、长江学者、千人计划等高层次人才 21 名。

2. 翠屏区李庄镇

（1）小镇发展简况分析

李庄镇地处酒都宜宾东郊 19 公里的长江南岸，面积 72 平方公里，辖 21 个村，2 个社区，总人口 4.87 万人（其中场镇人口 1.5 万余人）；城镇建成区 2.5 平方公里，古镇核心保护区 1 平方公里。李庄历史悠久、文化厚重、交通便捷、经济兴盛，被誉为"建筑圣地、文化粮仓"。

（2）小镇特色与战略定位

李庄将按照"建设长江上游国际生态山水园林城市核心展示区"的总体定位，大力实施"旅游强镇、三产兴镇、人文立镇、生态美镇"四大战略，到 2020 年，力争把李庄建设成为休闲旅游人气最旺、传统业态与现代文明有机结合最好、可持续发展经济社会生态效益最好、国际人气最好的四个"最好古镇"。

（3）小镇规划布局分析

翠屏区李庄镇将依托深厚、丰富、独特的抗战文化、建筑文化，集中精力全面发展文化旅游产业。借力旅游业，努力建设第三产业集聚区、示范区，以旅游业带动区域内的产业发展，有效促进全镇的产业转型和升级。在大力发展古镇特色旅游的同时，积极打造景区外环线，以宜长路生态农业观光带旅游作为古镇游的补充，带动农村发展生态农业观光游。

（4）小镇建设最新进展

目前，在申报全国爱国主义教育基地、海峡两岸交流基地，创建国家 AAAAA 级景区、国家园林城镇。同时，围绕古镇市政基础设施、景区改造、文化旅游产业等方面开展工作。

6.4 贵州省

6.4.1 特色小镇建设相关政策

贵州省特色小镇建设相关政策

表 6-13

政策	具体内容
《贵州省关于加快 100 个示范小城镇改革发展的十条意见》（2014.6）	全面深入推进十大改革事项，41 项任务清单。同时，围绕《十条意见》，省委组织部、省编委办等部门出台了 29 个配套落实的具体操作文件，"1+N"政策体系基本建立
《贵州省 100 个示范小城镇全面小康统计监测工作实施办法》（2016）	建立了以镇为单位，全面小康统计监测指标体系，极大地促进了示范小城镇全面小康的进程

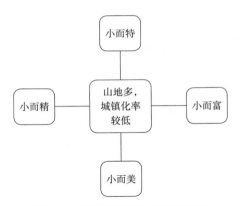

图 6-1　贵州省特色小镇建设思路

6.4.2　特色小镇建设现状

在住建部公布的第一、二批特色小镇名单中，贵州省占据 15 个席位，位列第四名。

在省级特色小镇建设方面，贵州省委省政府提出建设 100 个示范小城镇的战略，建设了一批旅游小镇、白酒小镇、茶叶小镇等各具特色的小城镇。

自贵州省启动 100 个示范小城镇（实际数 142 个）建设以来，各项发展目标稳步推进，累计完成投资 1800 多亿元。另外根据规划，"十三五"期间，贵州省 100 个示范小城镇项目投资需求约 800 亿元，全省小城镇仅基础设施建设投资就需 8000 多亿元。到 2020 年，贵州城镇化率要达到 50%，小城镇人口将增加 120 万人。

同时，"十三五"期间，贵州省将以示范小城镇为引领，精心打造 10 个世界知名的特色小镇，重点培育 100 个全国一流的特色小镇，强力助推全省 1000 个以上小城镇同步小康。例如，打造仁怀市茅台镇的茅台名酒小镇、平塘县克度镇的天文小镇、惠水县百鸟河的数字小镇、贵安新区北斗湾的 VR 小镇等。

6.4.3　特色小镇建设成果

1.经济社会发展成效显著

截至目前，100 个示范小城镇累计建成基础设施、公共服务、产业发展、民生保障等 "8+X" 项目 3200 余个，完成投资 1800 多亿元；新增企业 14000 多家，招商引资签约项目 3700 个，累计到位资金 2000 多亿元。

2.改革释放活力成效明显

根据《关于加快 100 个示范小城镇改革发展的十条意见》，在示范小城镇统一优化机构设置和编制配备，统一下放 195 项县级经济社会管理权限。截至目前，90% 以上的示范小城镇已成立国土资源和规划建设环保办公室、综合行政执法办公室、政务服务中心等党政机构和事业站所，90% 以上的示范小城镇已获得下放权限并已开展执法工作。

3.绿色发展水平稳步提高

根据方案,到 2017 年底 100 个示范小城镇需全面建成供水、污水、垃圾处理设施。截至目前,127 个镇建成集中供水设施,103 个镇建成污水处理设施,101 个镇建成垃圾处理设施,82 个镇全部建成污水垃圾处理设施。

4.年度目标进展总体良好

截至 2017 年 5 月底,贵州省 100 个示范小城镇完成项目投资 265 亿元,占年度目标任务的 55%;新增城镇人口 3 万人,占年度目标任务的 37.5%;新增城镇就业人口 2.5 万人,占年度目标任务的 42%;新增"8+X"达标项目 170 个,占年度目标任务的 34%。

6.4.4　特色小镇建设效益

近年来,贵州省新增城镇人口 33 万人,带动城镇就业 29 万人。在 100 个示范小城镇的辐射带动下,2016 年全省小城镇人口比 2012 年增加 160 万人,带动全省城镇化水平提升 4 个百分点左右。

6.4.5　特色小镇投融资模式

在融资模式上,贵州省成立了镇级投融资平台,积极争取各方面投资资金,此外,鼓励村镇银行、小额贷款公司、融资性担保公司在省列示范小城镇开展业务,为省列示范小城镇建设提供金融服务和支持;在发展模式上,贵州省按照"以镇带村、以村促镇"的发展思路,形成了一个小城镇带动多个美丽乡村建设的镇村联动的发展模式。推进小城镇"8+X"项目建设和美丽乡村"6+X"项目建设,促进城乡协调发展。

6.4.6　特色小镇建设案例

1.贵安新区北斗湾 VR 小镇

（1）小镇发展简况分析

小镇以国际一流、全国标杆、贵州第一的标准,集 VR 孵化、研发、生产、体验、交易、运用为一体的全产业链平台目标,是全国第一个真正意义上的 VR 小镇。小镇集合了"产业规划展示、科普教育宣讲、田园旅游体验、创新创业、交易平台展示"5 大功能,内部设有 VR 产业馆、VR 应用馆、VR 科教馆、VR 体验馆、VR 创客空间、VR 内容交换空间和 VR 交易平台等内容,汇聚了领先全球的各种 VR 设备,目前共有 20 余项 VR、AR、全息类体验项目。

该 VR 小镇是贵安新区为帮助高峰镇麻郎、桥头、狗场三个贫困村走出贫困境地而新建的生态移民小镇,也是贵安新区着力发展大数据产业新型业态,探索大数据商用、政用、民用,推动 VR 产业发展运用,打造特色旅游目的地的重要实践。

（2）小镇特色与战略定位

北斗湾 VR 小镇是以"创新科技＋美丽乡村"模式的"大数据＋VR"特色小镇，成为全球首个"产业＋旅游＋生活"VR 数字创意园和特色旅游目的地。

（3）小镇规划布局分析

贵安新区根据 VR 产业的发展空间、市场需求以及城市自身的能力，对 VR 产业的发展进行了严格的筛选和定位，最终，贵安新区引进各种 VR 产业要素，形成了 VR 培训教育、娱乐体验和延伸产品开发等全产业链，并引进 HTC、富士康、高通、索尼、阿里、乐视等知名企业并给予一定的财税支持，完善了贵安新区 VR 产业链。

在这一思路的指引下，贵安新区确定了一廊、一带、一镇、N 区的"111N"产业发展规划。北斗湾小镇就是贵安新区"111N"产业发展规划中的一镇：以 VR 产业为引领，以服务产业为配套，三位一体的"VR+"产业发展道路。助力打造世界级 VR 产业集聚地，并基于互联网、智慧城市技术，实现全域旅游业和新兴城镇化的双跨越。

目前，小镇内汇聚了领先全球的各种 VR 设备，包括 VR 坦克、生化密室、机器人屯堡等 100 余项 VR、AR、全息类体验项目，并于 2017 年入选贵州省数字经济试点示范小镇。

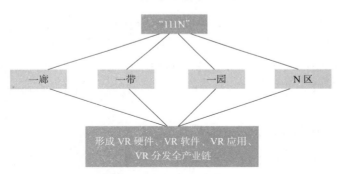

图 6-2　贵安新区北斗湾 VR 小镇规划

（4）小镇建设最新进展

2017 年 7 月 18 日，全国第一个真正意义上的 VR 小镇——贵安新区北斗湾小镇·华侨城 V 谷创意园二期项目建设完成，并正式开园。小镇二期项目新增 50 多款体验项目，让小镇成为国内规模最大、产品最新、体验最佳、玩法最全的 VR 体验地。

2. 云漫湖"贵安六镇"

（1）小镇发展简况分析

云漫湖国际休闲旅游度假区地处贵安新区，总规划用地 5.6 平方公里，总投资额约 80 亿元。项目以生态、环保为理念，以自然景观和瑞士风情为特色，铸就东方瑞士样板。

（2）小镇特色与战略定位

度假区根植于贵安新区马场河流域及高峰山景区资源特色，结合瑞士乡村模式，以生态度假旅游、生态特色农业、休闲生活居住为主导功能的5A级标准"国际休闲旅游度假区"，采用对原有生态系统的保护修复及人文开发模式，打造贵安E时代"国际休闲旅游度假区"核心区和海绵城市样板示范区。

（3）小镇规划布局分析

项目已经建成云漫湖国际社区（东区）、云漫湖国际度假区（西区）两大板块，以智慧小镇、欢乐小镇、健康小镇、体验小镇、金融小镇、创客小镇构建"贵安六镇"的理念，打造云上贵州生态城镇乌托邦。其中，东区占地1.6平方公里，集高端居住、家庭休闲娱乐购物、金融商务平台于一体，建设具有国际风范的中央活力区和家庭娱乐商业新地标；西区占地约4.1平方公里，以"一心""三组团"为核心布局，打造以瑞士特色风貌景观为基础的生态休闲公园、生态养心小镇、山地禅修胜地。

（4）小镇建设最新进展

2017年5月8日，云漫湖国际休闲旅游度假区正式对外开放。

6.5 山东省

6.5.1 特色小镇建设相关政策

山东省特色小镇建设相关政策

表6-14

政策	具体内容
《关于印发山东省创建特色小镇实施方案的通知》（2016.9）	1. 规划目标：到2020年，创建100个左右特色小镇。 2. 创建标准：以产业为基础，一业为主，多元发展，特色突出，要求主导产业税收占特色小镇税收总量的70%以上。 3. 产业定位：培育海洋开发、信息技术、高端装备、电子商务、节能环保、金融等新兴产业；挖掘资源禀赋，发展旅游观光、文化创意、现代农业、环保家具等绿色产业；依托原有基础，优化造纸、酿造、纺织等传统产业。 4. 规划布局：规划面积一般控制在3平方公里左右，起步阶段建设面积一般控制在1平方公里左右。 5. 投资要求：原则上5年完成固定资产投资30亿元以上，每年完成投资不少于6亿元。西部经济隆起带的特色小镇和信息技术、金融、旅游休闲、文化创意、农副产品加工等产业特色小镇的固定资产投资额不低于20亿元，每年完成投资不少于4亿元。 6. 土地政策：如期完成年度规划目标任务的，按实际使用指标一定比例给予奖励；连续2年内未达到规划目标任务的，加倍倒扣省奖励的用地指标。 7. 财政支持：从2016年起，省级统筹城镇化建设等资金，积极支持特色小镇创建；鼓励省级城镇化投资引导基金参股子基金加大对特色小镇创建的投入力度。 8. 金融支持：引导金融机构加大对特色小镇的信贷支持力度。创新融资方式，探索产业基金、股权众筹、PPP等融资路径，加大引入社会资本的力度，用于特色小镇建设
《关于开展山东省服务业特色小镇试点工作的通知》（2017.3）	1. 试点范围：2017年，拟在商贸流通、休闲旅游、文化创意、养老养生、医疗健康等服务业领域，选定一批服务业特色小镇开展试点。 2. 试点政策：由省级服务业引导资金给予一定的资金扶持；省发展改革委积极协调有关咨询机构为试点小镇提供创意、设计、咨询、人才、营销等服务；省发展改革委及时了解发展中的困难和问题，有针对性地研究解决办法

政策	具体内容
青岛《关于加快特色小镇规划建设的实施意见》（2016）	1. 规划目标：力争到 2020 年，在全市建成 50 个特色小镇，其中省、市级特色小镇 20 个左右，区（市）级特色小镇 30 个左右。 2. 规划要求：特色小镇规划区域面积一般控制在 3 平方公里左右，核心区建设面积控制在 1 平方公里左右；省、市级特色小镇建设 3A 级以上景区，旅游产业类特色小镇按 5A 级景区标准建设。 3. 产业定位：聚焦家电、轨道交通装备、汽车等十大新型工业千亿级产业，机器人、三维打印、虚拟现实等十大战略性新兴产业，金融、科技服务、现代物流等十大现代服务业，兼顾传统工艺、特色农业、民俗文化等经典产业。 4. 投资要求：省、市级特色小镇 5 年内固定资产投资应达到 30 亿元以上（不含住宅建设项目），每年完成投资不少于 6 亿元。 5. 财政支持：对列入创建名单的特色小镇，在每年年度考核合格后，规划范围内新增财政收入上交区（市）级分成部分，5 年内可由所在区（市）安排等额资金予以扶持。市财政出资 10 亿元，成立规模 50 亿元特色小镇发展基金，支持特色小镇基础设施建设。 6. 金融支持：鼓励金融机构加大信贷支持力度，充分利用与农发行、国开行等签订的意向性融资，支持特色小镇建设。引导各类社会资本参与特色小镇发展，鼓励运用 PPP 模式推动特色小镇基础设施建设。 7. 搭建创新创业平台：对特色小镇内被认定为市级孵化器的，给予一次性补助 100 万元；被认定为国家级科技企业孵化器的，给予一次性补助 200 万元
《青岛西海岸新区产业小镇建设指导意见和支持政策》（2017.5）	1. 产业小镇用地控制在 3 平方公里以内，产业类建筑面积不低于项目总建筑面积的 60%，建设用地投资强度不低于 670 万元 / 亩。 2. 对达到绿色建筑二星三星标准的、无偿向社会提供公共服务建筑的给予一定优惠补贴。 3. 对产业类项目，可在 1 年内分期缴纳土地出让价款，优质高端项目经区政府批准，可约定在 2 年内缴清。 4. 对入驻产业小镇的新设金融机构、股权基金、上市挂牌企业等机构给予最高 1500 万元的政策扶持。 5. 鼓励引进高端人才团队和国际领先高端产业项目，最高给予 1 亿元综合资助

6.5.2 特色小镇建设现状

在国家级特色小镇方面，根据住建部公布的第一、二批特色小镇名单中，山东省占据 22 席位，仅次于浙江省，与江苏省并列第二名。在省级特色小镇建设方面，山东省已公布两批共 109 个特色小镇建设名单，居全国第一。其中烟台和潍坊入围名单最多，均为 12 个。

除此之外，山东省还公布了 17 个服务业特色小镇名单，而青岛西海岸新区首批规划了 17 个产业小镇。山东省将为服务业特色小镇提供资金扶持及各类创意、设计、咨询、人才、营销等服务支持。

山东省国家级特色小镇一览表（22 个） 　　　　　表 6-15

小镇名称	等级与批次
青岛市胶州市李哥庄镇	国家级第一批
淄博市淄川区昆仑镇	国家级第一批
烟台市蓬莱市刘家沟镇	国家级第一批
潍坊市寿光市羊口镇	国家级第一批
泰安市新泰市西张庄镇	国家级第一批

续表

小镇名称	等级与批次
威海市经济技术开发区崮山镇	国家级第一批
临沂市费县探沂镇	国家级第一批
聊城市东阿县陈集镇	国家级第二批
滨州市博兴县吕艺镇	国家级第二批
菏泽市郓城县张营镇	国家级第二批
烟台市招远市玲珑镇	国家级第二批
济宁市曲阜市尼山镇	国家级第二批
泰安市岱岳区满庄镇	国家级第二批
济南市商河县玉皇庙镇	国家级第二批
青岛市平度市南村镇	国家级第二批
德州市庆云县尚堂镇	国家级第二批
淄博市桓台县起凤镇	国家级第二批
日照市岚山区巨峰镇	国家级第二批
威海市荣成市虎山镇	国家级第二批
莱芜市莱城区雪野镇	国家级第二批
临沂市蒙阴县岱崮镇	国家级第二批
枣庄市滕州市西岗镇	国家级第二批

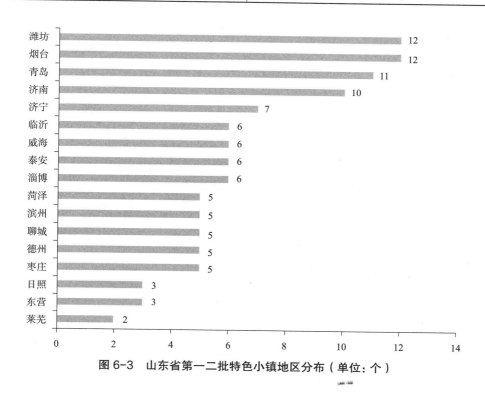

图 6-3　山东省第一二批特色小镇地区分布（单位：个）

山东省省级特色小镇一览表（109个）　　　　　　　表 6-16

地区	批次	小镇
济南	第一批	平阴县玫瑰小镇、济阳县崔寨智慧物流小镇、历城区西营生态旅游小镇、长清区马山慢城小镇
	第二批	平阴县东阿阿胶小镇、商河县贾庄高端精纺小镇、济阳县孙耿有机食品小镇、长清区归德建筑产业化小镇、天桥区桑梓店智能制造小镇、章丘区文祖锦屏文旅小镇
青岛	第一批	城阳区棘洪滩动车小镇、胶州市胶莱高端制造业小镇、即墨市蓝村跨境电商小镇、平度市大泽山葡萄旅游古镇、莱西市店埠航空文化小镇
	第二批	即墨市大信太阳能小镇、平度市南村家电小镇、黄岛区藏南藏马山医养小镇、黄岛区灵山卫东方文化小镇、城阳区城阳新能源小镇、西海岸新区海洋高新区海创小镇
淄博	第一批	淄川区双杨建筑陶瓷小镇、周村区王村焦宝石小镇、临淄区朱台艺居产业小镇、桓台县起凤马踏湖生态旅游小镇
	第二批	沂源县东里凤驿小镇、高青县青城古商贸文旅小镇
枣庄	第一批	山亭区徐庄休闲慢游小镇、滕州市滨湖微山湖湿地古镇、峄城区古邵港航物流小镇
	第二批	滕州市鲍沟工艺玻璃小镇、山亭区城头豆香小镇
东营	第一批	垦利区黄河口滨海旅游小镇、利津县陈庄荻花小镇
	第二批	东营区龙居林海小镇
烟台	第一批	牟平区龙泉养生小镇、招远市辛庄高端装备制造小镇、海阳市辛安海织小镇、栖霞市桃村新能源小镇、莱阳市姜疃生态旅游小镇
	第二批	龙口市东江南山养生谷小镇、招远市金岭粉丝小镇、长岛县北长山海岛小镇、莱州市朱桥黄金小镇、芝罘区向阳所城广仁基金小镇、福山区清洋康养小镇、牟平区大窑绿色健康小镇
潍坊	第一批	青州市黄楼文化艺术小镇、昌乐县方山蓝宝石小镇、临朐县九山薰衣草小镇、诸城市昌城健康食品小镇、坊子区坊城1898坊茨小镇
	第二批	安丘市新安齐鲁酒地小镇、寿光市侯镇智能家居小镇、青州市庙子零碳小镇、坊子区凤凰地理信息小镇
济宁	第一批	曲阜市尼山圣地小镇、金乡县鱼山蒜都小镇、微山县欢城光伏小镇、梁山县马营旅游休闲小镇
	第二批	邹城市中心店智能装备制造小镇、鱼台县张黄生态循环小镇、金乡县胡集新材料小镇
泰安	第一批	徂徕山汶河景区汶水小镇、岱岳区大汶口水上石头古镇、新泰市羊流智能起重小镇、东平县老湖水浒影视小镇
	第二批	东平县银山东平湖生态旅游小镇、新泰市石莱有机茶业小镇
威海	第一批	环翠区温泉风情小镇、文登区大溪谷文化创意小镇、荣成市人和靖海渔港小镇、乳山市海阳所滨海养生小镇
	第二批	环翠区羊亭科技产业小镇、火炬高技术产业开发区初村健康小镇
日照	第一批	东港区后村航空小镇、五莲县潮河白鹭湾艺游小镇
	第二批	莒县刘官庄云塑小镇
莱芜	第一批	雪野旅游区养生休闲度假小镇
	第二批	钢城区颜庄无纺小镇
临沂	第一批	罗庄区褚墩静脉小镇、平邑县地方罐头小镇、兰陵县兰陵美酒小镇、蒙山旅游区云蒙氧吧休闲小镇、费县上冶循环产业小镇
	第二批	兰山区枣园鲁班精装小镇、郯城县新村银杏温泉小镇、沂南县岸堤朱家林创意小镇、平邑县仲村手套文创小镇
德州	第一批	临邑县德平孝德康养古镇、庆云县尚堂石斛小镇、乐陵市杨安调味品小镇
	第二批	陵城区边临装配式产业小镇、武城县武城辣椒小镇

续表

地区	批次	小镇
聊城	第一批	临清市烟店轴承商贸小镇、茌平县博平颐养休闲小镇、阳谷县石佛宜居铜谷小镇
	第二批	临清市康庄国学小镇、冠县店子灵芝小镇
滨州	第一批	滨城区三河湖教育小镇、沾化区冯家渔民文化小镇、阳信县水落坡古典家具小镇
	第二批	沾化区富国国际足球运动小镇、博兴县吕艺农创小镇
菏泽	第一批	定陶区杜堂汽车小镇、曹县大集 E 裳小镇、郓城县郓州水浒旅游小镇。
	第二批	牡丹区吴店创意家居小镇、单县东城长寿食品小镇

山东省其他特色小镇一览表（34 个）　　　　　　　表 6-17

特色	小镇
山东省服务业特色小镇	花养花玫瑰小镇一期工程、云山 360 体验小镇、即墨服装小镇、博山陶琉小镇、凤凰山物流小镇、烟台美航健康小镇、烟台浩岭湖健康小镇、潍坊十笏园文化小镇、安丘留山栖居小镇、上九山记忆小镇、万紫千红生态养生幸福小镇、新泰石融文化创意小镇、肥城五埠岭乡愁记忆小镇、德百旅游小镇、乐陵市枣林生态休闲旅游小镇、定陶休闲旅游养生小镇、郓城县陆港韵梦小镇
青岛西海岸新区特色小镇	国际合作小镇、国际自贸小镇、海水山水生态颐养小镇、华星国际冰上运动小镇、华融中广文化艺术小镇、大唐移动电竞小镇、财富小镇、"宇宙·生命"科普文旅小镇、东方文化小镇、音乐小镇、中研创意设计小镇、海洋科技小镇、华润地铁小镇、金融基金小镇、保利国防军事文化体验小镇、养生小镇、健康小镇

6.5.3　特色小镇建设成果

2016 年，山东省财政谋划，年初拨付首批特色小镇创建启动资金 1.1 亿元，支持各市先行开展特色小镇创建基础性工作。在此基础上，2017 年再拨资金 1.1 亿元，按照每个小镇 200 万元的标准，对纳入创建名单的平阴县玫瑰小镇、淄川区双杨建筑陶瓷小镇、山亭区徐庄休闲慢游小镇等 55 个特色小镇给予补助，支持相关地区进行规划编制，基础设施、产业园区、公共服务平台建设，以及特色产业发展等，积极打造区域经济新的增长极。

此外，青岛西海岸新区规划的 17 个产业小镇，有 12 个小镇签订了合作协议。签约项目中，海尔西海岸产城创小镇总投资 200 亿元，由海尔集团投资建设；保利国防军事文化体验小镇总投资约 400 亿元，由保利科技有限公司、保利房地产（集团）有限公司共同投资建设；华星国际冰上运动小镇总投资 100 亿元，由北京文投集团和北京华星集团共同投资；华熙文化体育小镇总投资达 100 亿元；佳诺华国际医养健康小镇总投资 90 亿元，由美国上市公司 -XIN 控股集团、青岛佳诺华国际健康产业有限公司共同投资。

6.5.4　特色小镇建设效益

山东省特色小镇的建设，将成为山东省经济新增长经极。例如，玫瑰小镇建成后将实现 5 年不低于 30 亿元的投资，每年吸引 200 万以上的客流，解决就业岗位 1 万个，项目年产值 20 亿元以上；大泽葡萄旅游古镇预计建成后年接待游客 500 万人次以上，年旅游总收入可达 8 亿元，年税收收入达到 1 亿元，若所有小镇全部达到预期效益，将极大地促进山东省经济的发展。

6.5.5 特色小镇投融资模式

在投融资模式上，山东省鼓励探索产业基金、股权众筹、PPP 等融资路径，加大引入社会资本的力度，用于特色小镇建设。例如，海尔西海岸产城创小镇、保利国防军事文化体验小镇、华星国际冰上运动小镇、佳诺华国际医养健康小镇等均是引入社会资本进行建设。

6.5.6 特色小镇建设案例

1. 胶州李哥庄镇

（1）小镇发展简况分析

李哥庄镇，位于胶州市最东部，距胶州市政府 16 公里。东南濒桃源河与城阳区接壤，东北与即墨市毗邻，西侧以大沽河为界与胶东镇相邻，北段与北王珠镇、即墨市张院镇相连。总面积 75 平方公里。李哥庄镇是全国首批发展改革试点镇、全国重点镇、中国制帽之乡、山东省旅游强镇、山东省百镇建设示范镇、山东省经济发达镇行政管理体制改革试点镇、青岛市首批小城市培育试点镇。

胶州李哥庄镇基本信息简介　　　　　　　　　　　　　　　　表 6-18

中文名称	李哥庄镇	面积	75 平方公里
行政区类别	镇	人口	10.8 万人
所属地区	胶州	方言	胶州话
下辖地区	辖 41 个行政村	气候条件	海洋性气候，四季分明，冬暖夏凉
电话区号	0532	机场	青岛胶东国际机场
邮政区码	266300	火车站	胶州火车站

（2）小镇特色与战略定位

胶州李哥庄镇围绕"全方位覆盖、无缝隙对接、市场化运作、一体化管理"模式，以"地净水清、灯亮路畅、树绿景美"思路继续加大整治力度，全力把当地打造成"临空生态智慧小城市"。

在特色小镇的建设上，李哥庄镇以"空港"为特色，以"港产城"融合指导，借助空港商贸物流优势，结合规划范围内现有产业基础，打造临空产业商务集聚区。

未来的李哥庄，还要大力发展现代物流、商务、金融等生产性服务业和发展旅游、商贸、文化娱乐等面向民生的服务业。围绕打造休闲娱乐的"机场后花园"，按照贯彻产、城、人、文"四位一体"的空港小镇建设要求，利用紧邻大沽河、气候温润的良好自然禀赋，着力培育特色村庄、大力发展乡村游，瞄准"镇做特、村做美"的目标，打造融合小镇空港文化、沽河文化等多种文化的"旅游名片"。

（3）小镇规划布局分析

空港小镇沿一条城镇功能发展轴呈"S"状，一条轴从南到北将健康旅游度假区、现代新兴制造产业区、临空综合服务区、空港特色商贸和北部产业预留区贯穿起来。根据规划，未来将构建起"六横"（机场航空大道、临港路、济青高速、济青高铁、G204 国道、维蓝路）、"三纵"（机场高速、沽河绿道、李王路）和"二轨"（地铁 M8、M16 支线）的交通格局，实现了与胶东国际机场、青岛主城区和周边地区的无缝快速对接。

（4）小镇建设最新进展

2016 年，胶州李哥庄镇投入 2.6 亿元建成启用镇级污水处理系统及铺设污水管网，并在纪家庄、前辛疃、小窑这 3 个村庄建成 3 处村级污水集中处理模块。2016 年，已引进航空装备制造、航空新材料等 17 个战略性新兴项目，总签约额超过 70 亿元。

2. 蓬莱市刘家沟镇

（1）小镇发展简况分析

刘家沟镇位于烟台市西北部、"人间仙境"蓬莱东端，西距蓬莱阁 13 公里，南邻国家级农业高新技术产业示范区、北傍蓬莱经济开发区、东与潮水镇相邻。全镇总面积 101.7 平方公里，耕地面积 6.6 万亩，辖 60 个行政村、人口 3.1 万人；海岸线长 2.5 公里。2016 年 10 月，入选第一批中国特色小镇。

全镇依山傍海，风景秀丽，气候宜人，被确定为国家葡萄标准化种植示范区，具有"世界七大葡萄酒海岸之一"的地域优势，拥有中国唯一一条 18 公里长的葡萄种植观光长廊。引进了中粮长城、法国瑞枫奥塞斯等十多家国内外知名葡萄酒企业。工业门类齐全，已形成以葡萄和葡萄酒、汽车及零部件两大支柱产业以及食品、木制品、彩印包装等特色产业体系，是胶东最具发展潜力的地区之一。

蓬莱市刘家沟镇基本信息简介 表 6-19

中文名称	刘家沟镇	邮政区码	265600
行政区类别	镇	面积	101.7 平方公里
所属地区	蓬莱市	人口	3.1 万人
下辖地区	辖 60 个行政村	机场	烟台蓬莱国际机场
政府驻地	刘家沟村	火车站	烟台站
电话区号	0535	车牌代码	鲁 F、鲁 Y

（2）小镇特色与战略定位

蓬莱市刘家沟镇围绕"葡萄与葡萄酒、乡村旅游、现代制造业、现代物流业、养老养生"五大特色产业。

（3）小镇规划布局分析

总体来说，一是主动出击，精准招引。把专业、高效化队伍，推向招引一线，结合产业定位，梳理出招引名录，尽快筹划上海、深圳2场针对葡萄酒小镇及工业自动化和新医药产业的主题推介会，2017年内计划以"百日招商"拜访"百家名企和百名人才"，引进1~2个投资额过亿元项目及一批硕博领军人才；二是突出项目积聚效应，稳妥筹建"葡萄酒精美小镇"。引爆玛桑、文城核心区，壮大"葡萄酒+旅游"，跟进棕榈股份、海洋绿洲、康达葡萄酒等一批在谈项目，加快推进文成、龙亭等酒庄建设进度，包装推介以文成城堡和马家沟村为代表的"酒庄游+乡村游"，创推本土品牌，促进融合发展；三是发展并驾齐驱的主导产业，多点布阵"产城融合宜居小镇"。

制造业方面，将积极对接高校及业内领先企业，搭建研发平台，推动北方兵器、福润牧业、荣祥钻采等一批企业转型升级和扩能提产，督促鼎驰木业早日投产；主动发展现代物流业，初步规划蓬栖高速出口以北的4000亩土地，招引相关企业入驻，构建集基地生产、加工、销售于一体的全套体系；养老养生产业将赴北京、上海等产业发展成熟地区，全面学习其在引进流程、提高入住率等方面的经验，协助颐福养老项目动工，尽快推进福禧养老项目签约。

（4）小镇建设最新进展

近年来，刘家沟镇在加快推进农村环境综合整治、公路沿线环境提升和核心区景观建设等工作的基础上，沿海岸线规划建设了滨海葡萄酒产业带、公共绿地、休闲公园和古城商铺，辐射带动一批美丽乡村和新型农村社区，以及文成城堡、马家沟村等景点建设，打造了宜居宜业宜游宜养的小镇环境。

6.6 其他地区

6.6.1 广东省

1. 政策

根据广东省发改委、省科技厅、省住建部发布的《关于加快特色小（城）镇建设的指导意见》，按照特色小城镇和特色小镇两种形态，因地制宜、分类指导，加快建设一批符合广东特色的小（城）镇。其中，特色小城镇以打造美丽小城镇为导向，着力完善城镇功能，全面建设新型城镇化有效载体。特色小镇以培育新兴产业为导向，着力完善产业链、提升价值链，重点打造创新创业发展平台。此外，《指导意见》提出，到 2020 年，广东省将建成 100 个左右产业"特而强"、功能"聚而合"、形态"精而美"、机制"活而新"的省级特色小镇。

根据《广东省海岸带综合保护与利用总体规划》，到 2020 年，广东将建设 60 个海洋特色小镇和 150 个特色渔村。规划显示，广东将打造广州番禺沙湾镇、珠海香洲万山镇、江门新会崖门镇等一批以沙滩、滨海湿地、海岛等为特色的海洋小镇，到 2020 年广东省海岸带地区共建成 60 个海洋特色小镇。

2. 规模

2017 年 8 月，广东省发改委发布《关于公布特色小镇创建工作示范点名单的通知》，公布了 36 个特色小镇示范名单（其中 6 个为国家级特色小镇）。对于特色小镇的建设，广东省发改委将通过广东特色小镇建设发展基金、专项建设基金、基础设施供给侧结构性改革基金、珠三角优化发展基金，以及协调省内外金融机构，为特色小镇投融资提供支撑。此外，省发改委还将指导有关金融、科技、咨询等机构，组建广东特色小镇发展联盟，为特色小镇及其企业提供全生命周期服务，促进特色小镇持续健康发展。

具体来看，首批特色小镇示范点遍布全省 21 个地级市，其中佛山、梅州、中山各有 3 个示范点，汕头、东莞、肇庆、揭阳、云浮 5 市分别有 2 个入选，其他城市各 1 个入选。不过，此次公布的特色小镇并非完全按照行政区划的"镇"来规划的，而是以培育新兴产业为导向。例如，佛山有 3 个特色小镇示范点，共涉及 7 个镇街。其中，顺德区以"泛家居"为特色，将把北滘、陈村、乐从、龙江 4 个镇打造成"顺德特色小镇集群示范区"；禅城区的石湾镇街道和南庄镇则将联合打造"禅城陶谷小镇"。

广东省首批特色小镇示范名单　　　　　　　　　　　　　　表 6-20

城市名称	小镇名称
广州市	番禺沙湾瑰宝小镇
深圳市	龙华大浪时尚创意小镇
珠海市	平沙影视文化小镇
汕头市	龙湖外砂潮织小镇
	潮南陈店内衣小镇
佛山市	禅城陶谷小镇（石湾—南庄）
	南海千灯湖创投小镇
	顺德特色小镇集群示范区（北滘—龙江—乐从—陈村）
韶关市	翁源江尾兰花小镇
河源市	江东新区生命谷小镇
梅州市	梅江东山健康小镇
	梅县雁洋文化旅游小镇
	丰顺留隍潮客小镇

城市名称	小镇名称
惠州市	潼湖科技小镇
汕尾市	红海湾滨海运动小镇
东莞市	长安智能手机小镇
	大岭山莞香小镇
中山市	小榄菊城智谷小镇
	古镇灯饰小镇
	大涌红木文化旅游小镇
江门市	开平赤坎华侨文化旅游小镇
阳江市	阳东新洲地热小镇
湛江市	麻章南海之芯小镇
茂名市	高州马贵高山草甸运动小镇
肇庆市	高要回龙宋隆小镇
	四会玉器文化小镇
清远市	英德锦潭小镇
潮州市	饶平钱东潮商文化小镇
揭阳市	中德金属生态城合创小镇

从小镇产业分类来看，农业产业示范点仅有 4 个，占比为 11%；旅游健康产业最为热门，共有 15 个示范点，占比为 39%；电子、信息、生物、新能源等新兴产业也被不少示范点列为重点发展项目，占比 18%。

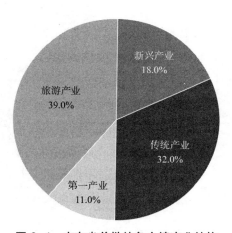

图 6-4　广东省首批特色小镇产业结构

根据各自的规划，各地对建设特色小镇也有了初步的投入预算。根据已公开数目的 21 个示范点统计，总投入预算超过 3800 亿元，其中单个点规划投入资金最多的达 1500 亿元。

据统计，计划总投入超过 100 亿元的示范点有 9 个，投入规划在 50 ～ 100 亿元之间的有 7 个，另外 5 个示范点规划总投入小于 50 亿元。其中，揭阳中德金属生态城合创小镇是目前已知公开规划投入资金最多的示范点，计划总投资 1500 亿元，目前已投资 80 多亿元。

6.6.2　福建省

1. 政策

2016 年 6 月，福建省发布《福建省人民政府关于开展特色小镇规划建设的指导意见》，从多个方面对特色小镇的建设给予指导。

福建省特色小镇相关政策　　　　　　　　　　　　　　　表 6-21

政策	具体内容
产业定位	聚焦新一代信息技术、高端装备制造、新材料、生物与新医药、节能环保、海洋高新、旅游、互联网经济等新兴产业，兼顾工艺美术（木雕、石雕、陶瓷等）、纺织鞋服、茶叶、食品等传统特色产业，选择一个具有当地特色和比较优势的细分产业作为主攻方向
规划面积	规划区域面积一般控制在 3 平方公里左右（旅游类特色小镇可适当放宽）。其中，建设用地规模一般控制在 1 平方公里左右，原则上不超过规划面积的 50%。特色小镇要建设 3A 级以上景区，旅游产业类特色小镇按 5A 级景区标准建设
投资要求	新建类特色小镇原则上 3 年内完成固定资产投资 30 亿元以上（商品住宅项目和商业综合体除外），改造提升类 18 亿元以上，23 个省级扶贫开发工作重点县可分别放宽至 20 亿元以上和 10 亿元以上，其中特色产业投资占比不低于 70%
建设模式	坚持企业主体、政府引导、市场化运作的模式，鼓励以社会资本为主投资建设。每个特色小镇要明确投资建设主体，可以是国有投资公司、民营企业或混合所有制企业
资金支持	有关市、县（区）倾斜安排一定数额债券资金用于支持特色小镇建设；支持特色小镇组建产业投资发展基金和产业风险投资基金，支持特色小镇发行专项债券。2016 ～ 2018 年，新发行企业债券用于特色小镇公用设施项目建设的，按债券当年发行规模给予发债企业 1% 的贴息，贴息资金由省级财政和项目所在地财政各承担 50%。特色小镇完成规划设计后，省级财政采取以奖代补的方式给予 50 万元规划设计补助

2. 规模

除了 14 个国家级特色小镇，福建省还发布了升级特色小镇创建名单。2016 年 9 月，福建省人民政府公布了福建省第一批 28 个特色小镇创建名单。

福建省特色小镇建设名单

表 6-22

序号	特色小镇	序号	特色小镇
1	长乐东湖 VR 小镇	15	仙游仙作工艺小镇
2	永泰嵩口休闲旅游小镇	16	城厢华林鞋艺小镇
3	集美汽车小镇	17	秀屿上塘银饰小镇
4	南靖山城兰谷小镇	18	湄洲妈祖文化小镇
5	长泰古琴小镇	19	光泽圣农小镇
6	东山海洋运动小镇	20	武夷山五夫朱子文化休闲小镇
7	诏安四都渔乡休闲小镇	21	政和石圳白茶小镇
8	永春达埔香都小镇	22	建瓯徐墩根艺小镇
9	德化三班瓷都茶具小镇	23	上杭古田红色小镇
10	安溪藤云小镇	24	漳平永福花香小镇
11	晋江人才梦想小镇	25	连城培田草药小镇
12	晋江深沪体育小镇	26	屏南药膳小镇
13	明溪药谷小镇	27	霞浦三沙光影小镇
14	永安石墨小镇	28	蕉城三都澳大黄鱼小镇

第七章 2014 ~ 2016 年中国特色小镇建设典型案例分析

7.1 杭州云栖小镇

7.1.1 小镇基本概况

云栖小镇地处杭州西湖区西南，位于杭州之江国家旅游度假区核心区块，是浙江省特色小镇的发源地。事实上，云栖小镇是从云计算产业园发展过来的。2012 年 10 月，杭州云计算产业园明确发展方向，重点培育以云计算为特色的产业基地；2013 年，云栖小镇与阿里云达成战略合作，在原来传统工业园区的基础上实施腾笼换鸟、筑巢引凤，建设基于云计算大数据产业的特色小镇；2014 年启动"杭州市云栖小镇概念规划"编制，2015 年，"云栖小镇"列入浙江省首批省级特色小镇创建名单；2017 年，小镇入围浙江省首批建设类高新技术特色小镇。

7.1.2 小镇定位及特色

云栖小镇坚持产业、文化、旅游、社区"四位一体"，生产、生活、生态融合发展的理念，打造云生态，发展智能硬件产业，建设基于云计算大数据产业的特色小镇。

7.1.3 小镇规划布局

云栖小镇规划用地 3415 亩，规划建筑面积 212.95 万平方米，目前已建成 20 万平方米，预计 3 年内逐步有 100 万平方米以上的楼宇可以用于发展。

云栖小镇目前正在构建"创新牧场—产业黑土—科技蓝天"的创新生态圈，推动产业发展。小镇紧紧围绕四大产业生态，大力引进以云计算、大数据为特色的高端信息产业项目，推动特色产业集聚发展。

7.1.4 小镇发展模式

云栖小镇以"政府主导、名企引领、创业者为主体"的模式，打造云生态，发展智能硬件产业，建设创业创新第一镇，推动以基于云计算的软硬件产业融合发展。

7.1.5 小镇建设成果

截至 2017 年 11 月，云栖小镇已累计引进各类企业 645 余家，其中涉云企业 475 家，主要包括阿里云、富士康科技、Intel、银杏谷、数梦工厂、华通、洛可可设计、中航联创、国家信息中心电子政务外网安全研发中心等，产业覆盖云计算、大数据、APP 开发、游戏、互联网金融、移动互联网等各个领域，已初步形成较为完整的云计算产业生态。目前云栖小镇正在打造阿里云生态、OS 生态、智能硬件生态、卫星云生态等 4 个产业生态。

2015 ~ 2017 年云栖小镇建设成果   表 7-1

年份	引进企业（家）	涉云企业（家）
2015 年	328	255
2016 年	481	362
2017 年 11 月	645	475

7.1.6 小镇经营效益

2014 年，云栖小镇实现涉云产值 10 亿元以上，税收 1.5 亿元；2015 年，小镇实现了涉云产值近 30 亿元，完成财政总收入 2.1 亿元；2016 年，小镇实现涉云产值超过 80 亿元，财政总收入 3.36 亿元，2017 年 1 ~ 10 月份，云栖小镇实现财政总收入 5.85 亿元，同比增长 76.4%。

截至目前，云栖小镇累计完成固定资产投资 33.1 亿元，累计实现云计算相关产值超过 300 亿元，税收超过 20 亿元。

2014 ~ 2017 年云栖小镇经营效益   表 7-2

年份	涉云产值（亿元）	财政收入（亿元）
2014 年	10	1.5
2015 年	30	2.1
2016 年	80	3.36
2017 年 1 ~ 10 月	—	5.85

7.1.7 小镇投融资模式

"政府主导、名企引领、创业者为主体"的创新模式，是云栖小镇快速发展的重要基础。在财政支持上，政府给予了包括租金减免、贷款补助、融资补贴等一系列优惠措施；在企业融资上，小镇企业通过风险投资、专项产业基金、贷款等方式进行融资。

7.2　嘉善上海人才创业小镇

7.2.1　小镇基本概况

嘉善上海人才创业小镇选址于嘉善县高铁新区核心区块，20分钟直通上海虹桥枢纽，无缝对接沪杭高速、高铁及磁悬浮，被誉为浙江接轨上海"第一站"，周边拥有嘉善经济开发区、嘉善B出口综保区、西塘电子信息产业园等各类开发平台，具有智能制造、智慧通信、电力电子生物医药等产业发展基础。同时，小镇距离西塘古镇、大云温泉旅游度假区、麦乐巧克力小镇等旅游景区均不到10公里，具有良好的文化旅游发展基础。

7.2.2　小镇定位及特色

嘉善上海人才创业小镇的总体定位为浙沪创新协同标杆地，充分接受上海人才、科创辐射溢出，强化人才、科创、信息、品质等要素的有效供给，力争打造上海人才创业浙沪集聚区、上海全球科创成功浙沪孵化区、浙沪信息经济融合融创先导区、浙沪"产城人文"融合先行区。

在产业导向上，依托功能平台建设与完善，借助专业运营机构开展招商引资，实施"科技孵化＋信息经济"双轮驱动，推动"电子商务、数字传媒、总部服务"三位一体高度融合，形成"2+3"的特色产业体系。

7.2.3　小镇规划布局

嘉善上海人才创业小镇一期总占地面积70.62亩，总建筑面积7.6万平方米。在空间布局上，小镇围绕科技孵化种子期、初创期、加速期、成长期等不同发展阶段，设立上海人才创业孵化中心、研发中试基地、总部商务基地三大产业功能平台，此外，区块内另设有文化旅游、休闲门户、生活服务等配套板块，总体形成"一心、两基地、三板块"的布局结构，"一站式"解决高端人才创业创新的后顾之忧。

7.2.4　小镇发展模式

嘉善上海人才创业小镇采用综合PPP开发模式，由企业投资，与嘉善政府合作成立嘉善项目公司，为整个区域提供研究定位、规划设计、土地整理、基础设施及公共配套建设、产业发展、城市精英管理等全方位服务。

7.2.5　小镇建设成果

上海人才创业小镇规划总投资75亿元，2015年完成投资21.5亿元，目前上海人才创业服务中心已揭牌，创业园已引进项目48个，其中23个项目已经领取营业执照，

5 个项目已经开始装修。

7.2.6 小镇投融资模式

小镇主要采取 PPP 融资模式。这种模式区别于以往土地开发与基础设施建设运营相分离情形，以私人企业为主体，将土地一级开发与基础设施建设项目整合在一起，政府支持投资客户前期投入成本，通过项目用地土地出让收入进行补偿，企业投资人还将获得使用权出让溢价部分及园区后期入驻企业的运营税费收益，是创新公共基础设施建设融资手段、推动体制机制变革的大胆尝试，有利于缓解地方政府负债压力。

7.3 贵州安顺西秀区旧州镇

7.3.1 小镇基本概况

旧州镇是贵州省安顺市西秀区所辖的一个镇，位于安顺市东南面，距西秀城区 37 公里。镇域面积 11695 公顷，其中耕地面积 2292.9 公顷，是典型的传统农业大镇。2016 年，贵州省安顺市西秀区旧州镇被认定为第一批中国特色小镇。

7.3.2 小镇定位及特色

小镇产业定位为"旅游 + 生态 + 文化 + 美食"。

以"旧州五场"打造文化生态特色旅游小镇。一是历史文化场，全面彰显屯堡文化，打造全国历史文化名镇；二是特色美食场，打造"赶旧州乡场·逛贵州食堂"美食名片；三是田园风光场，依托美丽的邢江河自然风光，打造旧州屯堡慢生活田园风光场；四是乡愁体验场，打造浪塘等美丽乡村乡愁体验场；五是传统农耕场，打造旧州传统农耕文化体验场。以旅游为支撑的"旧州五场"，形成了三次产业相互融合，镇、村、民、企联合发展的特色产业体系。

7.3.3 小镇规划布局

旧州镇区是黔中文化的典型代表，其古镇规划布局既有土司时期的建筑规制，更有明代江南城镇布局的典型特征。

7.3.4 小镇发展模式

小镇全面实施"1+N"镇村联动计划，坚持"以镇带村、以村促镇、镇村融合"，全力推进 1 个"特色小镇"带动多个"美丽乡村"建设。全面实施"旅游 +"扶贫行动计划，探索出农旅融合、文旅融合两大类 5 条产业路径，将全镇 14 个村居委的 1638 个贫困人口，精准聚焦到绿色种养、特色加工、体验服务"三位一体"的"旅游 +"

新型产业集群中。

1. 发挥生态和文化优势，建设绿色旅游小镇

过去，旧州是以种植、养殖和加工为主的农业乡镇，经济总量小，发展水平低。在推进特色小镇建设过程中，旧州镇依托丰富的屯堡文化资源和良好生态环境，按照"镇在山中、山在绿中、山环水绕、人行景中"的规划布局和发展理念，坚持生态保护优先，先后完成土司衙门、古民居、古街道、古驿道等修缮修复工程，培育了1个国家湿地公园、1个4A级国家生态文化旅游景区、2个特色观光农业示范园区。

2. 探索就地就近城镇化路径

根据旧州镇实际，就地就近城镇化是推进特色小镇发展的重要路径，是打好脱贫攻坚战的必然选择。旧州镇率先探索实践城镇基础设施"8+x"（交通基础设施、环境基础设施、保障性安居工程等8个方面，x个建设项目）项目建设模式，完善了交通运输、污水处理、垃圾清运等基础设施，优化了教育医疗、文化体育、便民服务等公共服务设施。

3. 加强政企合作，借助外力发展

旧州镇与清华大学城市研究所深度合作，在浪塘村打造了升级版的"微田园"；与"万绿城"城市综合体合作，建立特色产品直供基地，实现示范小城镇订单式生产，城市综合体链条式销售；与葡萄牙里斯本大区维苗苏镇、黄果树旅游集团公司结成对子，合作打造特色旅游民居、"山里江南"旅游综合体等项目，吸引农业转移人口向镇区和美丽乡村集中。同时，把小城镇建设与易地扶贫搬迁结合起来，将生活在自然条件极其恶劣、生态环境脆弱、自然灾害频繁区域的贫困农户搬迁，集中安置到镇区附近，并帮助其就业，2015年，新建搬迁移民住房500户，安置2250人。全镇城镇化率由2012年的35%提升到2015年的45.2%，提高了10.2个百分点。

7.3.5　小镇建设成果

在公用设施方面，旧州镇大力实施"8+x"项目。完成了南街改造工程、南门河慢行系统基础设施建设、文化广场、集贸市场建设、环境卫生整治、电网升级改造、一期污水提质、村庄路口整治、垃圾污水收集处理设施、消防及治安岗亭建设等多个项目。

在商业设施及现代服务方面，镇区有综合独立超市4处，建有1处独立商业步行街。目前镇区实现了WIFI全覆盖、快递网点全覆盖、一站式综合服务，现开发了旧州大智慧旅游APP，开通网上预约服务。实现了基本公共服务的"三化一站"（扁平化、便捷化、高效化、一站式）服务。

此外，旧州镇建成了连接镇区与安顺中心城区的屯堡大道，改造提升区内路网和对外通道，把周边的双堡、七眼桥、大西桥和刘官、黄腊等乡镇串联起来，形成具有辐射联动能力的城镇集群。近3年来，旧州镇农民年人均纯收入实现了3级跳，超过

1万元人民币。2015年,全镇所有小康监测指标实现程度均达90%以上。

7.3.6 小镇经营效益

2015年,小镇接待旅游总人数近40万人次,实现旅游总收入2.53亿元。同时,旅游的发展也带动了民俗客栈、特色农庄等迅速发展,既解决农民就业,又拉动经济增长,2015年,解决了镇区和周边乡镇共6000余人的务工,其中,吸纳易地扶贫搬迁农民1000余人就业。

按照规划,到2020年,镇区常住人口达到3万人,GDP达到18.4亿元,城镇居民家庭人均可支配收入4.8万元,农村居民家庭人均纯收入1.6万元。城镇化率达到42.3%。把旧州镇打造为世界知名、全国唯一的屯堡旅游特色小镇,旧州镇全年旅游综合收入达到19.8亿元。

7.3.7 小镇投融资模式

旧州镇围绕城乡发展一体化、投融资机制等试点要求,创新投融资机制,引入社会资本,探索实践3P模式,推行政府购买服务。例如,成立镇级投融资平台,积极争取各方面资金支持;引进如"旧州时光"之类具文化品位的商家进驻古镇区进行开发投资。

在巩固浪塘创建成果的基础上,积极争取各级项目资金或招商引资对保存完好的屯堡村落(詹家屯、甘檬等)、民族村落(罗官、碧波居委会的松林等)进行开发打造,达到以点带面以点审线的方式增加旅游景点,将古镇文化、周边美丽的自然风光、民族文化进行深挖打造。

7.4 嘉善巧克力甜蜜小镇

7.4.1 小镇基本概况

2015年以来,借助大力推进特色小镇建设的东风,嘉善大云巧克力甜蜜小镇应运而生,成功入选浙江省首批特色小镇创建名单。

嘉善巧克力甜蜜小镇是目前国内首家、亚洲最大的巧克力特色旅游风景区,小镇建设以甜蜜为主题,以文化为灵魂,以农业为底色,把自然乡村田园风光生态优势转化成产业优势,是集产业、旅游、文化为一体的特色小镇。

7.4.2 小镇定位及特色

嘉善大云巧克力甜蜜小镇即是定位于"旅游是主线,产业是根基;企业是主体,投资是关键;甜蜜是主题,文化是灵魂;生态是主调,农业是底色"的综合功能小镇。

小镇"巧克力"、"甜蜜浪漫"的特色鲜明，为全国首家。

7.4.3 小镇规划布局

巧克力甜蜜小镇规划面积 3.87 平方公里，核心区规划面积 0.99 平方公里，将"生产、生态、生活""三生融合"。巧克力小镇按照歌斐颂巧克力制造中心、瑞士小镇体验区、浪漫婚庆区、儿童游乐体验区、休闲农业观光区的"一心四区"进行布局，建设涵盖了歌斐颂巧克力主题公园、碧云花园、云澜湾温泉、十里水乡等板块，着力打造巧克力风情体验基地、婚庆蜜月度假基地和文化创意产业基地，实现"休闲度假、文化创意和乡村风情"有机结合。

7.4.4 小镇发展模式

小镇紧紧围绕"巧克力""浪漫甜蜜"主题，提出并很好地贯彻了"以旅游为主线、以企业为主体、以文化（甜蜜）为灵魂、以生态为主调"的创建理念，着力整合全县"温泉、水乡、花海、农庄、婚庆、巧克力"等浪漫元素，努力建设一个集工业旅游、文化创意、浪漫风情于一体的体验式小镇，将巧克力的生产、研发、展示、体验、文化和游乐有机串联起来，是一个典型意义上的工业旅游示范基地。

小镇力求通过 5 年左右的开发和经营，将小镇建设成为"亚洲最大、国内著名"的巧克力特色小镇、巧克力文化创意基地、现代化巧克力生产基地、全国工业旅游示范基地、国家 5A 级旅游区。小镇不但引进了国外成熟的工业旅游模式，而且在此基础上着力创新，将巧克力工业生产拓展为巧克力工业旅游、巧克力文化创意、巧克力社区生活，而且还积极将中国传统文化与国外风情文化相结合，在浓郁的可可香味中体验迷人的热带风情和西非文化。

7.4.5 小镇建设成果

嘉善巧克力甜蜜小镇计划围绕产业培育和旅游度假两大功能，三年投资 35 亿元、五年投资 55 亿元。2015 年以来，嘉善巧克力甜蜜小镇共吸引云澜湾温泉、斯麦乐巧克力乐园、拳王度假宾馆等多个项目入驻。例如，歌斐颂巧克力项目占地 430 亩、总投资 9 亿元；天洋"梦幻嘉善"文创旅游项目总投资 52 亿元；中德合资德国啤酒庄园工业旅游项目总投资 1.5 亿元；云澜湾温泉项目成功创建国家 4A 景区，总投资 2.6 亿元的景区二期建设即将启动……一系列优质项目陆续落地。

2016 年，巧克力甜蜜小镇接待游客 175 万人次，同比增长 45%，甜蜜小镇正紧紧围绕"以旅游集聚产业、以产业支撑旅游"的产业培育目标，把旅游作为一根红线引领三次产业融合发展。此外，甜蜜小镇也成为国内著名的婚庆蜜月度假基地。

7.4.6　小镇经营效益

依据规划,到 2017 年,小镇工业和商贸产值将达到 42 亿元,税收收入 3.2 亿元以上,新增就业 4000 人左右,旅游人数达到 260 万人次以上,旅游收入 13 亿元以上。

7.4.7　小镇投融资模式

项目投资是小镇建设的主战场、主抓手。巧克力小镇的建设坚持了以企业为主体、把投资作为重中之重的思路,按照总投资 55 亿元、三年完成 35 亿元的目标,最大限度地调动企业的积极性。其中,歌斐颂集团是巧克力小镇的投资、建设主体,该项目于 2011 年 12 月正式立项,计划总投资 9 亿元,规划用地 430 亩,计划年产高品质纯可可脂巧克力 2 万吨、年接待游客 160 万人次,到规划期末年综合收入突破 20 亿元。这就使得巧克力小镇的建设"巧借"了歌斐颂集团之力,保证小镇建设、投资主体能落到实处。

7.5　槐房国际足球小镇

7.5.1　小镇基本概况

槐房国际足球小镇位于北京市丰台区公益西桥东南侧南四环路,占地面积约 2200 亩,是槐房村为响应中央发展体育产业而打造的特色小镇。槐房村以"大众体育、足球竞技、冰雪休闲、生态节能"为总体目标,准备建设极具特色的"国际足球小镇"。

7.5.2　小镇定位及特色

槐房国际足球小镇涉及体育场地、体育展示、休闲旅游、足球教育、体育用品销售、冰雪项目、高端旅游酒店等诸多相关体育产业,在春夏秋三季开展足球项目,冬季则建设真冰场,开展以速滑为主的冬季体育项目。其中,冰雪项目定位很明确,是针对滑雪入门人员体验滑雪技能、掌握滑雪技能的平台,重在引领普通老百姓和青少年的参与和体验。

足球运动和冰雪运动在足球小镇内形成优势互补,让足球小镇成为一个老百姓日常生活的体验场所,享受生活的同时,强身健体。

7.5.3　小镇规划布局

槐房国际足球小镇占地面积约 2200 亩,主要规划足球项目和冰雪项目。其中,足球项目包括足球大厦、足球会议中心、足球风情街、足球博物馆、足球嘉年华、足球狂欢广场、足球奥特莱斯、北京第一座专业足球场等设施,包容足球产业的各个层面,满足各年龄段和不同性别消费者的需求，形成足球产业聚群和产业生态链，打造中国第一个将城市发展和足球发展对接的创新发展平台。该项目计划建设 30 块 11 人制标准足球场和 40 块 5 人制及 7 人制足球场。

冰雪项目区内规划建设包含初级滑雪道、练习道、戏雪区、室外冰场等设施的冰雪谷，冰雪谷建成后，有望成为冬奥会指定的冰雪培训基地，开展和普及冬季群众体育活动，培养冬季项目人才。

7.5.4 小镇发展模式

槐房国际足球小镇采取免费模式向大众提供高质量的足球场地，同时大力建设和发展体育体验、体育展示、休闲旅游、足球教育等相关产业，形成体育产业集群和产业生态链，发展体育特色一条龙经济。

此外，足球小镇还除将成为国字号球队训练基地，并计划由退役球员承包经营向大众开放的足球场地和向租场踢球的业余球队提供职业化的教练员、裁判员等，以此解决退役足球运动员就业问题。

槐房国际足球小镇提炼出体育产业集群思路，并且已与中国足协达成初步共识，共建中国足球产业总部基地。

7.5.5 小镇建设成果

2017年，槐房国际足球小镇将完成第一期工程，届时将会有 3 个标准场、4 个七人制、24 个五人制足球场完成交付。

7.5.6 小镇投融资模式

槐房国际足球小镇采取"政府引导、企业主导"的模式，小镇与国内知名上市公司龙湖地产签署战略合作协议，龙湖地产将全面参与国际足球小镇的开发、建设及运营管理，并与槐房村在全国范围内共同探索以国际足球小镇为特色的体育产业发展新模式。

7.6 将军石体育休闲特色小镇

7.6.1 小镇基本概况

将军石地处环渤海经济圈，被纳入辽宁省沿海经济带重点发展区域、大连太平湾沿海经济区"一港三城"重要节点。小镇依托区位优势和十二运帆船帆板基地的资源优势，以休闲体验为主题带动体育旅游经济融合发展，相继成功举办了全国帆船帆板锦标赛、中国环渤海帆船拉力赛等国家级赛事，已挂牌成为"辽宁帆船帆板训练基地""中国帆船帆板训练基地""辽宁省科学技术普及基地""沈阳大学体育产业实习基地"。

7.6.2 小镇定位及特色

将军石小镇定位明确，以体育产业引领旅游休闲等多产业协同发展。体育是核心、赛事是关键，将军石要通过体育赛事经济的拓展与聚合效应真正实现小镇的产业融合。

7.6.3 小镇规划布局

借势 2013 年第十二届全运会帆船帆板比赛成功举办，瓦房店市按照"世界眼光、国际标准、现代审美、地域特色"理念，对将军石旅游度假区进行了总体规划设计，分设海洋温泉度假区、水上运动区、山地运动区、休闲养生区、生态采摘区、养殖体验区六大功能区域。

7.6.4 小镇建设成果

从 2012 年建设全运会帆船帆板赛场算起，小镇总投资近 30 亿元。经过五年的持续投资建设，各个项目建设都取得一定成绩。其中，投资 5000 万元的将军石海景滑雪场已于 2015 年开门纳客，成功举办辽宁省冰雪季启幕仪式；金港汽车文化公园、大连市航空运动学校已初步完成选址，被列为辽宁省重点支持的体育旅游项目；将军石体育园区被纳入辽宁省、大连市"十三五"重点扶持的体育园区，正在创建国家体育旅游产业示范基地；投资 1.5 亿元被誉为"渤海第一泉"的将军石海洋温泉已于 2015 年 5 月投入运营，与港中旅等国内知名旅行社签订合作协议，采取"旅游＋互联网"方式，对海洋温泉进行线上线下营销；投资 300 万元的将军石房车露营地项目已开门纳客，并被大连市旅游局评为最佳房车露营地。

同时，各级赛事落户此地也带动了旅游经济增长，赛事资源已成为带动将军石体育产业高速前进的主引擎。

例如，小镇 2016 年和 2017 年分别被国家体育总局评为中国体育旅游精品景区，已通过辽宁省特色乡镇初审，正在创建国家级旅游度假区。2015 年将军石接待游客 50 万人次；2016 年将军石接待游客 60 万人次，其中海洋温泉年接待游客 30 万人次，实现利润近 400 万元，海景滑雪场年接待游客 3 万人次，实现利润超百万元；2017 年有望突破 70 万人次，这些递增数据表明，产业良性互动、互为映射作用正在显现。

未来，将军石小镇将以中国帆船帆板基地为核心，以蓝色海洋经济为引领，以文化体育、旅游休闲、健康养老、教育培训、金融商贸、房地产业等高端服务业及战略性新兴产业为重点，以生态农业、都市型现代农业、农产品深加工、冷链物流等优质产业为基础，建设产业高端、功能完善、环境优美、特色鲜明的滨海新城镇。

7.6.5　小镇经营效益

在经济效益方面，2016年，将军石海洋温泉实现利润500万元，海洋滑雪场收入100万元，其他产业，如海参养殖利润近5亿元；西杨乡目前一年税收近1000万元，近一半来自将军石小镇。将军石小镇让企业、政府、百姓三方受益。

不过，将军石小镇更看重的是环境效益和社会效益。随着将军石自然资源、环境资源、人文资源、产业资源力量的不断释放，小镇的盈利模式、盈利能力将逐步增多、逐渐增大。

依据发展规划，将军石小镇未来将带动就业3000人至5000人，实现2000万元财政税收，产业规模达3亿元到5亿元。小镇将不断吸纳新的体育产业项目，特别是具有影响力和高附加值的项目；将吸收更多有实力的体育企业和金融平台来投资兴业；现在小镇涵盖人口近万人，到2025年将预期实现5万人的吸纳力。

7.6.6　小镇投融资模式

在将军石体育场馆建设过程中，瓦房店市创造性地采取了"政府承办、企业承建、政府补贴、企业投资"的将军石模式，不仅破解了大型比赛体育场馆后期利用不足的世界性难题，而且也为将军石体育休闲特色小镇的建设，提供了模板——"政府引导，企业投资，市场化运作"。政府的角色更加突出服务功能，引领企业积极发展体育休闲、健康养老、旅游以及延伸产业，通过土地流转、提升土地附加值，引导居民与特色小镇建设深度融合。

7.7　浔龙河生态艺术小镇

7.7.1　小镇基本概况

浔龙河生态艺术小镇位于长沙县果园镇双河村，区位优势明显，接近长沙市三环，处在长沙县"一心三片"中经济核心区东北部，距长沙县城10分钟车程，距市区25分钟车程，距黄花国际机场25分钟车程。

双河村现有土地总面积11584亩，其中耕地1177亩、林地6645亩、水塘197亩、宅基地573亩、公共道路512亩、其他2472.95亩；有13个村民小组、472户，户籍人口1562人。该村地形地貌独特，整体呈现出"山多、水多、田少、人少"的特点。

生态艺术小镇自然资源丰富。水系尤其发达，浔龙河、金井河、麻林河三条河流交织环绕，同时，拥有众多源远流传的民间传说和古迹，如关帝庙、拖刀石、义云亭、华佗庙等，历史文化资源丰富。

7.7.2 小镇定位及特色

生态艺术小镇以农、旅、居为核心，依托生态农业基础，与政府 PPP 模式的城市基础建设充分结合，以景观农业＋旅游产业＋生态居住构成产业核心，颐养产业、第二居所、亲子产业、文创产业、农业产业作为项目的辐射产业为项目注入更多的发展空间。

7.7.3 小镇规划布局

小镇规划占地面积 14700 余亩，其中核心开发区为两三千亩。在整体规划设计中，小镇在保存乡村风貌的同时，加入前沿生态规划理念，打造一个为当地农民提供城市生活品质，为都市人提供田园生活需求，以生态旅游为主导产业的田园综合体。

具体来看，项目开发建设分为三期，形成"九园一中心"的产业布局。商业服务配套中心位于九个园区的中心，主要包含生态停车场、游客咨询中心、票务中心、宣传展示中心、医务中心、旅游厕所等。

珍稀植物园以珍稀树木观光、植物科普教育为主题，是一个集教育、休憩、园艺为一体的科普基地和生态旅游区；滨河游乐园以水上游乐、山地运动为主题，可以体验航母观光、魔幻木屋、滨水游乐、滨水烧烤、山地拓展、农家游戏、山地车运动、山地露营等；绿色蔬菜产业园以蔬菜生产加工为主，兼具观光、物流、科研培训等功能；浔龙岛农耕文化园为集休闲农业观光、农耕文化体验、休闲度假、科普教育于一体的休闲农业与乡村旅游示范园区；四季果园以"四季鲜果"采摘为主要内容，打造集生态回归、赏花品果、采摘游乐、休闲度假、科普教育、高效农业示范等功能于一体的生态采摘园；酒旗风文化园全面挖掘酒文化内涵，将酒文化与花卉、休闲娱乐、民俗节庆等相结合，打造一条具有浓郁民俗风情的酒文化休闲街；华佗生态养生园位依托华佗庙，以养生度假为主题，以弘扬华佗养生文化为特色，打造集观光朝拜、中草药种植、医药保健、养生度假于一体的生态度假区。

小镇首期规划浔龙河接待中心、亲子乐园、童勋营、云田谷、牧歌山和农创工厂几个项目。其中，浔龙河接待中心规划用地 20.85 亩，位于浔龙河生态艺术小镇西部（黄兴大道北侧）；StarPark 以亲子为主题概念，将儿童素质培训、农耕乐趣体验、草场放牧等主题融汇其中，并配合原生态的环境资源，打造出多位一体的乡村生态亲子公园；童勋营通过有组织、有系统的训练课程来提升儿童综合素质；云田谷农场以体验农田闲趣为主；农创工场占地 134 亩，由农创社区和农创基地组成，其中，农创社区旗下包含湘里商业街及家庭工坊两大部分。

7.7.4 小镇发展模式

浔龙河已逐步形成了由企业为主投资建设、政府主导推动、基层组织参与决策、农民意愿充分表达的"四轮驱动"模式。

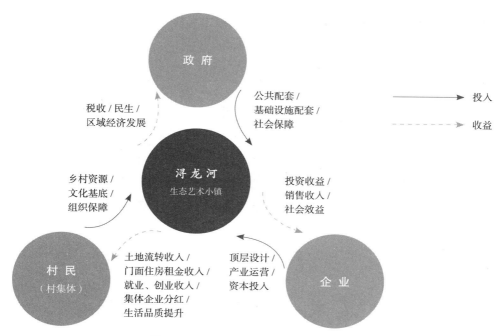

图 7-1　浔龙河生态艺术小镇发展模式

7.7.5　小镇建设成果

2016 年,小镇全年累计投入 2.04 亿元,启动了项目的控规编制和污水厂、垃圾站、国歌博物馆等工程的设计工作;完成了双河桥、金井河桥、田汉大舞台新建工程的设计。工程建设启动了农民安置区一期和幼儿园的建设;完成了村民活动中心和驭龙路建设,开展了金井河、麻林河治理工程。

7.7.6　小镇经营效益

1. 实现资源增收

土地专业合作社统一管理、经营全村集体土地,其土地收益由合作社统一分配。村民年底可得到两部分收入:一部分是土地流转费,即为"保底";另一部分是企业通过土地经营创造的价值中按村民流入土地份额所分配利润,即为"分红"。

2. 促进就业增收

引进品牌培训机构,在小城镇范围内办一所实用技术培训学校,为工业企业和蔬菜花木种植、农产品精深加工等农业产业以及旅游、物业管理等服务业培训输送人才。成立浔龙河农民就业服务中心,依托本村产业发展吸纳农民就业,真正实现农民向产业工人转变。

3. 完善养老保险

将全体村民纳入新农保范畴，并适当提高参保金额和保障力度。凡将土地进行流转的村民，可每年直接领取土地流转费，也可用土地流转费置换养老保险参保费用。参保村民到退休年龄后，每月可领取养老保险金。

7.7.7　小镇投融资模式

在建设过程中，小镇改变以往由政府为主体投资、市场参与建设的模式，由公司作为投资主体，政府主导推动，将政府与市场的资源优势有机整合，形成项目建设推动力。为确保项目建设期间资金运行安全、充足，公司制定了一整套科学稳健的投融资计划，用 5000 万撬动 50 亿资金：拟以自筹资金和部分银行贷款作为项目建设启动资金，以土地增减挂钩、土地异地置换所产生的收益作为中期运转资金，以六大产业效益作为项目建设长期发展资金。

第八章 2014 ～ 2016 年中国特色小镇建设模式分析

8.1 特色小镇创建模式分析

从目前获批且正在进行建设的特色小镇来看，多数小镇均坐落于大城市内部或近郊区，更多的是对于城市内原有资源和新增外部资源的重新整合，是对于原有商务CBD等区域产业发展业态的一种模式升级，将原有浓重的商业或产业生态添加更多宜居、宜业、宜娱的元素。具体来看，特色小镇的创建模式可以分为两类：浙江等发达省市的"政府引导，企业主导"模式和西藏等部分经济活力不足区域的"政府全部包揽扶持模式"。

8.1.1 政府引导，企业主导

这种模式更多强调产业自身的内驱动力，政府在特色小镇的建设过程中更多的是配建制度和环境的角色，以最高层级的规划作为引导力量，在建设过程中由企业和社会资本起主导作用，负责具体的战略落实、建设和运营。例如，杭州玉皇山南基金小镇就是这种模式，成立玉皇山南建设发展公司，充分发挥市场在资源配置中的决定性作用，以企业为投资建设主体，主导小镇的"国际化""专业化""市场化"发展。这类模式最大的特点是对于现有资源的依托，不具备广泛的可复制性。

8.1.2 政府全部包揽扶持模式

与民营经济力量较强相伴随的一般是该区域的经济活力较强，而与之相对的，政府力量占绝对优势地位的区域往往表现为经济活力较差，进而在特色小镇建设过程中，由于企业和社会资本能力不足，政府角色定位多表现为"大包大揽"模式，例如，西藏山南市扎囊县桑耶镇就是这种模式。

如果由政府全权负责，那么特色小镇的设计和建设的水平不会出太大问题，但是在整个特色小镇的不断开发和升级中，需要大量资金投资，采用股权投资、PPP或者基金模式都有可能，但一定要关注的是政府政策支持的力量和资金持续的流入。

8.2 特色小镇建设开发模式分析

8.2.1 土地一级开发

土地一级开发模式,即投资者既可以做土地一级开发的代开发,通过工程获取收益;也可以全面托管土地一级开发,通过土地的升值或其他补贴方案,获得收益。

8.2.2 二级房产开发

具体来看,这种模式包括园区地产、城市地产(一居所地产、城市商业地产)及旅游地产三大架构。其中旅游地产又可以分为二居所地产(周末)、三居所地产(度假)、养老地产、旅游休闲商业地产、客栈公寓型地产五大类。二级房地产开发,主要通过销售、"销售+回收经营"、租赁经营三种方式获取销售及运营收益。

8.2.3 产业项目开发

这种模式主要包括两类:特色产业项目开发和旅游产业项目开发。特色产业项目的开发主要以科技产业园、产业孵化园、双创中心等为主体,同时结合科教文卫等事业,开发产业科研基地、教育培训园区、产业博物馆等项目。旅游产业项目开发众多,包括承担吸引核功能的景区、主题公园、演艺广场,以休闲消费聚集为主要功能的餐饮、酒吧、夜间灯光秀,以及为游客提供居住功能的度假地产。投资者通过产业项目的开发实现投资收益。

8.2.4 产业链整合开发

这种模式主要包括两大产业链:特色产业链和泛旅游产业链。两大产业链相互支撑,构建区域产业生态圈。具体来说,一个小镇经过漫长的积淀之后,形成了某一个产业,政府部门和投资者需要围绕这个行业做文章,重点是做大核心产业,延伸产业链条,构建一个区域产业生态圈。

8.2.5 城镇建设开发

这种模式主要包括三大类:第一类是为小镇提供包括公共交通、供水、污水处理、垃圾处理等在内的市政服务;第二类是为小镇提供管理服务;第三类是为小镇提供配套服务,如学校、医院、养老机构、文化馆、体育馆等。

8.3 特色小镇开发架构分析

8.3.1 特色小镇的发展架构

特色小镇的发展架构,可以总结为"双产业、三引擎、五架构"。

"双产业"指特色产业与旅游产业。自身特色产业主要指新兴产业或传统经典产业，诸如信息经济、环保、健康、时尚、金融、高端装备等新兴产业；茶叶、丝绸、石刻、文房、青瓷等传统产业；泛旅游产业主要是"旅游+农业""旅游+乡村""旅游+工业""旅游+健康""旅游+体育运动""旅游+科技""旅游+教育"等方面内容。

"三引擎"包括产业引领、旅游引擎、智慧化及互联网引擎。对于任何一个特色小镇来说，都是以导入更大的扩大效应、传播效应的现代手段和渠道，这是集聚产业能力，形成人口规模的基础。旅游引擎是导入外来客流形成消费聚集的基础。这三大引擎是构建了打造旅游特色小镇的基础，任何一个特色小镇的引擎不清晰，引擎发展逻辑不清晰，引擎落地的产品、业态、形态、人才、机制和投资的方式不清晰，肯定做不出特色小镇。

"三架构"指的是特色小镇发展不仅要遵循产业链整合架构，还要符合旅游目的地发展架构和新型城镇化发展架构。特色小镇发展的基础是人口聚集。特色产业和泛旅游产业的发展，形成产业集聚，带动常住人口聚集和外来游客聚集，促进配套产业和公共设施的发展，以及多样化的消费结构和聚集，从而推动城镇化架构的形成与旅游目的地发展。

图 8-1 特色小镇发展架构

8.3.2 以特色产业为引擎的泛产业聚集结构

以特色产业为引擎的聚集结构，主要包括"产业本身+产业应用+产业服务+相关延伸产业"四个层面。

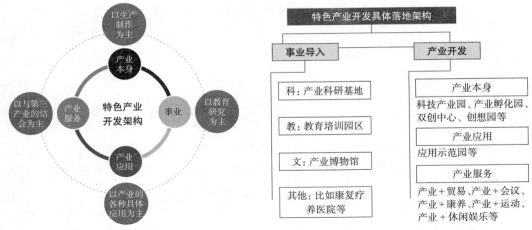

图 8-2　特色产业项目开发架构　　　　图 8-3　特色产业开发具体落地架构

8.3.3　以旅游为引擎的泛旅游产业聚集结构

泛旅游产业集聚结构，是在泛旅游产业理念下，依托旅游与其他产业的融合、聚集，超越旅游十二要素的范畴，形成以旅游产业带动其他产业发展的多产业、立体网络型产业集群。这一集群涉及面广，几乎涵盖旅游及所有相关产业。

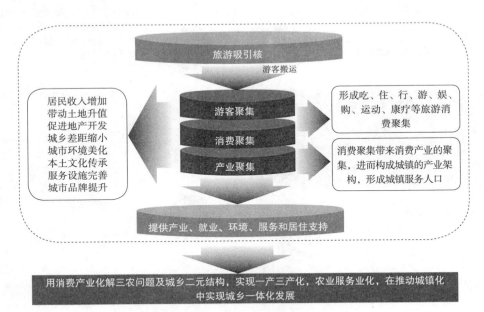

图 8-4　泛旅游资源开发架构

8.3.4　旅游目的地架构

特色小镇虽不完全是以旅游为主要目的地，但又必须包含旅游的功能，每一个特色小镇原则上都是一个以 3A 或 3A 以上景区为主导的旅游目的地，是"旅游吸引核 +

休闲聚集＋商街＋居住"的一体化聚集地。

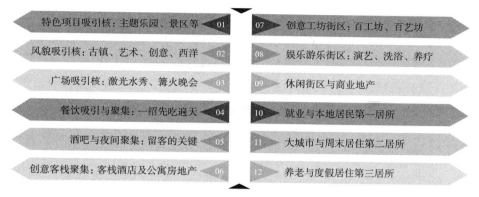

图 8-5　旅游目的地开发架构

8.3.5　新型城镇化架构

特色小镇本身就是一个城镇化架构，包括"核心引擎＋产业园区＋休闲聚集区＋综合居住区＋公共服务设施配套"五大架构。核心引擎是形成人口的关键，产业园区是特色产业核心部分的聚集区，消费产业的聚集形成休闲聚集区，综合居住区是获取土地开发收益的重点，而社区配套网是特色小镇必须具备的支撑功能。

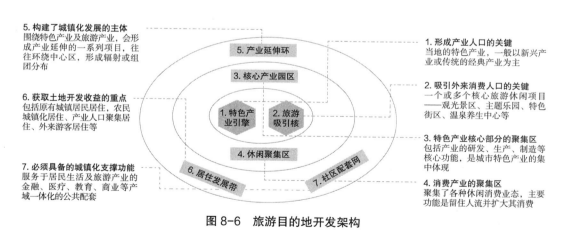

图 8-6　旅游目的地开发架构

8.3.6　互联网引擎与智慧化架构

伴随着互联网的发展，消费者的信息获取方式、消费习惯、支付环境都发生了巨大的转变，互动、体验、便捷成了人们生活中无处不在的追求。因此，以人为中心的特色小镇，也应该注重市场环境的变化，立足居民或旅游的体验维度，从顶层设计、生产生活、服务提供、城市管理、品牌营销等多角度全方位，注重现代智慧科技的运用，

191

打造智慧化的特色小镇，形成对产业、旅游、宜居生活的全面提升。

8.4 特色小镇发展定位

8.4.1 产业形态定位要精准

产业定位精准，特色鲜明，战略新兴产业、传统产业、现代农业等都是特色小镇建设的产业选择范围。产业要向做特、做精、做强发展，产业链要素集聚度要高；充分利用"互联网＋"等新兴手段，推动产业链向研发、营销延伸。

8.4.2 空间布局定位要协调

空间布局与周边自然环境要相互协调，整体格局和风貌要总体协调，土地利用要集约，小镇建设与产业发展要步调一致；同时，美丽乡村建设定位要突出。充分依托与利用资源、气候、地缘、人文等方面的优势，打造具有浓郁特色的现代农业小镇、商贸小镇、生态小镇和旅游小镇，并以特色小城镇为依托，发展特色文化、特色经济，开创特色发展之路。

8.4.3 文化定位辨识度要高

文化定位要彰显传统文化、地域特色和富有较高的辨识度。传统文化得到充分挖掘、整理、记录，历史文化遗存得到良好保护和利用，非物质文化遗产活态传承。形成独特的文化标识，要与产业融合发展，优秀传统文化在经济发展和社会管理中得到充分弘扬。

8.4.4 体制机制定位要创新先行

发展理念有创新，经济发展模式有创新。规划建设管理有创新，鼓励总体协调，建设规划与土地利用规划协同，社会管理服务要力求创新。省、市、县支持政策要"垂直"创新。创新体制机制，促进小镇健康发展，激发内生动力。

8.4.5 功能定位要协同发展

城市化将从过去中心大城市建设的"单核"模式向"中心城区＋特色小镇"的"双核"或"多核"发展模式过度。其中特色各异的"特色小镇"，大多属于城乡结合部和新城新区，发展活力最强的区域。拥有产业发展功能的独特优势，以产业发展带动特色小镇建设的开发模式，体现产业和城镇协调发展、双向融合的理念，其形成路径是通过产业园区化—园区城镇化—城镇现代化—产城一体化，实现产业与城镇的匹配和融合发展。实现"以产带城，以城促产"的产城融合模式，即"产业、生产、服务、消费"

等"多点支撑"的特色小镇发展模式。形成多功能协同的公共服务设施完善、服务质量高，教育、医疗、文化、商业等服务覆盖小镇全域，甚至对周边要有带动和辐射作用。

8.5 特色小镇建设原则

8.5.1 精心布局，整体规划

首先必须改善交通条件，形成大中小城市合理布局的城市群，利用资源城市远离中心城市的地理位置特点，做好可行性研究和总体规划，规划方案要经过有关专家论证和第三方评估。

8.5.2 突出特色、创造优势

小城镇建设要坚持从实际情况出发，围绕一个核心产业和产品，吸引相关的产品和科研机构进入，通过分工协作、技术创新和经营模式的创新，避免千镇一面、"东施效颦"，创造出新的竞争优势。

8.5.3 城乡一体化改革

努力使进入小城镇的居民平等地享受各种基本权益和公共服务，适应劳动力全国流动的需求，建立全国统一的地盘策略，实现城市建设用地增加和农村建设用地减少相挂钩。落实党的十八届三中全会关于农村土地改革的重要部署，使进城落户的农民能够通过土地使用权转让获得财产性收入，通过发挥市场对土地资源配置的决定性作用，实现土地资源的集约利用，满足小城镇对建设用地的需求。

8.5.4 财政引导

通过财政基金的引导吸引民间资金进入小城镇，允许以农村土地的法人财产权抵押贷款。

8.6 特色小镇建设规划布局分析

特色小镇规划主要包含以下内容：1 个定位策划 +5 个专题研究 +2 个提升 +1 个空间优化落地。

1 个定位策划：根据自身的基础和独特的潜力，抓准特色，明确特色小镇的精准定位，进行充分的策划来支撑特色小镇发展；5 个专题研究：产业、宜居、文化、设施服务、体制机制五个方面的专题研究和实施方案，保障特色发展；2 个提升：旅游和智慧体系两个提升规划；1 个空间优化落地：最终通过一个空间优化落地规划落实所有规划设想，并明确实施步骤。

以上主要内容形成一个完整的特色小镇规划体系，系统解决特色小镇建设面临的问题，其中每部分内容的关键又各有侧重。

8.6.1　根据资源禀赋做好精准策划

根据区位等资源要素进行综合分析,找出自身特色,组织好,精准定位。对小镇名称、组织规划、建设、运营、管理、融资模式、投资主体等内容进行明确定位和策划。

8.6.2　坚持精选产业、项目落地的理念

传统的城镇规划是留足城镇的发展空间，不以产业为重点；特色小镇规划要以产业为重点，特别要突出产业选择。产业选择主要是结合传统产业，发展适合小城镇的产业，小城镇适合的产业往往是传统加工业、高新研发产业、农产品加工业、旅游业等，不发展不适合落户小城镇的大规模制造业，在产业选择上还要考虑聚集人气的项目。

重项目落地。找到有基础的产业项目，做精做强，在空间上落地。用地性质、开发强度、建设时序都要落地，在图纸上标注，这是特色小镇规划的重点内容。

8.6.3　注重营造美丽而有特色的空间环境

传统小城镇规划重视发展空间，对风貌考虑不足，不重特色。而特色小镇规划既要考虑美，重视风貌，还要考虑特色，既要考虑空间的精准，又要注重美的营造，要注重打造有特色的人居环境，不能千镇一面。通过特色风貌，体现更高层次的追求。有条件的地方一定要编制特色小镇城市设计或风貌设计专篇，对老镇区的外部环境、整体格局、居住街坊、商业服务、街道空间、建筑风貌、绿地广场等风貌要素提出提升方案。注重对传统文化元素符号、材质的提炼和应用。

8.6.4　规划复合高质量的设施服务并辐射周边

传统规划注重量的发展，忽视质的提升；更注重基础设施的完善，解决有无问题，忽视服务水平的高低；特色小镇规划注重高质量的、复合的公共服务设施和基础设施的规划，要加强设施建设，提升服务水平。基础设施基于服务圈的理论配置，要小而综，适合小城镇特点，达到一定标准，并辐射周围乡村和地区。

8.6.5　注重传承和发展文化，使小镇富有内涵和魅力

特色小镇不仅要有特色还要有文化，文化是特色小镇的灵魂，要建设有品质，有内涵，有吸引力，要建设成让人流连忘返的地方，而不是一个空壳。挖掘、传承、发展文化变得尤为重要。文化要有历史、人物、故事。挖掘和整理后的传统小城镇文化

要在空间上予以体现，提供文化场所，在建筑、雕塑、小品、题匾、园林上予以反映，形成新的城镇景观。还要不断结合当前的形势归纳和总结，传承并形成当前的文化。

8.6.6 通过旅游和休闲加强小镇的活力和人气

传统小城镇规划重视硬件的规划并不注重活力等软件的打造，而特色小镇规划需要集聚人气和创造活力。有条件的可通过旅游的方式提升吸引力，旅游设施、旅游线路都要有所规划；旅游项目要注重中低端消费，考虑聚集人气项目，例如夜宵一条街、跳蚤市场等；北方地区要有冬季的活动场所，南方地区要有雨季的活动场所；增强活力，积聚人气，防止鬼镇出现。

8.6.7 注重绿色、生态、智慧等时代理念的应用

特色小镇规划应具有超前意识，体现时代要求。应广泛应用互联网、智慧绿色发展理念。互联网代表着最先进的技术，而传统小城镇在城镇形态中是相对落后的，因此特色小镇规划要用传统空间形态承载先进技术，用智慧手段解决好分布散，相互之间有一定距离的问题，通过信息流避免无效的行动；绿色化、信息化还可以解决生产、生活之间的联系问题；未来建设成比城市还让人向往的理想生活空间。特色小镇应该利用先进的理念和技术，提供优越的发展条件。针对绿色智慧发展需要专门做导则或专项规划，作为专篇来进行设计。

8.6.8 加强高效而创新的管理

特色小镇管理机构要小，管理上要精简，要用复合的管理机制，避免大布置。要加强城乡建设管理，加强去僵存新的机制设计。对于专门的人员、机构、管理方式、包括监管机制要有设计，突出高效和创新。特色小镇的体制机制要高效、变革，要注重建设管理机构及管理方式的设计，这也是特色小镇规划的重要组成部分。

8.6.9 强调多维度的综合规划

传统规划类型很多、内容很多，而特色小镇规划是横向多规合一、纵向多个层面规划的结合，是多维度、高度融合的综合规划，本身是一个多规合一的规划。它不是传统意义上的空间规划，是综合社会和管理的规划，且各部分综合规划内容需要在成果中明确表现出来。

8.6.10 注重以特色为导向的规划

传统规划注重空间结构、基础设施的建设规划，而特色小镇规划是在传统规划的基础上突出特色——空间特色、产业特色等以特色为导向的规划。有无特色将作为评

判特色小镇规划好坏的关键。

8.6.11 坚持精明收缩（精明增长）式发展，要严控规模

特色小镇建设应该走精明收缩（精明增长）的道路，避免建设规模过大，反对粗放式建设，反对快速式建设，反对一窝蜂式建设。应坚持紧凑布局和集约节约建设用地的原则，避免摊大饼式，根据自身资源和产业基础及其分布情况，尽可能完善现有建设区。

8.6.12 注重实效的建设规划

以往的小城镇规划重视规划期末终极蓝图的编制，而忽视近期建设规划的安排。特色小镇规划应注重近远结合，尤其要保持近期建设规划的相对完整，是注重实效的建设规划，合理定位布局，项目科学落地。特色小镇规划不是墙上挂挂的规划，不是研究，而是实际可操作的规划，是规划、是设计、是施工图、是能指导建设的具体图纸和方案。

8.6.13 投入成本的经济测算

特色小镇规划要注重经济投入成本的测算，无论政府投入还是市场贷款，都要考虑本身资源条件对资本的承纳能力和偿还能力，要做经济方面的核算和预算，这部分内容也是特色小镇规划的重要组成部分。特色小镇规划不是法定规划，而是行动计划，也没有形成定式，要根据自身情况，探索出适合本地的特色小镇规划，因地制宜地解决本地特色小镇经济平衡、项目落地等问题。

8.7 特色小镇建设创新要素

8.7.1 政府引导方式创新

一方面，在特色小镇建设中，应坚持"谁运营谁管理"的原则，淡化行政主导的色彩，充分发挥其他主体的作用。另一方面，要避免搞国家标准的倾向，因为统一标准与特色发展是相矛盾的。坚持多元化的发展趋向，必须突出市场的导向作用。例如，国家发改委做提出政企合作的导向，但不制定具体的标准，由地方自行探索适合的建设模式。

8.7.2 观念创新

特色小镇不是传统的行政建制镇，也不是改革开放以来的各类开发区和产业园区。因此既不能用行政思维去推动，也不能以大开发的模式去建设。特色小镇，简单来说

即"有特色的小地方"。"有特色"主要指产业有特色，不管是制造业、服务业、文化、旅游业，都必须要有特色；"小地方"主要指有一定数量的人口，集聚在一个相对狭小的地理空间上。这个空间不一定对应某个行政区划，但在这个空间里活动的主体，一定有极为紧密的经济、社会和人文的联系。由业而聚人，由人而兴文，由文而引游，最后自然地、历史地发展成为一个产业、文化、旅游和社区的有机体。

8.7.3　产业创新

产业创新指要顺应信息化与工业化、制造业与服务业深度融合发展的大趋势，集中力量发展信息、环保、健康、旅游、时尚、金融、高端装备制造和文化创意等万亿产业。不一定是这些产业的主体生产基地，但一定是其中主要的研发、孵化和创制平台，是这些产业崛起的领跑者和持续推动者；也不一定是这些产业全产业链的集大成，但一定是其中关键和核心环节的制高点。

还有一些小镇是要做强做优丝绸、黄酒、茶叶、瓷器等历史经典产业，不但使之成为古典技艺和文化传承的载体，更应当推陈出新、古为今用，引领和创造新的需求，开辟和拓展新的市场。

8.7.4　要素创新

以前，人们习惯于关注土地、能源、资金等物质性的要素供给，这是和投资驱动发展的模式相适应的。但是，当下应运而生的特色小镇，要求人们更多关注科技进步、管理创新和劳动者素质提高或人力资本投入等创新型要素的供给。

8.8　特色小镇建设的障碍与瓶颈

8.8.1　特色小镇建设面临难题

当前，我国特色小镇建设如火如荼，从中央到地方各级政府，全国各地掀起特色小镇建设的高潮。不过，由于特色小镇在我国还处于起步阶段，还存在诸多发展的障碍，因此，在建设中面临不少难题。

1. 特色小镇是一种全新的经济形态，还处于探索中

与城镇化建设、新农村建设等相比，特色小镇建设是一个全新的经济领域，在我国还处于起步阶段，不仅政策体系不完善，而且所对应的时空条件也发生了巨大的变化。可以说，当下我国进行的特色小镇建设既没有太多可借鉴的现成案例，也没有科学系统的理论指导，仍处在探索之中。进一步讲，特色小镇是各种创新要素的集合：产业创新、机制创新、人才创新、技术创新等，这种创新的难度和强度比之前我国推广的城镇化建设、新农村建设要大得多。

2. 特色小镇门槛很高

在一哄而起的特色小镇建设中，特色小镇的门槛往往被忽视。调研发现，对于"横空出世"的特色小镇，很多人存在认识上的误区，认为不过是在原有行政建制的小镇上增加一点属于小镇的"特色"而已，建设门槛并不高。事实上，特色小镇的门槛很高，并非"想建设就建设""想打造就打造"。以产业为例，许多普通的行政建制镇虽然有所谓的"产业"，但主要局限于"特色"的概念，产业特色不鲜明，没有形成完整的产业链，无法吸引优质的社会资本和大企业，不符合特色小镇的要求。此外，特色小镇还要求具备人文、旅游和社区功能，对比之下，相当多表面上具有"特色"的普通镇是不符合特色小镇要求的。对特色小镇存在的认知误区，不利于指导今后特色小镇的建设和运营。

3. 特色小镇建设周期长

一个真正的特色小镇，从规划到建设运营，再到基本功能的完善，最起码需要 20 年时间。以浙江省为例，浙江的许多特色小镇开发已持续一二十年甚至更长的时间。不仅如此，浙江相当多的特色小镇是从其他类型的空间、产业开发中脱胎而来的，其扎根某一产业已经有相当长的时间，有着很深的产业基础和文化底蕴。因此，在漫长的建设、运营期，特色小镇的建设成果、产生的效益无法在短期内显现，无论是对政府还是社会资本、金融机构来说都是一大挑战。

4. 特色小镇建设面临资金困难

特色小镇建设具有社交项目多、投资规模大的特点。以特色小镇的发轫地浙江省为例，2016 年前三季度，130 个省级特色小镇创建和培育对象完成固定资产投资（不包括住宅和商业综合体项目，下同）1101.1 亿元，其中，第一批 36 个创建对象投资 371.0 亿元，平均每个小镇 10 亿元左右；第二批 42 个创建对象投资 395.7 亿元，平均每个小镇 9.4 亿元；52 个培育对象投资 334.5 亿元，平均每个小镇 6.4 亿元，创建对象的投资力度明显大于培育对象。

另一方面，目前我国推广的几大重点工程，投融资需求都是巨量的。随着我国新型城镇化建设的飞速发展，由此带来高达 42 万亿元的城镇基础设施建设和公共服务投融资需求。"十三五"期间，我国将深入实施大气、水、土壤污染防治"三大行动"计划，投资规模高达 17 万亿元。无论是新型城镇化建设还是环境治理领域"三大行动"计划，抑或近几年国家先后推出的智慧城市建设、海绵城市建设、地下综合管廊等重点工程，都面临巨大的资金缺口。

受上述因素的影响，特色小镇建设中，政府面临资金方面的难题。

5. 我国经济发展不平衡，地区差异大

当前，我国区域经济发展不平衡，东西部差异很大，东部发达地区和西部欠发达地区建设特色小镇面临的问题有所不同。体现在产业经济版图上，东部经济发达地区（如浙江、江苏、上海等地）特色产业较为集中，既有历经数百年甚至上千年洗礼的传统经典产业，又有日新月异引领世界潮流的战略新兴产业，可以说是有"老"（传统产业）有"新"（战略新兴产业），有基础、有层次、有强劲的持续发展力。而西部经济欠发达地区则战略新兴产业少，产品附加值不高，以旅游产业为主，持续发展力还有待提高。

8.8.2 特色小镇建设乱象

在特色小镇建设热潮中，出现了许多有违国家特色小镇建设初衷甚至为未来小镇建设和运营埋下隐患的乱象，如部分地方政府在特色小镇建设上急于求成、拔苗助长，搞"形象工程"甚至"政绩工程"，导致特色小镇建设"走样"。此外，部分地方政府在推广特色小镇的过程中，还存在不少误区。

1.一哄而上的"政绩小镇"

在国家大力推广建设特色小镇的利好政策出台后，部分地方政府热情高涨。热潮之下，一些有违国家建设特色小镇初衷的"乱象"浮出水面：盲目跟风、一哄而上……事实是，我国相当一部分地方根本不具有传统历史经典产业或战略新兴产业的基础，部分地方政府仍不顾地方经济实际情况和产业基础，尤其是在产业、人文、旅游等特色小镇的核心元素不具备的情况下"大干快上"，斥巨资建设特色小镇。

有的地方政府以行政命令规定特色小镇建设时间、数量、规模，将建设特色小镇变成了"政绩工程"，喊出很多脱离地方经济和产业实际的口号，提出许多不切实际的计划和规划。一时间，有关特色小镇的各种有名无实的概念甚嚣尘上，误导了社会公众。

2.拿特色小镇当"金字招牌"和"摇钱树"

由于中央和地方政府对特色小镇在经济、土地以及人才等方面有优惠政策，因此特色小镇与非特色小镇相比具有明显的资源优势。但部分地方政府只是将特色小镇作为"金字招牌"和"摇钱树"。自 2016 年 7 月国家层面提出加快构建特色小镇以来，部分地方政府为了得到补贴、奖励，赶着"打造"各类特色小镇，甚至为了"特色小镇"而"特色小镇"，没有跳出"农区变景区、田园变公园、民房变客房、产品变商品"的老框框。

3.缺乏长远的战略眼光

由于没有从战略的高度用长远的目光看待特色小镇，在特色小镇建设上马后，部分地方出现了"重建设，轻运营"和"重当前，轻长远"的倾向。实际上，特色小镇建设是一个长远的系统工程，关系到小镇的过去、现在和长远的未来，非一朝一夕所能完成。

4.规划老套、定位同质化

规划上没有创新，以旧有观念和主观思维规划，定位同质化现象严重，"千镇一面"，缺乏创意，导致小镇规划老套，产业不突出，吸引力不够，特色小镇"特色"不足，含金量不高，"特色小镇"自然名不副实。多数情况是产业开发与文化创意脱节，当地的人文、旅游等资源没有得到充分利用。体现在小镇建设上就是产业特色不鲜明、环境风貌无特色、人文旅游不诱人，整体承载能力较差。

规划老套、没有创新的小镇，是一种重复建设，不仅没有吸引力和竞争力，还将造成巨大的浪费，让地方政府和社会资本背上沉重的包袱。可以预见，没有创新、没有特色、没有竞争力的"特色小镇"不具备持久发展的活力和动力，注定走不远。

5. 假借特色小镇的名义大搞房地产建设

在开发商大举拿地盖房、卖方赚快钱的发展模式成为过去式的当下，相当多的房地产开发商又将目光瞄准了特色小镇。而此前"认为造成"的先例，让部分地方政府和房地产开发商错误地认为特色小镇不过是历史的重演，因此假借特色小镇的名义搞房地产开发。实际上，特色小镇建设不是原来意义上的城镇化，不是建新城，绝不能用建新城的思路来规划建设特色小镇。

8.8.3 特色小镇建设误区

1. 将特色小镇建设习惯性地理解为"政府主导"

鉴于此前我国的许多重大项目都是在政府的主导下完成的，因此，对于特色小镇建设，通常认为也是由政府主导。实际上，"政府引导、企业主导、市场化运作"已经为特色小镇建设作了注解。即政府在特色小镇中的职责和功能非常明确：不是"主导"，而是"引导"；不是"大包大揽"，而是"引领导向"；不是抓微观工作，而是"抓宏观大势"。因此，特色小镇需要鼓励以各类社会资本（国企、民企、外资以及混合所有制企业）为主建设，广泛征求投资主体（产业资本、金融资本以及个人投资者等）、各方专家及社会公众的意见，还要充分发挥第三方中介机构的作用。

2. 将特色小镇等同于"美丽乡村"

美丽乡村，应满足党的第十六届五中全会提到有关建设社会主义新农村的重大历史任务时提出的"生产发展、生活宽裕、乡风文明、村容整洁、管理民主"等具体要求。魅力乡村更多强调乡村第一、第二、第三产业融合作为产业支撑、依靠本村村民的自治、管理和保护好乡村生态环境等。特色小镇虽然主要位于城市周边、农村地区，且离不开乡村本地，但从根本上来讲，其与美丽乡村在形态和功能上都不一样；特色小镇虽有乡村本地特征，但更多的是融合特色产业、先进技术、雄厚资本和优秀人才等各类高端要素于一体的发展单元；在管理方式上不是"自治"，而是强调由公众共同参与治理的现代化的社会管理体系。

8.9 特色小镇建设发展建议

8.9.1 处理好三个关系

1. 与规划的关系

作为顶层设计,规划必不可少,但传统的规划基本上无法满足特色小镇的建设要求。

因为它涉及生产、生活、生态以及城市、乡村等各个领域及门类，既需要高度的专业化，又需要实现多领域的融合，难度很大，因此需要注意五个方面：一是应实现多规融合，即特色小镇建设只能有一张图，而不能搞若干个规划；二是重视软规划，特色小镇建设要有色彩的概念，要有一些文化的标识。这方面如果做得好，也能够改变"千镇一面"的现象；三是要讲盈利模式，有维护成本的意识，这是以往的规划中所没有的，如果这个问题解决不了，特色小镇建设就会面临很大的困难；四是要深挖当地的特色基因，现在有个别地方的规划还存在大而空的问题，涉及本地特色的内容占比很小，大概只有 10% 到 20%，而实际上，规划中最应该突出的正是本地的实际，如果做出来的规划也适于别的地方，基本可以判断这不是个好规划；五是要做混合规划，特色小镇建设过程中一定要注意功能区的融合，实现土地的混合利用；一方面可以大幅度地降低成本，另一方面通过开发微景观，体现出"小而美、小而精"的特色，既可以减少对当地原有风貌的改变，也能够区别于城市景观。

2. 与房地产的关系

成功的特色小镇一定是非房地产化的，但也不能没有房地产，不然无法解决人口集聚以后的居住问题。特色小镇建设给房地产业提供了一次转型的机会，即房地产业可以利用特色小镇的建设，做产业地产、旅游地产，然后转向服务、运营。

3. 与产业的关系

从产业角度来说，特色小镇建设能不能成功，有两个挑战因素，一是特色产业能不能做起来，二是能不能打造出有品位、有文化、有特色的人居环境。

前者的关键在于选址：第一，如果小镇位于城市群内部，处于大城市的周边，可以利用大城市的高端资源做资本、技术含量比较高的产业，如杭州周边的基金小镇、北京周边的机器人小镇等。也可以发展为大城市服务的产业，现在浙江大部分的特色小镇是这类模式，成功率比较高。

第二，如果是中西部地区的小镇，可以将重点放在开发特色资源上，如农业资源比较丰富的可以做田园综合体，森林资源丰富的可以做森林特色小镇。在西部生态环境比较脆弱的地方，可以着重发展当地有优势的特色种植业或养殖业，搞特色经济，而不要搞工业型小镇或作其他大规模的开发。

8.9.2　明确特色小镇培育路径

目前我国大部分省份已明确了特色小镇培育目标和支持政策，组织编制了规划，稳步有序推进特色小镇建设工作。对于部分地方出现的培育对象过多、盲目推进建设、缺乏产业支撑、规划管控不够等问题，住建部将建立全国小城镇建设检测信息系统，及时发现并制止问题。此外，住建部还将组织各省份进行自查，并将于每年对特色小镇开展检查评估，包括小城镇规划、新增建设用地规模、产业落地情况等方面，对培育工作开展好的予以财政奖励，对问题多的进行通报批评、约谈、责成地方政府进行整改。

8.9.3 强化政府引导

在特色小镇建设的过程中，应该始终坚持并强化政府的引导作用，将"政府引导、企业主体、市场化运作"作为根本，通过规划布局、创新制度供给和基础设施建设等来发挥引导和服务功能。特色小镇建设的关键，是政府在土地供给、城镇规划、基础设施以及公共服务等方面给予引导和指导，吸引更多的优质社会资本进入，让公众享受发展红利的同时，也为社会资本提供更多投资机会。以浙江湖州丝绸小镇为例，小镇自启动建设以来，当地政府只扎实做好两件事：一是研究规划，二是选择投资主体，这种提纲挈领的方式成效非常明显。

1. 政府部门要注重规划先行

规划是设计、投融资、建设和运营的前提，没有强有力、科学的规划，特色小镇极易南辕北辙。投资越大，就越不容易转向，到最后损失也越大。因此，地方政府要围绕产业"特尔强"、功能"聚而合"、形态"精而美"、文化"特而浓"做好小镇规划。具体来说，政府要充分发挥引领作用，高水平编制规划，不仅要编制概念性规划，还要编制控制性详规，实行多规融合，并突出规划的前瞻性、协调性、操作性和有效性，以确保规划可落地。

2. 注重项目谋划，做好招商工作

在精心编制规划的同时，政府还要在产业招商方面下功夫，紧紧围绕确定的"特色产业"谋划一大批好项目，出台优惠政策，引进资金雄厚、技术先进和管理经验丰富的社会资本（包括产业资本和金融资本），目的是将特色小镇的规划落到实处。

8.9.4 加强绩效考核，以创建制代替审批制

加强对特色小镇建设的绩效考核，是促使特色小镇科学规范建设的重要保障。多年来，由于受传统计划经济体制影响，在我国许多行政管理领域应用行政审批制度，一度促进了我国经济社会的发展，成为一种国家管理行政事务的重要制度。不过，实践经验表明，行政审批制度在严格和规范地方建设的同时，其自身存在的问题越来越突出，最明显的是部分地方政府为获得国家财政补贴而不顾地方实际情况盲目申报建设项目，结果背上了沉重的债务包袱。对于我国大力推广且正处于起步阶段的特色小镇建设，行政审批制度显然不太适用。

为了科学规范特色小镇建设，部分地方提出"宽进严定"，开始用创建制代替审批制，并建立特色小镇的退出机制，对考核不合格的地方"摘牌"。如我国特色小镇建设的先行者浙江省采取创建制，其核心是只有地方政府做出了成绩才能享受到政策优惠，

这从制度上保障了特色小镇建设的科学性。

8.9.5　注重生态建设，推进绿色发展

特色小镇必须是生态小镇，这是底线。在成为特色小镇"样板工程"的浙江，在建设过程中，小镇的功能力求"聚而合"，建设形态力求"精而美"。浙江所有特色小镇都按照 3A 级景区打造，其中旅游产业特色小镇还要按 5A 级景区标准建设。特色小镇的整个开发过程，都要根据地形地貌，做好整体规划，保护好生态环境，并以此为重要资源，建设"田园风光小镇""绿荫垂柳小镇""江南水乡小镇""桨声灯影小镇"等等，让每一个特色小镇都成为具有特色风景的"生态小镇"。

8.9.6　完善软硬件环境，集聚人才

建设特色小镇关键要有创新创业、技术、管理等人才团队。首批国家特色小镇浙江省横店镇，因为横店集团创始人徐文荣的正确决策，从传统的丝绸产业转型为知名的影视基地，如今又走入"文化＋科技"的新型发展模式。

在特色小镇建设过程中，一要注重搭建内、外部开放性平台，让相同、相关产业的人才经常交流、互动、合作，不断壮大、完善创新生态和产业生态，形成良性循环；二要给予人才扶持，借鉴中关村国家自主创新示范区做法，对特色小镇范围内的高端人才实行税收优惠和个税优惠政策，加大对高层次人才运营项目的担保支持；三要打破条条框框，制定吸引高端人才落户的政策，完善住房、教育、医疗保健、配偶安置等服务，以"不求所有，但求所用"的方式引进世界级高端人才。

第九章 特色小镇建设投融资模式分析

9.1 特色小镇商业模式分析

目前，从特色小镇的商业模式来看，主要分为房企主导的"销售＋持有"的现金流平衡模式和产业主导的"产业链打造＋代建运营"的软硬件结合模式。

9.1.1 房企主导：销售＋持有的现金流平衡模式

目前多数由房企主导的特色小镇开发模式可以从三个角度进行分析：布局低进入壁垒产业、以持有＋销售模式实现现金流平衡和主要针对大城市周边游客群。

从小镇的主导产业来看，多数以文旅、农业、养老等自然资源属性较强的产业为主导，大部分此类小镇毗邻大城市，同时此类小镇的产业选择并不是最关键的，因为很难形成强大的比较优势，因此决定此类小镇能否具有活力的关键就是区位，需要在主体客群的通勤范围内（轨道交通 1 ~ 2 小时的交通圈内）。

从开发运营本质来看，房企运营的特色小镇核心仍然是地产开发业务，即在满足政府规划要求的基础上，房企获得部分可销售住宅和商业用地，通过销售实现现金流回笼，支撑其余部分自持住宅和商业以及整个小镇的整体运营管理，并没有脱离房地产开发的实质，同时这种模式有望通过项目自身的资金平衡来实现巨额的投资，实际需要占用的资金体量不太大。同时，这一类特色小镇最大的特色是获取收益的周期短，与当前地产行业中的住宅产品有异曲同工之效。

总体来看，房地产参与特色小镇的建设运营多数还未脱离其天然的地产开发基因，甚至部分地方政府也在以特色小镇作为概念来卖地。分析认为，如果新增的特色小镇中大比例仍然是这种"新瓶装旧酒"的模式，必然与我国政府对地产行业的定位思路相悖，未来这种新兴业态面临的政策风险也将快速积累。

销售部分：
住宅＋商业

现金流回笼

自持部分：
住宅＋商业

分享物业增值

图 9-1 房地产主导的特色小镇商业模式

9.1.2 产业主导：产业链打造＋房屋代建的软硬件结合模式

从国家层面上考虑，建设多个拥有强大比较优势的产业小镇是符合国家创业创新的要求的，尤其是培育巨大发展潜力的特色小镇，具有强国富民的战略意义。

具有主导产业的特色小镇最大的特点是围绕优势产业打造产业生态，以产业聚集和产业链延伸为主要的实现形式。此类特色小镇最核心的内容是某领域领军企业的导入，只有这一前提确定后，后续围绕这一产业或企业的配套企业不断流入，才会形成具有活力的产业环境。

从商业模式来看，产业特色小镇的建设都是围绕着特定产业或企业，需要政府大力引导同时企业大量投资，这一模式如果没有金融资本的配合，企业将会面临非常大的压力；如果有金融资本的配合，那么还要面临资金期限与项目收益期限相匹配的问题。另外，产业为中心决定了房地产企业在这个项目里的角色是配角，最有可能参与的角色是代建。

对比两种模式，房企开发模式的优势在于房企对于整体资源的协调能力，尤其是如果房企能够实现与产业的深度结合，会使两种模式的优势效应成倍放大；产业主导模式的优势在于对产业资源的强力把控，尤其是某个领域的领军企业，没有核心竞争力的产业小镇不可能有旺盛的生命力。

9.2　特色小镇建设融资综述

9.2.1　特色小镇投融资流程

政府与私营部门组建 SPV，政府以土地入股，土地价格参照拍卖价格。项目公司、社会资本与地方政府签订 PPP 合同，明确约定各自的权责。政府给予 SPV 特许经营权，SPV 负责融资的具体工作，融资方式主要有通过项目进行融资，通过项目未来现金流进行债券信托、资产证券化等，要根据项目实际情况拓展融资渠道，尽量降低融资成本。

9.2.2　特色小镇建设金融支持

《关于开展特色小镇培育工作的通知》提出，国家发展改革委等有关部门支持符合条件的特色小镇建设项目申请专项建设基金，中央财政对工作开展较好的特色小镇给予适当奖励。

《关于推进政策性金融支持小城镇建设的通知》提出，充分发挥政策性信贷资金对小城镇建设发展的重要作用，不断加大小城镇建设的信贷支持力度。中国农业发展银行要将小城镇建设作为信贷支持的重点领域，以贫困地区小城镇建设作为优先支持对象，保障融资需求。并联合其他银行、保险公司等金融机构以银团贷款、委托贷款等方式，努力拓宽小城镇建设的融资渠道。

《关于加快美丽特色小（城）镇建设的指导意见》提出，研究设立国家新型城镇化建设基金，倾斜支持美丽特色小（城）镇开发建设。鼓励开发银行、农业发展银行、农业银行和其他金融机构加大金融支持力度。鼓励有条件的小城镇通过发行债券等多种方式拓宽融资渠道。《关于实施"千企千镇工程"推进美丽特色小（城）镇建设的通知》提出，国家开发银行、中国光大银行将通过多元化金融产品及模式对典型地区和企业给予融资支持，鼓励引导其他金融机构积极参与。

9.3 特色小镇建设主要融资模式分析

特色小镇的投资建设，呈现投入高、周期长的特点，纯市场化运作难度较大。因此需要打通三方金融渠道，保障政府的政策资金支持，引入社会资本和金融机构资金，三方发挥各自优势，进行利益捆绑，在特色小镇平台上共同运行，最终实现特色小镇的整体推进和运营。

目前，特色小镇融资模式主要分为 PPP 融资、基金（专项、产业基金等）管理、股权众筹、信托计划、政策性（商业性）银行（银团）贷款、债券计划、融资租赁、证券资管、供应链金融等模式。

9.3.1 PPP 融资模式

在特色小镇的开发过程中，政府与选定的社会资本签署《PPP 合作协议》，按出资比例组建 SPV（特殊目的公司），并制定《公司章程》，政府指定实施机构授予 SPV 特许经营权，SPV 负责提供特色小镇建设运营一体化服务方案。

PPP 合作模式具有强融资属性，金融机构与社会资本在 PPP 项目的合同约定范围内，参与 PPP 的投资运作，最终通过股权转让的方式，在特色小镇建成后，退出股权实现收益。社会资本与金融机构参与 PPP 项目的方式也可以是直接对 PPP 项目提供资金，最后获得资金的收益。

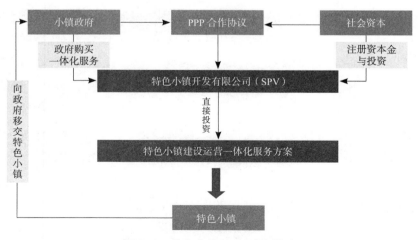

图 9-2 特色小镇 PPP 融资模式

9.3.2　产业基金及母基金模式

特色小镇在导入产业时，往往需要产业基金作支撑，这种模式根据融资结构的主导地位分三种类型。

第一种是政府主导，一般由政府（通常是财政部门）发起，政府委托政府出资平台与银行、保险等金融机构以及其他出资人共同出资，合作成立产业基金的母基金，政府作为后级出资人，承担主要风险，金融机构与其他出资人作为优先级出资人，杠杆比例一般是 1 : 4，特色小镇具体项目需金融机构审核，还要经过政府的审批，基金的管理人可以由基金公司（公司制）或 PPP 基金合伙企业（有限合伙制）自任，也可另行委托基金管理人管理基金资产。这种模式下政府对金融机构有稳定的担保。

第二种是金融机构主导，由金融机构联合地方国企成立基金专注于投资特色小镇。一般由金融机构做 LP，做优先级，地方国企做 LP 的次级，金融机构委派指定的股权投资基金作 GP，也就是基金管理公司。

第三种是由社会企业主导的 PPP 产业基金。由企业作为重要发起人，多数是大型实业类企业主导，这类模式中基金出资方往往没有政府，资信度和风险企业承担都在企业身上，但是企业投资项目仍然是政企合作的 PPP 项目，政府授予企业特许经营权，企业的运营灵活性大。

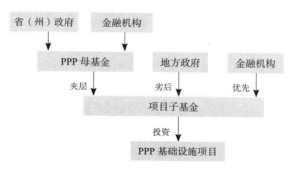

图 9-3　政府主导的 PPP 基础设施基金

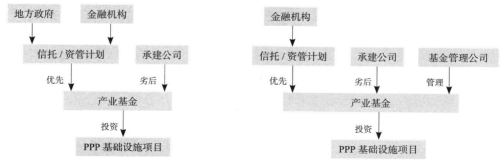

图 9-4　金融机构主导的 PPP 基础设施基金　　图 9-5　社会企业主导的 PPP 产业基金

9.3.3 股权投资基金模式

参与特色小镇建设的企业除了上市公司外，还有处于种子期、初创期、发展期、扩展期的企业，对应的股权投资基金基本可分为天使基金、创业投资基金、并购基金、夹层资本等。

除天使和创投之外，并购基金和夹层资本也是很重要的参与者。并购基金是专注于对目标企业进行并购的基金，其投资手法是，通过收购目标企业股权，获得对目标企业的控制权，然后对其进行一定的重组改造，持有一定时期后再出售。

夹层资本，是指在风险和回报方面，介于优先债权投资（如债券和贷款）和股本投资之间的一种投资资本形式，通常提供形式非常灵活的较长期融资，并能根据特殊需求作出调整。而夹层融资的付款事宜也可以根据公司的现金流状况确定。

9.3.4 股权或产品众筹模

特色小镇运营阶段的创新项目可以用众筹模式获得一定的融资，众筹的标的既可以是股份，也可以是特色小镇的产品或服务，比如特色小镇三日游。众筹具有低门槛、多样性、依靠大众力量、注重创意的特征，是一种向群众募资，以支持发起的个人或组织的行为。股权众筹是指公司出让一定比例的股份，平分成很多份，面向普通投资者，投资者通过出资认购入股公司，获得未来收益。

9.3.5 收益信托模式

特色小镇项目公司委托信托公司向社会发行信托计划，募集信托资金，然后统一投资于特定的项目，以项目的运营收益、政府补贴、收费等形成委托人收益。金融机构由于对项目提供资金而获得资金收益。

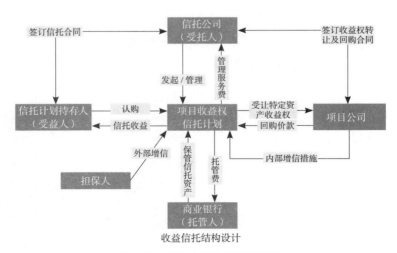

图 9-6　特色小镇收益信托模式

9.3.6 发行债券模式

特色小镇项目公司在满足发行条件的前提下，可以在交易商协会注册后发行项目收益票据，可以在银行间交易市场发行永（可）续票据、中期票据、短期融资债券等债券融资，也可以经国家发改委核准发行企业债和项目收益债，还可以在证券交易所公开或非公开发行公司债。

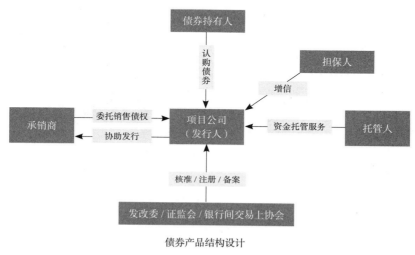

债券产品结构设计

图 9-7　特色小镇债券模式

9.3.7 贷款模式

利用已有资产进行抵押贷款是最常见的融资模式，但特色小镇项目公司可以努力使得所运营项目成为纳入政府采购目录的项目，则可能因符合政府采购融资模式而获得项目贷款，而延长贷款期限及可分期、分段还款，这对现金流稳定的项目有明显利好，如果进入贷款审批"绿色通道"，也能够提升获得贷款的速度。国家的专项基金是国家发改委通过国开行、农发行向邮储银行定向发行的长期债券，特色小镇专项建设基金是一种长期的贴息贷款，也将成为优秀的特色小镇的融资渠道。

9.3.8 融资租赁模式

融资租赁是指实质上转移与资产所有权有关的全部或绝大部风险和报酬的租赁，有三种主要方式：1.直接融资租赁，可以大幅度缓解特色小镇建设期的资金压力；2.设备融资租赁，可以解决购置高成本大型设备的融资难题；3.售后回租，即购买"有可预见的稳定收益的设施资产"并回租，这样可以盘活存量资产，改善企业财务状况。可以尝试在特色小镇这个领域提供优质的金融服务。

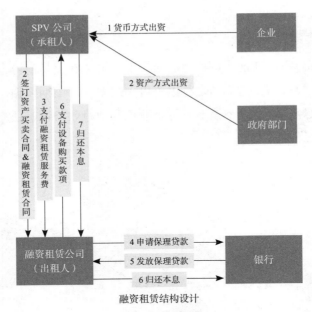

融资租赁结构设计

图 9-8 特色小镇融资租赁模式

9.3.9 资本证券化（ABS）

资产证券化是指以特定基础资产或资产组合所产生的现金流为偿付支持，通过结构化方式进行信用增级，在此基础上发行资产支持证券（ABS）的业务活动。特色小镇建设涉及大量的基础设施、公用事业建设等，基于我国现行法律框架，资产证券化存在资产权属问题，但在"基础资产"权属清晰的部分，可以尝试使用这种金融创新工具，对特色小镇融资模式也是一个有益的补充。

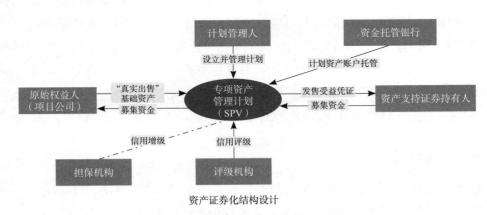

资产证券化结构设计

图 9-9 特色小镇资本证券化模式

9.3.10 供应链融资模式

供应链融资是把供应链上的核心企业及其相关的上下游配套企业作为一个整体，

根据供应链中企业的交易关系和行业特点制定基于货权及现金流控制的整体金融解决方案的一种融资模式。

供应链融资解决了上下游企业融资难、担保难的问题，而且通过打通上下游融资瓶颈，还可以降低供应链条融资成本，提高核心企业及配套企业的竞争力。在特色小镇融资中，可以运用供应链融资模式的主要是应收账款质押、核心企业担保、票据融资、保理业务等。

实际操作中，上述十种融资模式往往是前两种为主，根据小镇建设不同阶段和产业发展不同阶段，结合其他融资模式组合使用。

9.4 PPP 模式在特色小镇建设上的应用

9.4.1 特色小镇 PPP 模式的政策支持

《关于推进政策性金融支持小城镇建设的通知》提出，中国农业发展银行各分行要积极运用政府购买服务和采购、政府和社会资本合作（PPP）等融资模式，为小城镇提供综合性金融服务。

《关于加快美丽特色小（城）镇建设的指导意见》提出，创新特色小（城）镇建设投融资机制，大力推进政府和社会资本合作，鼓励利用财政资金撬动社会资金，共同发起设立美丽特色小（城）镇建设基金。

民建中央《关于高质量推进特色小镇规划建设的提案》建议，要创新融资方式，落地做实 PPP 融资模式、PPP 合作模式等，研究设立特色小镇发展产业引导基金，发挥财政资金导向和杠杆放大作用，吸引社会资本参与特色小镇规划建设。

9.4.2 特色小镇 PPP 模式的意义

PPP 模式是将部分政府责任以特许经营权方式转移给市场主体（企业），政府与市场主体建立起"利益共享、风险共担、全程合作"的共同体关系，政府的财政负担减轻，市场主体的投资风险减小。目前，特色小镇建设过程中存在缺乏基础设施建设资金以及成熟的商业模式等一系列问题。通过 PPP 模式可以有效促进基础设施建设，解决资金短缺和商业模式不成熟等问题，为特色小镇提供资金和运行机制等多重保障。

1. 有效缓解政府财政压力、开拓特色小镇融资渠道

我国各级政府目前正在积极推出各种各样的特色小镇，然而在特色小镇建设过程中，地方政府面临巨大的财政压力；采取 PPP 模式，可以通过发挥政府资金的"杠杆"作用，撬动社会资本，实现特色小镇投资主体的多元化，有效解决特色小镇资金不足的问题。

2. 有效降低特色小镇建设的风险

特色小镇通过 PPP 模式进行建设，可以明确政府部门和社会资本各自的责任和义

务，有利于降低特色小镇建设过程中的各种风险，提高特色小镇建设的效果。政府通过招标方式引进综合实力强的社会资本参与特色小镇的建设。综合实力较强的社会资本一般都具有先进管理能力、较强的实力以及丰富的建设经验，可以有效提高特色小镇建设整体风险的控制能力和控制水平。另外，社会资本根据自身的先进技术手段、风险控制能力，可以对特色小镇的风险进行有效识别并制定对应的风险管控措施，从而整体提高特色小镇 PPP 项目的风险处置水平。

3. 有效扩大社会资本的投资领域

在经济新常态下，社会资本投资减速明显。通过投资特色小镇，社会资本可以有效提高特色小镇建设效率,提高财政资金的投资效率,拉动区域经济发展以及投资需求,从而有效提升社会资本投资回报率，并且能鼓励更多的社会资本积极参加我国公共设施和基础设施建设。

9.4.3　特色小镇 PPP 模式主要思路

1. 政府以特色小镇作为一种特许经营项目

通过签订特许合同的方式确定政府与特许经营市场主体间的权利义务，政府负责土地供给，扶持政策制定，公共服务平台的导入，由市场主体负责筹资、建设与经营。

2. 政府要建立适宜发展的监督管理机制

特色小镇的终极目标是发展新经济，实现长期效益。鉴于特色小镇项目投资回报周期性长，政府和市场主体之间的这种特许经营往往属于长期合作，这种全程合作，需要政府建立适宜发展的监督管理机制，以充分发挥政府与市场主体社会资本的各自优势，加快特色小镇的建设与发展。

3. 合理平衡政府与市场主体间的利益共享

特色小镇的项目资产在特许经营结束后最终归属于政府，在特许经营期间，市场主体投资收益回报应给予保障，政府适当收取一定的特许经营费或适度的补偿，以平衡特色小镇发展建设的投资性和公益性关系。

4. 提高特色小镇当地居民就业率和适度引入高端人才

居民对特色小镇建设的期望无外乎在经济发展的前提下生活幸福感提升，通过开发建设，可以提高当地居民的就业率，但如果属地劳动力不足以解决特色产业经济发展所需要的人力资源时，政府应给予政策鼓励和支持市场主体引入高端人才。

5. 注意特色小镇项目发展融资风险的问题

PPP 模式其实是一种项目融资模式，尽管特色小镇特许经营合同约定由市场主体筹资建设，但在投资题量大的情况下，市场主体本身自有资金无法解决时，也需要借助政府的背书融入其他社会资本，以促进特色小镇的建设速度。当然政府的这种背书不是政府担保的形式，以避免项目融资风险。

9.4.4 特色小镇 PPP 项目规模

在国家级首批特色小镇投融资方面，大部分已经开展了 PPP 项目（52%），73% 的小镇政府已经购买了市场化的服务项目，符合利用市场力量，引入社会资本的发展模式。

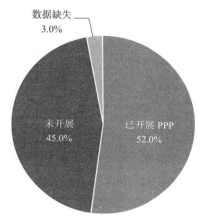

图 9-10 首批 127 个小镇 PPP 项目开展情况

9.4.5 特色小镇 PPP 项目所处阶段

目前已公布的国家首批特色小镇创建名单中，基本都是以当地政府为主导进行开发运营的，南京三溧水小镇作为首个 PPP 试点小镇，给特色小镇的运营模式提供了不同的选择方案。杭州梦想小镇是以政府为主导模式的特色小镇中的"翘楚"。

近年来，众多的社会资本越来越积极地以 PPP 模式切入特色小镇开发领域。不过，PPP 模式在我国还处于探索阶段，各方面的认识和实践能力的提升都需要一个过程。特色小镇的开发仍以政府主导，PPP 模式正在试点推进。

9.4.6 特色小镇 PPP 项目运作模式

PPP 模式下的特色小镇建设，应该以"市场化运作"为机制，政府做好引导和政策支持，在规划设计、文化传承、环境保护等方面发挥积极作用，社会资本通过资源整合、招商管理、智慧化运作提供全生产链服务。

1. 组织结构

特色小镇 PPP 项目的参与主体包括政府、开发商、金融机构及咨询设计、工程施工、招商运营等专业企业。政府部门给予整体方向指导、行政便利支持和专项基金补贴，主要负责招投标、授予特许经营权、部分项目的付费与补贴、监管质量与定价等方面；社会资本可以是一家企业，也可以是多家企业组成的联合体，与政府合作成立特别项目的公司 SPV（Special Purpose Vehicel）作为 PPP 项目实施主体，主要负责项目融资、建设、运营与维护、财务管理等全过程运作；金融机构提供资金支持和信用担保。借鉴国外经验，引入服务 PPP 项目的专业机构，承担政策咨询、技术支持、能力建设等重要职能；引入第三方，对特色小镇建设全过程进行监督管理。

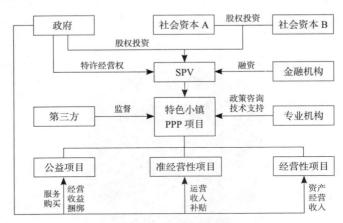

图 9-11　特色小镇 PPP 项目组织结构

2. 特色小镇 PPP 项目运作流程

特色小镇 PPP 项目运作流程主要包括项目识别阶段、准备阶段、采购阶段、实施阶段和移交阶段。

（1）项目识别阶段

该阶段主要工作是判断项目是否适合采用 PPP 模式。国家财政部门、政府行业主管以及社会资本均需要判断特色小镇本身与 PPP 模式是否契合。本阶段主要工作包括项目发起、项目筛选、物有所值评价和财政承受能力评价等。

（2）项目准备阶段

该阶段主要工作包括确定 PPP 项目经济技术指标、项目公司股权、项目运作方式、项目交易结构、合理分配风险、合同体系、项目采购方式、项目监管构架等。

（3）项目采购阶段

该阶段主要工作是确定 PPP 项目公司。结合特色小镇 PPP 项目特点，采用合适的招标方式和评分办法，选择实力雄厚的社会资本。本阶段主要工作包括资格预审、采购文件编制、开标、评标、定标、合同谈判、签署合同等。

（4）项目实施阶段

该阶段主要工作包括项目建设和项目运营，具体内容包括项目公司组建、融资管理、项目建设、项目运营等。

（5）项目移交阶段。PPP 项目公司在特许经营期满后将项目移交给指定公共部门或其他机构。本阶段主要工作包括移交准备、性能测试、资产交割、绩效评价等。

3.特色小镇 PPP 项目运作的关键问题

（1）社会资本收益与公共利益

特色小镇建设属于政府为提高居民生活环境、改善百姓生活的公益性项目，而社会资本参与 PPP 项目中，最大的目的就是从中获利，这就存在社会资本收益与公共利益的矛盾点。如何保证公民的基本利益，又能给予社会资本一定的效益成了特色小镇 PPP 项目的首要难点。

（2）合同履约管理

特色小镇项目回报周期长，其成功的关键在于政府和社会资本能否在项目的合约期内保持稳定、良好的合作关系。政府往往利用行政权力对项目进行干预，从而导致合作双方不平等。合约不能受到法律严格约束，随时可能被修改或者终止，这样也将造成社会资本的巨大损失，从而导致社会资本参与基础设施建设积极性严重下降。

（3）社会资本的运营能力

PPP 项目运作不是简单的融资，而是社会资本对项目全生命周期的参与，从最开始的设计建设到最后运营管理。PPP 项目运营周期长，要靠后期运营的收益来弥补前期投资，因此需要开发商具有很强的运营能力。特色小镇 PPP 项目成功的关键在于后期长达 20～30 年的运营管理，良好的运营才能保证项目长期受益，开发商才能收回前期巨大的投资，实现政府和社会资本的互利共赢。

（4）PPP 运作模式

随着大量的 PPP 项目落地，PPP 模式被广泛采用，但也存在个别 PPP 项目企业不负责施工和后期运作，只提供资金，甚至一些项目没有稳定的现金流和明确的商业模式的问题，如果小镇的产业模式过于单一，必将在新时代下难以持续发展。同时也存在一些 PPP 项目基金明股实债，地方政府为融资平台出具担保函、承诺函等问题，以财政资金作为风险兜底的劣后资金，实质上这也是地方政府变相举债。

9.4.7　特色小镇 PPP 模式的特点

特色小镇 PPP 模式，是以特色小镇项目为合作载体，让实力较强的企业参与项目建设中，从而实现政府建设特色小镇的目的，与此同时为社会资本带来一定的投资回报率。通过这种合作过程，确保特色小镇建设效率和质量的前提下，适当满足社会资本的投资营利要求。其特色主要表现为：

1.采用 PPP 模式的特色小镇项目也可以理解是一种特许经营项目，特色小镇的财产权归政府所有，政府只是将特色小镇项目的建设、经营和维护交给社会资本。

2.特色小镇的 PPP 模式下，政府和社会资本之间属于长期合作，其最终的目的在于提高特色小镇的长期效益。由于特色小镇项目回报的长期性，其成功的关键在于项目的存续期内政府和社会资本如何保持稳定、良好的合作关系。

3. PPP 模式的初衷便是一种利益共享、风险共担的机制。所谓利益共享是指政府和社会资本在共享特色小镇的社会成果之外，也可以使社会资本获得比较好的经济收益。但是这种投资收报绝对不是超额利润，否则从根本上难以做到利益共享。利益与风险的匹配性，在项目双方共享利益的同时承担相应风险是必须具备的。

9.4.8 特色小镇 PPP 项目案例分析

1. 巧克力甜蜜小镇

巧克力甜蜜小镇位于浙江东北部的嘉善，是一座集产业、旅游、文化为一体的巧克力甜蜜小镇，为亚洲目前最大的巧克力特色旅游风景区，全省 10 个省级示范特色小镇之一。规划面积 3.87 平方公里，总投资 55 亿元。自 2014 年 10 月开张运营。

PPP 项目包装推介：在第三届世界浙商大会开幕式上，签约重大项目 60 个，其中有 6 个关于嘉善大云巧克力甜蜜小镇的 PPP 项目，分别为巧克力主题街区项目、甜蜜小镇酒店项目、民宿开发项目、婚庆商业风情街区项目、咖啡豆产业园项目、德国啤酒庄园项目。

多层金融体系保障。2016 年，农发行对巧克力甜蜜小镇已投放项目贷款 10 亿元用于基础设施建设项目。总投资 15 亿元的小镇基础设施建设项目，已与农发行对接融资 10 亿元。同时，总投资 4.3 亿元的度假区环境综合整治提升项目，融资 3 亿元，目前正在与多家银行政策比选中。

政府政策支持保障。嘉善县出台用地、资金、项目、改革、公共服务等五个方面的政策措施，对小镇建设中新增建设用地，县里优先办理农用地转用及供地手续，优先确保重点项目、基础设施用地指标；部门资源方面，实行凡是符合小镇定位的招商项目优先向小镇集聚，基础设施、公共服务、人文环境等方面的资源优先向小镇倾斜，管理、建设、运营等方面专业人才优先向小镇配备的方针。

2. 毕尔巴鄂古根海姆博物馆

创立于 1937 年的古根海姆博物馆基金会是世界上最重要的收藏 20～21 世纪艺术品的机构，该机构 60%～70% 的资金收入由自身的博物馆运营实现。2015 年，古根海姆收支均为 7000 万美元左右，门票收入稳定，巡展费用和版税收入占比最大且增速快，不需要过度依赖外界的捐赠支持。目前，古根海姆拥有 4 家成员博物馆，分别位于美国纽约（本馆）、意大利威尼斯、西班牙毕尔巴鄂、阿联酋。毕尔巴鄂古根海姆博物馆在特色小镇的建设当中借鉴价值很高。

毕尔巴鄂古根海姆博物馆每年吸引了超过 100 万的客流量，数倍于当地常住人口规模，堪称博物馆运营史的奇迹。古根海姆博物馆基金会与毕尔巴鄂市政府在 1991 年签订 PPP 协议，政府提供土地和建设资金并持续提供一定比例的财政支持，博物馆提供藏品并承担运营管理,1997 年正式建成并投入运营。2014 年双方达成新的合作协议，约定合作关系持续至少 20 年。除了每年稳定吸引百万客流,博物馆 2015 年举办了 36 场参与性艺术活动,吸引访客约 58 万人次。博物馆 70% 以上的资金来源是内生的运营收入,在欧洲顶级艺术机构中十分罕见。

图 9-12 巴斯克自治区外国访客过夜数量

博物馆不仅自身运营良好,而且给当地带来了深刻影响。博物馆年收入 3000 万欧元,但直接创造就业岗位 7000 个,年创 GDP 超过 3 亿欧元,税收贡献高达 5000 万欧元,创造了超过 3.5 亿欧元的各类社会需求,有力拉动地方供需和经济发展。常住人口仅 34 万的毕尔巴鄂,博物馆每年就带来了 35 万人次西班牙国内游客、40 万人次欧洲游客、7 万人次美国游客,扩大了毕尔巴鄂的影响力和经济腹地。此外,博物馆集中采购大量创新科技和各类专业服务,推动了毕尔巴鄂地区的产业升级,专业服务

图 9-13 古根海姆博物馆对毕尔巴鄂的影响

和教育行业得以快速发展，批发零售业、制造业、建筑业等传统行业在毕尔巴鄂劳动力结构中的占比明显下降。

　　毕尔巴鄂古根海姆博物馆的成功经验有以下几个方面：一是与当地政府建立了坚实的合作关系，政府在前期配套了铁路线、新机场、内河清理工程等基建和旧城改造工程，并且总部设在毕尔巴鄂的 BBV 银行也提供了有力支持；二是嵌入当地社区，获得了当地体制、公共政策机构、私人机构等多方支持；三是充分利用古根海姆的全球网络，获得良好的国际资源支持，一方面通过交通藏品提高展览质量，另一方面减少购买藏品的资金支出。

第十章 2014 ~ 2017 年中国特色小镇投资分析及建设前景与趋势展望

10.1 特色小镇投资价值分析

10.1.1 加快资源聚集要素

从投资角度看，特色小镇可谓是"小空间大投资"，有利于加快集聚资源要素，谋划大项目、带动大投资、培育大产业，成为扩大有效投资和促进实体经济发展的"新引擎"。

特色小镇的建设，不仅为区域经济发展夯实基础，快速推进升级转型，而且可以带来有效投资增长、推进新型城镇化、加快城乡一体化等多项"溢出效应"，也使得特色小镇在多个地方的发展中扮演了越来越重要的角色。

10.1.2 打通民间资本渠道

以浙江省为例，近年来，浙江民营经济继续蓬勃发展，民间投资稳步攀升：2014 年，民营经济贡献全省 50% 的税收、60% 的 GDP、70% 的出口和 90% 的就业；从 2010 年到 2014 年，浙江民间投资从 6600 亿元增加到 1.47 万亿元，占浙江省全部投资比重从 57.7% 提高到 62.8%，基础设施领域从 9.2% 提高到 19%。

依托浙江省雄厚的民间资本，特色小镇的建设不仅打通了民间资本支持实体经济的通道，而且可以规范有序地引导民间资金对接优质项目，有利于培育新型金融业态，更好地服务浙江省产业整合、转型升级和新兴产业发展。

近年来，浙江省政府部门一直致力于打造最优的投资环境，以确保全球浙商回浙江投资的通道的顺畅，这种投资环境优势概而言之就是：准入从宽、审批从快、服务从优。浙江民间投资准入从宽，明确把交通、市政、能源、生态环保、社会事业、农业水利、信息设施等七大领域作为鼓励社会资本进入的领域。同时，浙江省还加快"四张清单一张网"建设："四张清单"具体是指政府权力清单、企业投资负面清单、政府责任清单、省级部门专项资金管理清单；"一张网"则是指浙江政务服务网，积极开展企业投资项目高效审批系列改革。就特色小镇的建设而言，浙江省多个部门提出，将发挥"店小二"作用，替特色小镇"跑好堂"，让小镇企业少走弯路好办事。

10.1.3 利于 PPP 模式的发挥

促进投资的增长，首先要调动企业的积极性。在政府引导、市场主导的理念下，特色小镇的项目规划中对企业参与的方式尤其是社会企业参与的方式的思考，就显得尤为重要。在特色小镇建设中，政府重点抓两项工作：一是研究特色小镇规划，二是选择投资主体。

在第三届世界浙商大会的重要分会，浙江省重点产业和历史经典产业发展新闻发布暨特色小镇建设及 PPP 项目推介会上，特色小镇建设项目采用了政府和社会资本合作模式（PPP 模式）。在推介会上，共选择了 88 个重点 PPP 项目，总投资达 2439 亿元，拟引入社会资本 1227 亿元，涉及农业水利、市政、交通、公共服务、生态环境、物流等六大领域。

作为一种新的投资和运行模式，PPP 模式开放投资，让民间资本逐步介入政府投资的项目中来，对于打破行业垄断和市场壁垒、营造平等的投资环境，显然具有创新和示范意义。浙江省的特色小镇用 PPP 模式开发，无疑会使充裕的民间资本与优质项目对接，培育新型金融业态，推进新型城镇化，更好地服务浙江省产业整合、转型升级和新兴产业发展。

10.2 特色小镇投资现状

10.2.1 特色小镇成投资热点

自国家将特色小镇的建设上升到国家战略地位后，企业、资本、机构对其的关注度迅速上升，全国各地陷入特色小镇建设热潮。

得益于政策导向，特色小镇已成为多方争抢的"风口"产业，特色小镇正成为社会资本的关注热点，一批有相当的资金调度能力的龙头企业，如万科、碧桂园、华夏幸福、美好置业、南山控股、蓝城集团等，通过"去地产化""轻资产化"的深度整合，为特色小镇导入资金、产业与各项配套服务。如华夏幸福运营的河北大厂影视小镇，以"人才孵化＋产业基地"双轮驱动为发展战略，打造了覆盖人才孵化、创意孵化、前期拍摄、后期制作、宣发交易的全产业链，被业内人士誉为"中国唯一特别上路的影视小镇"。

与此同时，一系列品牌央企、国企也积极抢滩特色小镇建设，而国企的资金优势和品牌优势将带领特色小镇建设进入纵深发展阶段。越来越多的银行、国企已开始成立特色小镇事业部进行布局。央企等大企业的介入，能够使得更多政策红利引入特色小镇建设。

10.2.2 特色小镇投资基金

在中央和地方政府的大力支持下，国内特色小镇建设已经逐渐形成热潮。在特色小镇的建设中，金融是重要的支撑力量。因为资金是项目持续发展的血液，资金短缺、金融支持工具的缺乏，是制约特色小镇创立和长远发展的普遍问题。目前，以银行为主的金融机构看好特色小镇项目，国内部分银行也对特色小镇项目提供了资金方面的支持。

例如，中国首只专注于小城镇建设的股权投资基金——北京市小城镇发展基金已于 2012 年启动运营，该基金总规模 100 亿元，首期 25 亿元。该基金依靠政府、银行、企业等多方出资，首批投向北京 42 个特色小镇，主要打造旅游休闲、商务会议、园区经济等五类特色小镇；2016 年 10 月，中国开发性金融促进会等单位牵头发起"中国特色小镇投资基金"，母基金总规模为 500 亿元人民币，未来带动的总投资规模预计将超过 5000 亿元达到万亿级别；2016 年，中国银行浙江省分行与中银城市发展基金管理公司、杭州市上城区政府合作，在杭州玉皇山南基金小镇设立中银特色小镇建设基金，该基金是国内首支以特色小镇为投资方向的基金，基金规模定为 300 亿元，主要投向省级及国家级特色小镇的基础设施、配套设施建设；建行浙江省分行、浙江省发改委也签署了推进特色小镇战略合作协议，加强对特色小镇的金融支持，将安排意向性融资 700 亿元，重点支持特色小镇项目建设、支持优质企业发展，为引进高层次人才提供金融便利。此外，浙江省政府已经设立 200 亿元产业转型升级基金和信息产业发展基金，浙商也成立了"浙民投"、浙商成长基金等。接下来 3 年，省政府还争取在全省设立 1000 亿元左右的产业基金，并通过与社会资本、金融资本的充分结合，撬动 1 万亿元左右的产业投入。

可见，随着特色小镇建设的推进，相关的基金规模将会越来越大。

10.2.3　特色小镇投资周期

特色小镇投资周期长。综合各项因素来看，至少经过 5 年，特色小镇运营才能到成熟期。

10.3　特色小镇投资机遇分析

创建特色小镇，是一项长期的工程，有着较长的产业链，其中必然蕴含着巨大投资商机，比如在投资开发、运营管理方面，以及与特色小镇相关的生活配套等方面。分析认为，有以下几个方面的投资商机值得关注。

10.3.1　房地产方面

随着产业聚集，各类人才会聚集在小镇上，这会对住房产生巨大需求。因此可以预见，未来随着一些特色小镇人口规模的扩大，必然带热当地房地产市场。

10.3.2　城镇化相关产业链方面

比如基础设施建设、城市功能的塑造等等，甚至包括规划设计、金融服务领域等，都有投资商机。

10.3.3 特色产业链方面

这是特色小镇生存发展的产业之本，包括一些个人创业者以及手工业者，也能在这里找到投资和就业的机会。

10.3.4 商业和生活配套方面

除了住房之外，在满足人才餐饮、娱乐、购物、教育、医疗等商业和生活配套需求上，也会带来新的投资商机。总之，和雄安新区一样，作为政府力推的长期项目，特色小镇存在着巨大的商业投资价值等待挖掘。但这是一个长期项目，适合放长线钓大鱼。

10.4 "十三五"期间特色小镇建设前景

特色小镇的春天正在到来，兼具公共属性和商业属性的特色小镇，已经成为中国经济发展新常态下发展模式的有益探索，亦是中国新型城镇化战略实践的主战场之一。由浙江走向全国的特色小镇建设已成燎原之势，文化小镇、旅游小镇、科技小镇、工业小镇、商业小镇、金融小镇等形态纷纷呈现，中国的特色小镇建设进入快速期。

10.5 特色小镇建设发展趋势分析

1. 特色小镇发展将更加理性

特色小镇已成为中国经济社会转型的综合改革试验区，随着我国经济社会发展从规模扩张向质量提升阶段逐步转型，一些不符合市场规律、无利于民生福祉的小镇将渐渐萎缩，而符合发展需求的特色小镇将充分发挥动能，成为经济社会持续发展的强力引擎。

2. PPP 模式将更加向合理方向发展

未来，PPP 模式将朝着定位准确、运作科学、机制合理的发展方向，为特色小镇建设提供综合性金融服务、宜居宜业的配套设施和多功能的产业平台。与此同时，社会资本与政府的合作关系也将趋于稳定，更符合契约精神与公共利益。

3. 特色小镇将促使多元协同形成治理合流

十八届三中全会以"社会治理"替代"社会管理"，使传统的单维度政府为主的管理模式向多维度的社会治理转变。作为社会治理的"微单元"，特色小镇治理将由政府、社区、社会组织、公民等多元主体基于法权、市场、文化、习俗、道德规范等维度，通过协商、合作、互动进行合作治理。

附　　录

附录一

第一批全国特色小镇名单（127个）

地区	小镇名单
北京市（3个）	房山区长沟镇
	昌平区小汤山镇
	密云区古北口镇
天津市（2个）	武清区崔黄口镇
	滨海新区中塘镇
河北省（4个）	秦皇岛市卢龙县石门镇
	邢台市隆尧县莲子镇
	保定市高阳县庞口镇
	衡水市武强县周窝镇
山西省（3个）	晋城市阳城县润城镇
	晋中市昔阳县大寨镇
	吕梁市汾阳市杏花村镇
内蒙古（3个）	赤峰市宁城县八里罕镇
	通辽市科尔沁左翼中旗舍伯吐镇
	呼伦贝尔市额尔古纳市莫尔道嘎镇
辽宁省（4个）	大连市瓦房店市谢屯镇
	丹东市东港市孤山镇
	辽阳市弓长岭区汤河镇
	盘锦市大洼区赵圈河镇
吉林省（3个）	辽源市东辽县辽河源镇
	通化市辉南县金川镇
	延边朝鲜族自治州龙井市东盛涌镇
黑龙江省（3个）	齐齐哈尔市甘南县兴十四镇
	牡丹江市宁安市渤海镇
	大兴安岭地区漠河县北极镇
上海市（3个）	金山区枫泾镇
	松江区车墩镇
	青浦区朱家角镇

续表

地区	小镇名单
江苏省（7个）	南京市高淳区桠溪镇
	无锡市宜兴市丁蜀镇
	徐州市邳州市碾庄镇
	苏州市吴中区甪直镇
	苏州市吴江区震泽镇
	盐城市东台市安丰镇
	泰州市姜堰区溱潼镇
浙江省（8个）	杭州市桐庐县分水镇
	温州市乐清市柳市镇
	嘉兴市桐乡市濮院镇
	湖州市德清县莫干山镇
	绍兴市诸暨市大唐镇
	金华市东阳市横店镇
	丽水市莲都区大港头镇
	丽水市龙泉市上垟镇
安徽省（5个）	铜陵市郊区大通镇
	安庆市岳西县温泉镇
	黄山市黟县宏村镇
	六安市裕安区独山镇
	宣城市旌德县白地镇
福建省（5个）	福州市永泰县嵩口镇
	厦门市同安区汀溪镇
	泉州市安溪县湖头镇
	南平市邵武市和平镇
	龙岩市上杭县古田镇
江西省（4个）	南昌市进贤县文港镇
	鹰潭市龙虎山风景名胜区上清镇
	宜春市明月山温泉风景名胜区温汤镇
	上饶市婺源县江湾镇
山东省（7个）	青岛市胶州市李哥庄镇
	淄博市淄川区昆仑镇
	烟台市蓬莱市刘家沟镇
	潍坊市寿光市羊口镇
	泰安市新泰市西张庄镇
	威海市经济技术开发区崮山镇
	临沂市费县探沂镇

续表

地区	小镇名单
河南省（4个）	焦作市温县赵堡镇
	许昌市禹州市神垕镇
	南阳市西峡县太平镇
	驻马店市确山县竹沟镇
湖北省（5个）	宜昌市夷陵区龙泉镇
	襄阳市枣阳市吴店镇
	荆门市东宝区漳河镇
	黄冈市红安县七里坪镇
	随州市随县长岗镇
湖南省（5个）	长沙市浏阳市大瑶镇
	邵阳市邵东县廉桥镇
	郴州市汝城县热水镇
	娄底市双峰县荷叶镇
	湘西土家族苗族自治州花垣县边城镇
广东省（6个）	佛山市顺德区北滘镇
	江门市开平市赤坎镇
	肇庆市高要区回龙镇
	梅州市梅县区雁洋镇
	河源市江东新区古竹镇
	中山市古镇镇
广西（4个）	柳州市鹿寨县中渡镇
	桂林市恭城瑶族自治县莲花镇
	北海市铁山港区南康镇
	贺州市八步区贺街镇
海南省（2个）	海口市云龙镇
	琼海市潭门镇
重庆市（4个）	万州区武陵镇
	涪陵区蔺市镇
	黔江区濯水镇
	潼南区双江镇
四川省（7个）	成都市郫县德源镇
	成都市大邑县安仁镇
	攀枝花市盐边县红格镇
	泸州市纳溪区大渡口镇
	南充市西充县多扶镇
	宜宾市翠屏区李庄镇
	达州市宣汉县南坝镇

地区	小镇名单
贵州省（5个）	贵阳市花溪区青岩镇
	六盘水市六枝特区郎岱镇
	遵义市仁怀市茅台镇
	安顺市西秀区旧州镇
	黔东南州雷山县西江镇
云南省（3个）	红河州建水县西庄镇
	大理州大理市喜洲镇
	德宏州瑞丽市畹町镇
西藏（2个）	拉萨市尼木县吞巴乡
	山南市扎囊县桑耶镇
陕西省（5个）	西安市蓝田县汤峪镇
	铜川市耀州区照金镇
	宝鸡市眉县汤峪镇
	汉中市宁强县青木川镇
	杨陵区五泉镇
甘肃省（3个）	兰州市榆中县青城镇
	武威市凉州区清源镇
	临夏州和政县松鸣镇
青海省（2个）	海东市化隆回族自治县群科镇
	海西蒙古族藏族自治州乌兰县茶卡镇
宁夏（2个）	银川市西夏区镇北堡镇
	固原市泾源县泾河源镇
新疆（3个）	喀什地区巴楚县色力布亚镇
	塔城地区沙湾县乌兰乌苏镇
	阿勒泰地区富蕴县可可托海镇
新疆生产建设兵团（1个）	第八师石河子市北泉镇

附录二

第二批全国特色小镇名单（276个）

地区	小镇名单
北京市（4个）	怀柔区雁栖镇
	大兴区魏善庄镇
	顺义区龙湾屯镇
	延庆区康庄镇
天津市（3个）	津南区葛沽镇
	蓟州区下营镇
	武清区大王古庄镇
河北省（8个）	衡水市枣强县大营镇
	石家庄市鹿泉区铜冶镇
	保定市曲阳县羊平镇
	邢台市柏乡县龙华镇
	承德市宽城满族自治县化皮溜子镇
	邢台市清河县王官庄镇
	邯郸市肥乡区天台山镇
	保定市徐水区大王店镇
山西省（9个）	运城市稷山县翟店镇
	晋中市灵石县静升镇
	晋城市高平市神农镇
	晋城市泽州县巴公镇
	朔州市怀仁县金沙滩镇
	朔州市右玉县右卫镇
	吕梁市汾阳市贾家庄镇
	临汾市曲沃县曲村镇
	吕梁市离石区信义镇
内蒙古（9个）	赤峰市敖汉旗下洼镇
	鄂尔多斯市东胜区罕台镇
	乌兰察布市凉城县岱海镇
	鄂尔多斯市鄂托克前旗城川镇
	兴安盟阿尔山市白狼镇
	呼伦贝尔市扎兰屯市柴河镇
	乌兰察布市察哈尔右翼后旗土牧尔台镇
	通辽市开鲁县东风镇
	赤峰市林西县新城子镇

续表

地区	小镇名单
辽宁省（9个）	沈阳市法库县十间房镇
	营口市鲅鱼圈区熊岳镇
	阜新市阜蒙县十家子镇
	辽阳市灯塔市佟二堡镇
	锦州市北镇市沟帮子镇
	大连市庄河市王家镇
	盘锦市盘山县胡家镇
	本溪市桓仁县二棚甸子镇
	鞍山市海城市西柳镇
吉林省（6个）	延边州安图县二道白河镇
	长春市绿园区合心镇
	白山市抚松县松江河镇
	四平市铁东区叶赫满族镇
	吉林市龙潭区乌拉街满族镇
	通化市集安市清河镇
黑龙江省（8个）	绥芬河市阜宁镇
	黑河市五大连池市五大连池镇
	牡丹江市穆棱市下城子镇
	佳木斯市汤原县香兰镇
	哈尔滨市尚志市一面坡镇
	鹤岗市萝北县名山镇
	大庆市肇源县新站镇
	黑河市北安区赵光镇
上海市（6个）	浦东新区新场镇
	闵行区吴泾镇
	崇明区东平镇
	嘉定区安亭镇
	宝山区罗泾镇
	奉贤区庄行镇
江苏省（15个）	无锡市江阴市新桥镇
	徐州市邳州市铁富镇
	扬州市广陵区杭集镇
	苏州市昆山市陆家镇
	镇江市扬中市新坝镇
	盐城市盐都区大纵湖镇
	苏州市常熟市海虞镇
	无锡市惠山区阳山镇

续表

地区	小镇名单
江苏省（15个）	南通市如东县栟茶镇
	泰州市兴化市戴南镇
	泰州市泰兴市黄桥镇
	常州市新北区孟河镇
	南通市如皋市搬经镇
	无锡市锡山区东港镇
	苏州市吴江区七都镇
浙江省（15个）	嘉兴市嘉善县西塘镇
	宁波市江北区慈城镇
	湖州市安吉县孝丰镇
	绍兴市越城区东浦镇
	宁波市宁海县西店镇
	宁波市余姚市梁弄镇
	金华市义乌市佛堂镇
	衢州市衢江区莲花镇
	杭州市桐庐县富春江镇
	嘉兴市秀洲区王店镇
	金华市浦江县郑宅镇
	杭州市建德市寿昌镇
	台州市仙居县白塔镇
	衢州市江山市廿八都镇
	台州市三门县健跳镇
安徽省（10个）	六安市金安区毛坦厂镇
	芜湖市繁昌县孙村镇
	合肥市肥西县三河镇
	马鞍山市当涂县黄池镇
	安庆市怀宁县石牌镇
	滁州市来安县汊河镇
	铜陵市义安区钟鸣镇
	阜阳市界首市光武镇
	宣城市宁国市港口镇
	黄山市休宁县齐云山镇
福建省（9个）	泉州市石狮市蚶江镇
	福州市福清市龙田镇
	泉州市晋江市金井镇
	莆田市涵江区三江口镇
	龙岩市永定区湖坑镇

续表

地区	小镇名单
福建省（9个）	宁德市福鼎市点头镇
	漳州市南靖县书洋镇
	南平市武夷山市五夫镇
	宁德市福安市穆阳镇
江西省（8个）	赣州市全南县南迳镇
	吉安市吉安县永和镇
	抚州市广昌县驿前镇
	景德镇市浮梁县瑶里镇
	赣州市宁都县小布镇
	九江市庐山市海会镇
	南昌市湾里区太平镇
	宜春市樟树市阁山镇
山东省（15个）	聊城市东阿县陈集镇
	滨州市博兴县吕艺镇
	菏泽市郓城县张营镇
	烟台市招远市玲珑镇
	济宁市曲阜市尼山镇
	泰安市岱岳区满庄镇
	济南市商河县玉皇庙镇
	青岛市平度市南村镇
	德州市庆云县尚堂镇
	淄博市桓台县起凤镇
	日照市岚山区巨峰镇
	威海市荣成市虎山镇
	莱芜市莱城区雪野镇
	临沂市蒙阴县岱崮镇
	枣庄市滕州市西岗镇
河南省（11个）	汝州市蟒川镇
	南阳市镇平县石佛寺镇
	洛阳市孟津县朝阳镇
	濮阳市华龙区岳村镇
	周口市商水县邓城镇
	巩义市竹林镇
	长垣县恼里镇
	安阳市林州市石板岩镇
	永城市芒山镇
	三门峡市灵宝市函谷关镇
	邓州市穰东镇

续表

地区	小镇名单
湖北省（11 个）	荆州市松滋市涴水镇
	宜昌市兴山县昭君镇
	潜江市熊口镇
	仙桃市彭场镇
	襄阳市老河口市仙人渡镇
	十堰市竹溪县汇湾镇
	咸宁市嘉鱼县官桥镇
	神农架林区红坪镇
	武汉市蔡甸区玉贤镇
	天门市岳口镇
	恩施州利川市谋道镇
湖南省（11 个）	常德市临澧县新安镇
	邵阳市邵阳县下花桥镇
	娄底市冷水江市禾青镇
	长沙市望城区乔口镇
	湘西土家族苗族自治州龙山县里耶镇
	永州市宁远县湾井镇
	株洲市攸县皇图岭镇
	湘潭市湘潭县花石镇
	岳阳市华容县东山镇
	长沙市宁乡县灰汤镇
	衡阳市珠晖区茶山坳镇
广东省（14 个）	佛山市南海区西樵镇
	广州市番禺区沙湾镇
	佛山市顺德区乐从镇
	珠海市斗门区斗门镇
	江门市蓬江区棠下镇
	梅州市丰顺县留隍镇
	揭阳市揭东区埔田镇
	中山市大涌镇
	茂名市电白区沙琅镇
	汕头市潮阳区海门镇
	湛江市廉江市安铺镇
	肇庆市鼎湖区凤凰镇
	潮州市湘桥区意溪镇
	清远市英德市连江口镇

续表

地区	小镇名单
广西（10个）	河池市宜州市刘三姐镇
	贵港市港南区桥圩镇
	贵港市桂平市木乐镇
	南宁市横县校椅镇
	北海市银海区侨港镇
	桂林市兴安县溶江镇
	崇左市江州区新和镇
	贺州市昭平县黄姚镇
	梧州市苍梧县六堡镇
	钦州市灵山县陆屋镇
海南省（5个）	澄迈县福山镇
	琼海市博鳌镇
	海口市石山镇
	琼海市中原镇
	文昌市会文镇
重庆市（9个）	铜梁区安居镇
	江津区白沙镇
	合川区涞滩镇
	南川区大观镇
	长寿区长寿湖镇
	永川区朱沱镇
	垫江县高安镇
	酉阳县龙潭镇
	大足区龙水镇
四川省（13个）	成都市郫都区三道堰镇
	自贡市自流井区仲权镇
	广元市昭化区昭化镇
	成都市龙泉驿区洛带镇
	眉山市洪雅县柳江镇
	甘孜州稻城县香格里拉镇
	绵阳市江油市青莲镇
	雅安市雨城区多营镇
	阿坝州汶川县水磨镇
	遂宁市安居区拦江镇
	德阳市罗江县金山镇
	资阳市安岳县龙台镇
	巴中市平昌县驷马镇

续表

地区	小镇名单
贵州省（10个）	黔西南州贞丰县者相镇
	黔东南州黎平县肇兴镇
	贵安新区高峰镇
	六盘水市水城县玉舍镇
	安顺市镇宁县黄果树镇
	铜仁市万山区万山镇
	贵阳市开阳县龙岗镇
	遵义市播州区鸭溪镇
	遵义市湄潭县永兴镇
	黔南州瓮安县猴场镇
云南省（10个）	楚雄州姚安县光禄镇
	大理州剑川县沙溪镇
	玉溪市新平县戛洒镇
	西双版纳州勐腊县勐仑镇
	保山市隆阳区潞江镇
	临沧市双江县勐库镇
	昭通市彝良县小草坝镇
	保山市腾冲市和顺镇
	昆明市嵩明县杨林镇
	普洱市孟连县勐马镇
西藏（5个）	阿里地区普兰县巴嘎乡
	昌都市芒康县曲孜卡乡
	日喀则市吉隆县吉隆镇
	拉萨市当雄县羊八井镇
	山南市贡嘎县杰德秀镇
陕西省（9个）	汉中市勉县武侯镇
	安康市平利县长安镇
	商洛市山阳县漫川关镇
	咸阳市长武县亭口镇
	宝鸡市扶风县法门镇
	宝鸡市凤翔县柳林镇
	商洛市镇安县云盖寺镇
	延安市黄陵县店头镇
	延安市延川县文安驿镇

续表

地区	小镇名单
甘肃省（5个）	庆阳市华池县南梁镇
	天水市麦积区甘泉镇
	兰州市永登县苦水镇
	嘉峪关市峪泉镇
	定西市陇西县首阳镇
青海省（4个）	海西州德令哈市柯鲁柯镇
	海南州共和县龙羊峡镇
	西宁市湟源县日月乡
	海东市民和县官亭镇
宁夏（5个）	银川市兴庆区掌政镇
	银川市永宁县闽宁镇
	吴忠市利通区金银滩镇
	石嘴山市惠农区红果子镇
	吴忠市同心县韦州镇
新疆（7个）	克拉玛依市乌尔禾区乌尔禾镇
	吐鲁番市高昌区亚尔镇
	伊犁州新源县那拉提镇
	博州精河县托里镇
	巴州焉耆县七个星镇
	昌吉州吉木萨尔县北庭镇
	阿克苏地区沙雅县古勒巴格镇
新疆生产建设兵团（3个）	阿拉尔市沙河镇
	图木舒克市草湖镇
	铁门关市博古其镇